国家社会科学基金（教育学科）"十一五"规划课题研究成果

全国高等职业院校计算机教育规划教材

ASP 动态网页设计能力教程

（第二版）

主　编　李玉虹　王　磊
副主编　王振明　张福峰
　　　　王维畅　李天祥

中国铁道出版社有限公司

CHINA RAILWAY PUBLISHING HOUSE CO., LTD.

内 容 简 介

ASP 是当今流行的 Web 应用程序开发技术之一，它将 HTML、脚本代码和服务器组件有机地结合在一起，可以用来创建交互式的动态网页和具有数据库访问功能的 Web 应用程序，是建设电子商务网站必不可少的组成部分。

全书共分 7 个单元，按照基于工作过程教学设计思想的要求，以一个完整的"校园学习网"作为主题贯穿全书，以 6 个不同类型、简单实用的动态网站为任务载体，每个任务都是一个独立完整的工作过程。全书采用任务引领的写作手法，形成了本书的总体框架，以单元的结构形式，改变了传统的章节目录结构。每个单元中由若干个任务组成，每个任务后面是和此任务相关的知识点以及扩展知识，以任务带动知识的学习，实现任务驱动式学习。每个单元的最后都有一个项目实训，各个单元的项目实训组合后，可以形成一个较完整的"校友录"动态网站。

本书的读者定位是高等职业院校的学生，也可作为社会培训班的培训教材或供网站设计和开发人员参考使用。

图书在版编目（CIP）数据

ASP 动态网页设计能力教程/李玉虹，王磊主编. —
2 版. —北京：中国铁道出版社，2011.3（2019.9重印）
全国高等职业院校计算机教育规划教材
ISBN 978-7-113-12003-0

Ⅰ. ①A… Ⅱ. ①李… ②王… Ⅲ. ①主页制作－程序
设计－高等学校：技术学校－教材 Ⅳ. ①TP393.092

中国版本图书馆 CIP 数据核字（2010）第 190211 号

书　　名：ASP 动态网页设计能力教程（第二版）
作　　者：李玉虹　王　磊　主编

策划编辑：秦绪好　王春霞
责任编辑：翟玉峰
编辑助理：贾淑媛
封面设计：付　巍　　　　　　　　封面制作：李　路
版式设计：于　洋　　　　　　　　责任印制：郭向伟

出版发行：中国铁道出版社有限公司（北京市西城区右安门西街 8 号　　邮政编码：100054）
印　　刷：北京虎彩文化传播有限公司
版　　次：2006 年 7 月第 1 版　　2011 年 3 月第 2 版　　2019 年 9 月第 10 次印刷
开　　本：787mm×1092mm　　1/16　　印张：18　　字数：426 千
书　　号：ISBN 978-7-113-12003-0
定　　价：42.00 元

序

国家社会科学基金（教育学科）"十一五"规划课题"以就业为导向的职业教育教学理论与实践研究"（课题批准号 BJA060049）在取得理论研究成果的基础上，选取了高等职业教育十个专业类开展实践研究。高职高专计算机类专业是其中之一。

本课题研究发现，高等职业教育在专业教育上承担着帮助学生构建起专业理论知识体系、专业技术框架体系和相应职业活动逻辑体系的任务，而这三个体系的构建需要通过专业教材体系和专业教材内部结构得以实现，即学生的心理结构来自于教材的体系和结构。为此，这套高职高专计算机类专业系列教材的设计，依据不同教材在其构建知识、技术、活动三个体系中的作用，采用了不同的教材内部结构设计和编写体例。

承担专业理论知识体系构建任务的教材，强调了专业理论知识体系的完整与系统，不强调专业理论知识的深度和难度，追求的是学生对专业理论知识整体框架的把握，不追求学生只掌握某些局部内容，而求其深度和难度。

承担专业技术框架体系构建任务的教材，注重让学生了解这种技术的产生与演变过程，培养学生的技术创新意识；注重让学生把握这种技术的整体框架，培养学生对新技术的学习能力；注重让学生在技术应用过程中掌握这种技术的操作，培养学生的技术应用能力；注重让学生区别同种用途的其他技术的特点，培养学生职业活动过程中的技术比较与选择能力。

承担职业活动体系构建任务的教材，依据不同职业活动对所从事人特质的要求，分别采用了过程驱动、情景驱动、效果驱动的方式，形成了"做学"合一的各种的教材结构与体例，诸如：项目结构、案例结构等。过程驱动培养所从事人的程序逻辑思维；情景驱动培养所从事人的情景敏感特质；效果驱动培养所从事人的发散思维。

本套教材从课程标准的开发、教材体系的建立、教材内容的筛选、教材结构的设计，到教材素材的选择，均得到了信息技术产业专家的大力支持，他们根据信息技术行业职业资格标准和各类技术在我国应用的广泛程度，提出了十分有益的建议；国内知名职业教育专家和一百多所高职高专院校参与本课题研究，他们对高职高专信息技术类人才培养提出了可贵意见，对高职高专计算机类专业教学提供了丰富的素材和鲜活的教学经验。

这套教材是我国高职教育近年来从只注重学生单一职业活动逻辑体系构建，向专业理论知识体系、技术框架体系和职业活动逻辑体系三个体系构建的转变的有益尝试，也是国家社会科学研究基金课题"以就业为导向的职业教育教学理论与实践研究"研究成果的具体应用之一。

本套教材如有不足之处，敬请各位专家、老师和广大同学不吝赐教。希望通过本套教材的出版，为我国高等职业教育和信息技术产业的发展做出贡献。

2009 年 8 月

随着网络技术的不断发展，网络应用已经逐步渗透到社会的各行各业。作为网络世界支撑点的动态网页技术，日益成为人们所关注的热点。政府、企业、个人网站层出不穷，动态网页制作技术也随之成为最热门的计算机应用技术。

掌握动态网页设计技术，已经成为广大网页设计者的迫切需求。对于高职计算机网络及应用专业方面的人才，一定要具有较强的规划 Web 站点、开发动态网站的能力；对于非计算机专业的高等技术型人才，也应当具有一定的网络知识和网站制作能力。因此，我们总结多年从事网站建设和网页制作的教学心得体会，针对高职院校计算机应用、网络及电子商务等专业的需求，编写了本书。

本书专为动态网站制作而编写。全书共分 7 个单元，按照基于工作过程教学设计思想的要求，以一个完整的"校园学习网"作为主题贯穿全书，以 6 个不同类型、简单实用的动态网站为任务载体，每个任务都是一个独立完整的工作过程，任务的设计从简单到复杂，从单一到综合，各个任务之间既有独立性又相互连贯，形成由整体到局部，再由局部到整体的递进式学习结构。在完成各个网站任务的同时，按照学习者的认知规律，由浅入深依次介绍了服务器的安装与配置、HTML 标记、VBScript 脚本、ASP 对象、Web 数据库、ASP 组件等各个知识点，各单元使用的知识逐步深化、网站逐步完善、功能逐渐增强，直至完成"校园学习网"的实例开发。

单元一"构建 ASP 站点"中介绍了 ASP 开发环境的搭建与配置，引入了 VBScript 脚本；单元二"制作校园网登录注册系统"，打破了以往教材中后半部分才引入数据库的做法，直接使用 ASP 内置对象和 Access 数据库设计完成了一个简单的用户登录注册系统，但实例尽量简化，使学习者可以尽早接触使用数据库，掌握动态网页设计的精髓；单元三"制作校园聊天室"使用常见的 ASP 内置对象完成了一个聊天室的设计与制作，辅助使用了 Access 数据库，进一步加深了学习者对 ASP 对象和 Web 数据库的认识和使用。单元四"制作校园留言板"使用 Dreamweaver 中的"应用程序"面板组完成了一个简易留言板的设计与制作，介绍了 Dreamweaver 中的"应用程序"面板组的强大功能；单元五"制作校园新闻系统"采用 Access 数据库，完整地完成了一个典型的 ASP 动态新闻网站实例。在设计过程中将 ADO 组件知识点进行了完整化、系统化；单元六"制作校园人才网系统"引入了 SQL Server 数据库，完成了校园人才网的设计与制作，学习者在熟练使用 ADO 组件的同时，也认识和使用了其他 ASP 组件；单元七"制作在线考试系统"是一个较综合的实例，将本书常见的知识点进行了系统化，通过本任务的上机实践，可提高学习者的网站设计能力，掌握程序设计与调试的方法，为将来进一步开发大型应用程序打下良好基础。

本书适合作为高等职业技术院校计算机类专业及其他相关专业的网站制作教材，也可作为社会培训班的培训教材或供网站设计和开发人员参考使用。本书参考学时为 80 学时，教学过程中也可根据不同专业特点、学时差异等实际情况从中选用部分章节进行教学。

李玉虹、王磊任本书主编，王振明、张福峰、王维畅、李天祥任本书副主编。本书单元一由张福峰编写，单元二由王振明编写，单元三、单元五由李玉虹编写，单元四由王维畅编写，单元六、单元七由王磊编写，参加本书编写与代码调试的人员还有王炳强、张植才、袁也婷、张敏、王晓兰等。全书由李玉虹、王磊负责统稿。

在本书的编写过程中，得到了邓泽民教授的悉心指导和大力支持，他全程指导了本书的编写工作，提出了许多宝贵建议，在此深表感谢！本书的出版还得到中国铁道出版社有关领导和编辑的指导与帮助，在此深表感谢！书中配套素材请登录中国铁道出版社网站http://edu.tqbooks.net 下载。

由于时间仓促，编者水平所限，书中难免有错误、疏漏和不妥之处，敬请广大读者不吝指正。

编　者
2011 年 1 月

随着网络技术的不断发展，网络应用已经逐步渗透到社会的各行各业。作为网络世界支撑点的动态网页技术，日益成为人们所关注的热点。政府、企业、个人网站层出不穷，动态网页制作技术也随之成为最热门的计算机应用技术。

对于高职高专计算机专业网络及应用方面的人才，应具有较强的 Web 站点规划、构建 ASP 站点和动态网站应用开发的能力；对于非计算机专业的其他专业人才，也应当具有一定的网络知识和网页制作能力。

掌握动态网页设计技术，已经成为广大网页设计者的迫切需求。因此，我们总结多年从事网页设计工作的经验和网页教学的心得体会，针对高职高专院校计算机应用、网络及电子商务等专业的需求，编写了这本《ASP 动态网页设计能力教程》。

本书共分为 7 章，以一个"综合网站"贯穿全书，采用由浅入深的方法，从一个最简单的网页入手，随后使用每章不同的知识，使网站逐步完善、功能越来越强，直至完成一个动态"综合网站"的设计与发布。

第 1 章：制作 HTML 网页，引导读者编写了第一个 HTML 网页、其中包含"站长简介"、"站长相册"等网页，并综合各个网页制作一个"个人网站"。本章介绍的是 HTML 标识，主要用于制作静态网页，是动态网页设计的基础，已有 HTML 静态网页基础的读者可跳过本章。

第 2 章：构建 ASP 站点，进行 Web 服务器软件的安装及 ASP 站点的配置，编写了第一个 ASP 网页，进行了网站的发布。

第 3 章：应用 VBScript，制作了生动有趣的实例，熟悉 VBScript 的基础知识，为 ASP 动态网页的制作打下基础。

第 4 章：使用 ASP 对象，进行动态网站的初步设计，并制作了简易聊天室。

第 5 章：访问 Web 数据库，此章是本书的重点，使用 ADO 组件制作了动态网站校友录和留言板，熟悉 Dreamweaver 访问 Web 数据库的方法，将代码与设计相结合，简化了代码输入。

第 6 章：应用 ASP 组件，制作了网页连载、广告轮显、每日名言等网页，丰富了 ASP 的知识，掌握了一些设计技巧，创建并使用了自建的 ASP 组件。

第 7 章：制作综合网站，这一章将本书的所有实例通过一个综合网站有机地结合在一起，还针对实际应用，介绍了网上电脑超市及动态新闻系统的设计。

相对同类教材，本书具有以下特色。

- 强调突出案例的编写体例：体例设计是对教材内容的总体构想和把握，体现了编写者的指导思想和教育理念。本书的每一章节均突出理论与案例相结合，突出案例，辅以必需的理论，理论为案例服务，将知识点融入案例；同时本书的案例就是一个综合性网站，其中包含了 ASP 基本设计的主要内容，全书内容由浅入深，逐步深入，具有较强的连续性。针对高职高专学生的特点，以"实用够用"为主，贯穿"通用能力培养"，强调"以理论辅助案例，案例促进理论掌握"，使教材在体例上成为有机统一的整体。

● 强化能力训练的实用特色：高职高专教育主要是培养高等技术应用型人才，注重培养学生的基本技能和应用能力。针对高职高专教育的这一特点，本书在教材的实用性上也做出了比较好的探索。每一个章节设计完整案例的同时，也设计了大量突出每个知识点的小案例以进行实际训练，使学生可以在实际训练中逐步掌握完整网站设计的具体方法。

在每一个章节后，具有针对性地设计了课后讨论和实训，使学生通过练习提高对理论的掌握与设计实际网站的能力。这些都使教材具有很强的应用性和可操作性，充分体现出作为高职高专教材的实用特色。

本书由李玉虹、王振明、张卫国、李俊荣、赵武等编著。参加本书编写及代码调试工作的还有王敬尊、李文广、张福峰、周红、耿博、秦鹏祥、李立国、金会赏、张植才等。

本书在编写过程中，得到了邓泽民教授的多方指点和大力支持，全程指导了本书应用能力图表、大纲的制订工作和教材编写，提出了许多宝贵意见，在此深表感谢！本书的出版还得到中国铁道出版社有关领导和编辑的指导与帮助，谨此向他们表示感谢！

由于计算机技术的飞速发展，受作者学识水平所限，书中难免有不足之处，敬请广大读者不吝指正。

编　者
2006 年 5 月

目 录

单元 一

构建 ASP 站点

引言

ASP（Active Server Pages）是一种服务器端脚本编写环境，可以用于创建和运行动态网页或 Web 应用程序。通过本单元的学习，将能够配置 ASP 开发环境、发布与访问动态网站和使用 VBScript 进行网页设计。

任务一 配置 ASP 开发环境

任务描述

学习 ASP 动态网站的设计与制作，必须先架构网站平台——搭建 ASP 的开发环境，再进行网站发布，才能运行动态网页。因此，在发布和访问动态网站、设计网页之前需要配置 ASP 开发环境。

任务分析

在 Windows 平台上创建 ASP 动态网页之前，应当在 Web 服务器上进行 IIS 的安装和配置，Windows 2000 的 Server 版本 IIS 是默认安装的，而 Windows 2000 的 Professional 版本和 Windows 2003 的用户都要手动安装 IIS。在安装 IIS 后，需要进行一些必要的配置才能使用。本例在 Windows 2003 环境下，安装 IIS 6.0 服务器软件，搭建 ASP 开发环境。

方法与步骤

安装 IIS

① 放入 Windows 2003 光盘，打开"控制面板"→"添加/删除程序"，选择 "添加/删除 Windows 组件"，如图 1-1-1 所示。

② 在弹出的"Windows 组件向导"对话框中（见图 1-1-2）选中"应用程序服务器"复选框。

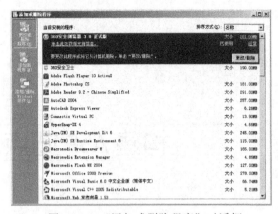

图 1-1-1 "添加或删除程序"对话框

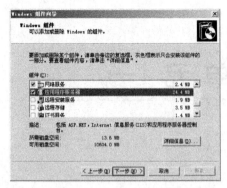

图 1-1-2 "Windows 组件向导"对话框

③ 单击"详细信息"按钮，打开"应用程序服务器"对话框，选中"Internet 信息服务（IIS）"选项，如图 1-1-3 所示。

④ 单击"详细信息"按钮，打开"Internet 信息服务（IIS）"对话框，可根据需要选择各选项，也可全部选择，如图 1-1-4 所示。

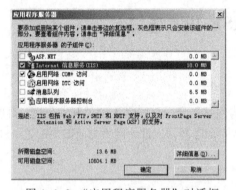

图 1-1-3 "应用程序服务器"对话框

图 1-1-4 "Internet 信息服务（IIS）"对话框

⑤ 单击"确定"按钮，进入 IIS 的安装过程，如图 1-1-5 所示。

⑥ 安装完毕后，就会在"控制面板"下的"管理工具"选项组中出现"Internet 信息服务（IIS）管理器"组件图标，如图 1-1-6 所示。

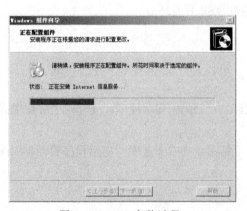

图 1-1-5 IIS 安装过程

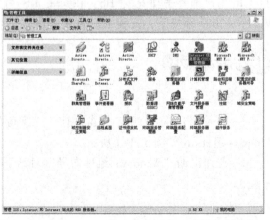

图 1-1-6 "Internet 信息服务（IIS）管理器"图标

⑦ 双击可打开 Internet 信息服务（IIS）管理器，如图 1-1-7 所示。

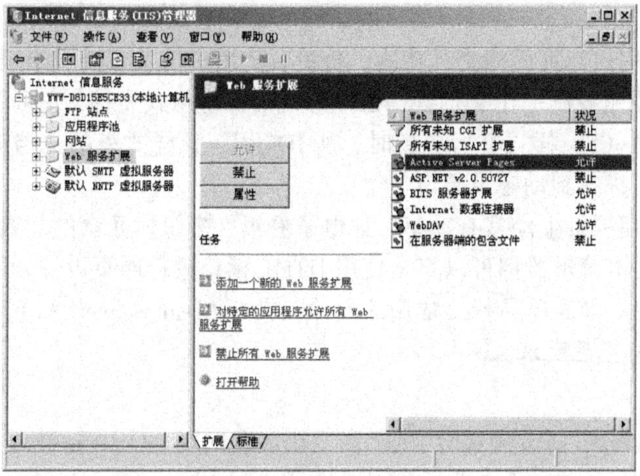

图 1-1-7 Internet 信息服务（IIS）管理器

Internet 信息服务 IIS 安装后，系统自动创建了一个默认的 Web 站点，访问本机网站的方式为：打开 Internet Explorer（简称 IE）浏览器，在地址栏中输入 http://localhost 即可访问网站默认主页文档。

注 意

一定要在"Web 服务扩展"选项中设置允许"Active Server Pages"。

相关知识

Web 站点由一组相关的网页和其他文件组成，这些文件存储在 Web 服务器上。用户在浏览器中通过输入相应的 URL 来访问 Web 站点。

1. 什么是 HTML

HTML 是网页的基本语言，所以网页文件通常又称 HTML 文件，从最简单的文本编辑器到复杂的可视化网页编辑器（如 Dreamweaver）都可以用于编辑 HTML。

HTML 是控制网页内容显示格式的标记集合，它通过各种标记来标识要显示网页中的各个部分，以告诉浏览器如何显示网页。HTML 标记是构成 HTML 文件的基本单位。它通常由起始标记、内容、结束标记组成。不同的标记一般具有不同的属性，而属性通常是在起始标记中进行设置。

HTML 文件总是以<HTML>标记开始，以</HTML>标记结束。文件分为两个部分：文件头部分以<HEAD>标记开始，以</HEAD>标记结束；文件体部分用<BODY></BODY>标记作为起始和结束。

网页的基本元素很多，可以归纳为如下几点：

① 文本：在网页上的文字信息。

② 图像：网页中的图像是增加页面表现力的重要部分，注意图像过多、过大会影响网页的显示速度。

③ 超链接：网页的根本。它可以把各种网页及其他资源有机地联系在一起。

④ 表格：页面布局、信息分类的基础。

⑤ 框架：把浏览器窗口根据需要进行分窗口显示，可以使用多个窗口，以增加网页的灵活性和生动性。

⑥ 表单：提供用户与页面的交互功能，负责收集用户信息并提交给服务器端处理。

⑦ CSS 样式：用于控制一个文档某一区域外观的一组格式属性。它可以对若干个文档所有的样式进行控制。当 CSS 样式有所更新时，所有应用了该样式表的文档都会被自动更新，而且应用 CSS 样式还可以得到动态效果。

⑧ 动态元素：使网页生动富有动感，如电子看板、多媒体元素的加入。

使用任何一种文本编辑器都可以直接使用 HTML 标记进行网页设计，但网页设计工具的普及使得网页设计变得更加简单易行。常用的设计工具有 Dreamweaver 和 FrontPage。

常见的 HTML 标记见附录 A。

2. 什么是 ASP

ASP 是 Active Server Pages 的缩写，即"活动服务器网页"。ASP 是微软公司开发的代替 CGI 脚本程序的一种应用，它可以与数据库和其他程序进行交互，是一种简单、方便的编程工具，其文件扩展名是.asp，即动态网页，现在常用于各种动态网站中。

ASP 是一种服务器端脚本编写环境，可以用来创建和运行动态网页或 Web 应用程序。ASP 网页可以包含 HTML 标记、普通文本、脚本命令以及 COM 组件等。利用 ASP 可以向网页中添加交互式内容（如在线表单），也可以创建使用 HTML 网页作为用户界面的 Web 应用程序。 与 HTML 相比，ASP 网页具有以下特点：

① 利用 ASP 可以突破静态网页的一些功能限制，实现动态网页技术。

② ASP 代码包含在 HTML 代码所组成的文件中，易于修改和测试。

③ 服务器上的 ASP 解释程序会在服务器端执行 ASP 程序，并将结果以 HTML 格式传送到客户端浏览器上，因此使用各种浏览器都可以正常浏览 ASP 所产生的网页。

④ ASP 提供了一些内置对象，使用这些对象可以使服务器端脚本功能更强。例如，可以从 Web 浏览器中获取用户通过 HTML 表单提交的信息，并在脚本中对这些信息进行处理，然后向 Web 浏览器发送信息。

⑤ ASP 可以使用服务器端 ActiveX 组件来执行各种各样的任务，例如存取数据库、发送 E-mail 或访问文件系统等。

⑥ 由于服务器是将 ASP 程序执行的结果以 HTML 格式传给客户端浏览器，因此用户不会看到 ASP 所编写的原始程序代码，可防止 ASP 程序代码被窃取。

ASP 的工作原理：

- 用户在浏览器地址栏输入要请求 ASP 文件的网址。
- 浏览器向服务器发出请求。
- 服务器引擎开始运行 ASP 程序。
- ASP 文件按照从上到下的顺序开始处理，执行脚本命令，生成 HTML 页面内容。
- 页面信息发送到浏览器。

3. 动态网页和静态网页

动态网页和静态网页在许多方面都是相同的。它们都是无格式的 ASCII 码文件，都包含着 HTML 代码，都可以包含用脚本语言编写的程序代码，都存放在 Web 服务器上。

动态网页与静态网页之间的区别在于：动态网页中的某些脚本只能在 Web 服务器上运行，

而静态网页中的任何脚本都不需要在 Web 服务器上运行；动态网页与静态网页文件扩展名不同，对于动态网页来说，其文件扩展名不再是.htm 或.html，而是与所使用的 Web 应用开发技术有关。例如，使用 ASP 技术时文件扩展名是.asp。

当 Web 服务器接收到对静态网页的请求时，服务器找到该页并将其直接发送到请求浏览器，不需要进行进一步的处理。当 Web 服务器接收到对动态网页（如 ASP 文件）的请求时，它将做出不同的反应：它将该页传递给一个称为应用程序服务器的特殊软件，然后由这个特殊软件负责执行这个文件并将其处理成 HTML 页面后再传输到请求浏览器。

因此，静态网页只要存在于 Web 服务器上即可被用户访问，在设计调试时也可以直接在本地机上由浏览器解释并运行。但是要编写并执行 ASP 文件，必须在 Web 服务器上安装相应的 ASP 应用服务器软件，搭建 ASP 应用开发环境。

4. 认识 IIS

应用服务器软件与 Web 服务器软件通常安装、运行在同一台计算机上。使用不同的 Web 开发技术创建动态网页时，所使用的应用程序服务器软件也不同。

Windows 环境下最常见的 ASP 应用服务器软件是 IIS，它同时兼有 Web 服务器和 ASP 应用程序服务器的功能。

IIS 的英文全称是 Internet Information Server，中文称之为 Internet 信息服务器，它是微软公司主推的服务器，IIS 与 Windows NT Server 完全集成在一起，是在 Windows NT/2000 Server 网络操作系统上创建 Internet 或 Intranet 服务器解决方案的基本组件。

选择哪种服务器软件，与所使用的 Windows 版本有关，在 Windows 2000 平台上可以安装 IIS 5.0，在 Windows XP 平台上可以安装 IIS 5.1 作为服务器软件；Windows 2003 下 IIS 的版本为 IIS 6.0，这三者的区别不是很大，现在较新的版本为 Vista 平台上安装的 IIS 7.0，功能有了较大的提高。

拓展与提高

1. 配置 IIS

选择"开始"→"控制面板"命令，选择"管理工具"→"Internet 信息服务管理器"选项，打开"Internet 信息服务（IIS）管理器"窗口，如图 1-1-8 所示。

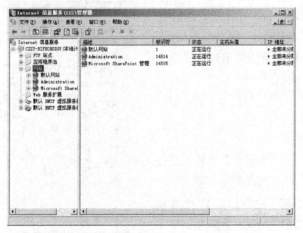

图 1-1-8　"IIS 信息服务（IIS）管理器"窗口

窗口左边列出的是 IIS 所提供的各种信息服务，包括 FTP、WWW 和 SMTP 等，其中"网站"提供的就是 Web 服务。

右击"网站"下的"默认网站"，选择"属性"命令，如图 1-1-9 所示，可打开"默认网站属性"窗口，如图 1-1-10 所示。

图 1-1-9　选择"属性"命令

这个窗口有很多选项卡，分别用于设置 Web 站点各个方面的属性。

- 网站：设置站点说明、IP 地址、TCP 端口号、连接数目等基本信息。
- 性能：设置影响内存和带宽使用的相关参数。
- ISAPI 筛选器：设置响应某些特定事件的程序。
- 主目录：指定这个 Web 站点的存储位置，即站点的实际路径等信息。
- 文档：指定默认文档。
- 目录安全性：设置 Web 站点的安全访问。
- HTTP 头：设置 HTTP 头中某些字段的值。
- 自定义错误：指定当某个 HTTP 错误发生时所应显示的网页。

IIS 最常见的选项卡为"网站"、"主目录"及"文档"选项卡。

（1）"网站"选项卡

图 1-1-10 所示为"网站"选项卡，在这个选项卡中可以设置 Web 站点的基本属性。

- 网站标识：主要用于进行站点 IP 地址和端口的设置，其中 IP 地址设置这个 Web 站点所绑定的 IP，当服务器绑定了多个

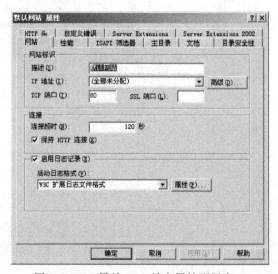

图 1-1-10　默认 Web 站点属性配置窗口

IP 地址时，需要在这里为 Web 站点进行选择；TCP 端口指的是该 Web 服务的运行端口，默认是 80，可以根据需要改变。但是改变端口之后，用户再访问这个站点时，就需要在 IP 地址后边加上这个端口号，如 http://localhost: 8080。

- 连接：用于配置网站的连接超时等属性。
- 启用日志记录：用于配置是否对访问进行记录以及采用什么格式来进行记录。

（2）"主目录"选项卡

单击"主目录"标签可以打开"主目录"选项卡，如图 1-1-11 所示。

在这个窗口可以设置该网站主目录的位置。从图 1-1-11 可以看出，IIS 允许主目录可以是本地计算机上的一个目录，也可以是另一台计算机上的共享目录，还可以是一个远程的 URL。如果选择本地计算机上的一个目录作为主目录，可进行如下配置：

- 本地路径：输入或单击"浏览"按钮选择主目录路径，如 C:\inetpub\wwwroot。
- 访问权限复选框组：各个复选框选项分别对应某项访问权限。包括脚本资源访问、读取、写入、目录浏览、记录访问、索引资源等。
- 执行权限：用于设置该目录对应用程序的支持级别。它有 3 种选择，其中"无"表示只允许访问静态文件，如 HTML 或图像文件；"纯脚本"表示只允许运行脚本，如 ASP，"脚本和可执行程序"表示可以访问或执行所有文件类型。

（3）"文档"选项卡

单击"文档"标签可以打开"文档"选项卡，如图 1-1-12 所示，在这个窗口可以设置默认文档。

图 1-1-11 "主目录"选项卡

图 1-1-12 "文档"选项卡

默认文档是用户在浏览器中输入网站域名，未指定要访问的网页文件时，系统默认访问的页面文件，一般是网站的主页文件。常见主页文件名有 index.htm、index.html、index.asp、default.htm、default.html、default. asp 等。

选中"启用默认内容文档"复选框，单击"添加"按钮，在弹出的对话框中（见图 1-1-13）直接输入默认文档名，如 index.asp，单击"确定"按钮。使用"删除"按钮可删除不需要的默认文档。

2. 管理虚拟目录和虚拟站点

IIS 提供了虚拟目录和虚拟站点的管理功能，使得在同一台计算机上可以建立多个 Web 站点。

（1）管理虚拟目录

① 打开"Internet 信息服务（IIS）管理器"窗口，在"默认网站"上右击，在弹出的快捷菜单中选择"新建"→"虚拟目录"命令，弹出"虚拟目录创建向导"对话框，如图 1-1-14 所示。

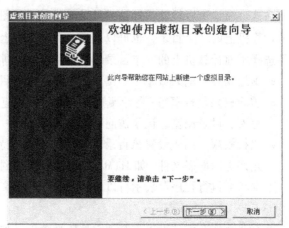

图 1-1-13 "添加内容页"对话框　　　　图 1-1-14 "虚拟目录创建向导"对话框

② 单击"下一步"按钮，进入别名设置对话框（见图 1-1-15），在这个对话框中给要建的虚拟目录取一个别名，如"site"。

③ 单击"下一步"按钮，进入目录设置对话框（见图 1-1-16），直接输入或单击"浏览"按钮选择虚拟目录的实际路径，如"F:\site"。

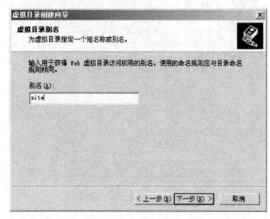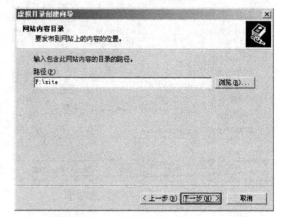

图 1-1-15 输入虚拟目录别名对话框　　　　图 1-1-16 虚拟目录路径设置对话框

④ 继续单击"下一步"按钮，进入访问权限设置对话框（见图 1-1-17），根据需要选择相应的权限。

⑤ 继续单击"下一步"按钮，弹出如图 1-1-18 所示对话框，提示虚拟目录成功创建。

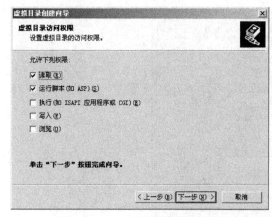 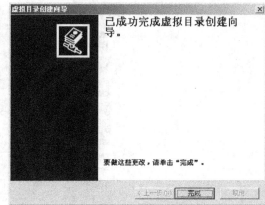

图 1-1-17 访问权限设置对话框   图 1-1-18 虚拟目录创建成功对话框

⑥ 最后单击"完成"按钮完成虚拟目录的添加，完成后在 Web 站点的主目录下可以显示新添加的虚拟目录"site"。

启动 IE 浏览器，在地址栏中输入 http://localhost/site（site 为虚拟目标名），即可显示图 1-1-19 所示的虚拟目录默认主页。

图 1-1-19 访问虚拟目录主页

⑦ 添加虚拟目录后，可以对虚拟目录进行进一步的设置：设置时右击目录树中的虚拟目录，在弹出的快捷菜单中选择"属性"命令，打开虚拟目录的属性对话框（见图 1-1-20），根据需要对其进行设置。

删除虚拟目录时，只要在目录树中选中要删除的虚拟目录，右击选择"删除"命令即可。

图 1-1-20　虚拟目录属性设置对话框

（2）管理虚拟站点

IIS 提供了强大的支持虚拟站点的功能。这样可以为一台计算机的多个 IP 地址建立不同的 Web 站点，也可以在一个 IP 地址上使用不同的 TCP 端口建立多个 Web 站点。

虚拟站点的设置步骤与虚拟目录基本相似，这里不再重复介绍。

技能训练

1. 制作一个简单静态网站，包含主页（index.htm）及几个简单子页。

2. 根据所用 Windows 版本，选择适当的 Web 服务器软件（IIS）进行安装，并进行如下操作。

① 将自己所制作的简单网站发布作为网站的主目录，并启用默认文档，文档名为 index.htm。打开 IE 浏览器，在地址栏输入 http://localhost 运行浏览自己制作好的网站。

② 在 F 盘建立 web 文件夹（网站内容任意），设定 F:\web 作为虚拟目录，别名为 web。访问方式：http://localhost/web。

③ 在 F 盘建立 aa 文件夹（网站内容任意），将这个文件夹创建为一个虚拟站点，端口为 8080。访问方式：http://localhost:8080。

思考与练习

1. 静态网页与动态网页有何异同？

2. 不同的 Windows 操作系统分别对应什么版本的 IIS？

任务二　动态网站发布与访问

任务描述

发布和访问动态网站，是在 ASP 开发环境搭建成功后，在 ASP 环境下，编写并执行一个 ASP 动态网页，即建立一个动态网站。

任务分析

在 Windows 平台的计算机上安装服务器软件 IIS 后，就将计算机配置成为了 Web 服务器和 ASP 应用程序服务器。

建立一个动态网站需要先建立站点文件夹，在站点文件夹中编写动态网页并在配置好的服务器上通过 IIS 发布网站，以便运行调试动态网页，让所有的 Internet 用户都能通过 Internet 访问这个网站。

方法与步骤

1. 创建 ASP 动态网页

【例 1-1】建立一个能够显示日期和时间的 ASP 动态网页 1-1.asp 并运行。

① 在 F 盘下建立一个文件夹 F:\asp。

② 在 F:\asp\sl 文件夹下新建一个显示当前日期和时间的动态网页 1-1.asp。代码如下：

```
<HTML>
<HEAD><TITLE>第一个 ASP 动态网页</TITLE></HEAD>
<BODY>
<P>你打开这个网页的日期是：<% =Date() %></P>
<P>打开时间是:<% = Time() %></P>
</BODY>
</HTML>
```

提　示

Date()与 Time()为显示当前日期及时间的函数。

2. 网站发布与访问

① 打开"Internet 信息服务管理器"窗口。

② 在"默认网站"上右击，选择"属性"命令，打开"默认网站属性"配置对话框。

③ 打开"主目录"选项卡，选择主目录路径 F:\asp\sl，如图 1-2-1 所示。

图 1-2-1　选择网站主目录

④ 打开"文档"选项卡，为当前网站设置默认文档为 1-1.asp，如图 1-2-2 所示。

⑤ 单击"确定"按钮回到"Internet 信息服务（IIS）管理器"窗口，右击"默认网站"，在弹出的快捷菜单中选择"启动 IIS"命令，完成网站的发布。

⑥ 打开 IE 浏览器，在地址栏中输入 http://localhost，不需要输入网页文件名，即可显示如图 1-2-3 所示页面。

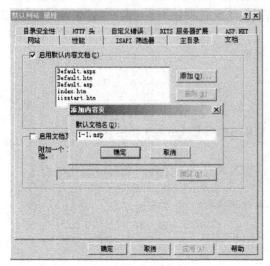

图 1-2-2　设置默认文档

图 1-2-3　网站发布与访问

相关知识

网站的访问方式

网站发布最基本的工作就是将网页上传或复制到配置好的 WWW 服务器上。

网站发布成功后，访问测试网站可用如下几种方法中的任意一种：

- http://127.0.0.1；
- http://localhost；
- http://计算机名；
- http://IP 地址。

其中，前两种方法只适用于本机访问，第三种方法既可以用于本机访问也可以用于局域网中，而 Internet 上的其他用户要想访问网站只能使用最后一种方法。当然，如果申请了域名，那么也可以使用"http://域名"来访问网站。

拓展与提高

网络资源标识

（1）IP 地址和域名

Internet 是一个数字世界，网上主机的定位是由一长串数字（IP 地址）表示。IP 地址唯一地确定了 Internet 每台主机或设备的位置，它由一个 32 位的二进制数组成，采用"点分十进制表示法"，如 211.82.200.36、10.200.35.78 等。

IP 地址不易记忆，一般人们使用域名解析系统（DNS）为主机指定一个易于记忆的名字与 IP 地址对应，这就是域名。并不是每一台主机或设备都有域名，但每一台主机或设备都有它对应的 IP 地址。

（2）统一资源定位器（URL）

这是一种网络资源位置的表示方法，是网络资源在 Internet 上的地址，因此可以把 URL 称为网址。URL 已成为表示 Internet 上各种资源位置的标准方式。例如，http://www.czvtc.cn/xibu/xin_xi/index.asp。

技能训练

在安装好 IIS 的服务器上（假定 IP 地址为 10.100.18.66），依次完成如下操作：

① 在 C 盘上新建一个名为 "site" 的目录，并在这个目录里新建一个名为 "index.htm" 的网页（内容任意）。

② 设定 Web 站点的主目录为上一步所建的 "site" 目录，并设定默认文档为 "index.htm"。通过 IE 浏览器访问所发布的网站主页（http:// 10.100.18.66）。

③ 在 D 盘上建立一个名为 "Web" 的目录，并在其中创建一个名为 "index.asp" 的网页，网页内容仿任务二中的 1-1.asp，如显示当前的日期及时间，发布并运行网站。

④ 添加一个指向 D:\Web 目录且别名为 "test" 的虚拟目录，启用默认文档为 "index.asp"。通过 IE 浏览器访问所发布的虚拟目录 test（http:// 10.100.18.66/test）。

思考与练习

1. 若想在本地计算机上测试网站是否发布成功，应在浏览器地址栏中输入什么形式的 URL？有几种方法？

2. 什么是 URL？打开 IE 任意浏览网站，观察地址栏的变化，理解 URL 的含义。

3. IP 地址和域名分别表示什么？二者有何区别？

任务三　使用 VBScript 进行网页设计

任务描述

嵌入到网页中的语言称为脚本（Script）语言，能够直接在客户端浏览器中解释执行的脚本，称为客户端脚本或客户端 Script；只能在服务器端执行的脚本则称为服务器端脚本或服务器端 Script。ASP 动态网页可以使用 VBScript 或 JScript 作为脚本语言。

VBScript 的全称是 Visual BASIC Script，即可视化 BASIC 脚本，一般称做 VB 脚本或 VB 脚本语言，它是嵌入到网页中的 BASIC 语言，不是 Visual BASIC（即 VB）的全部，而是 Visual BASIC 的子集，它不可以生成可执行文件。

VBScript 是 ASP 默认的脚本语言，它易学易用，语法简单，有着很广的应用范围。VBScript 既可用于服务器端动态服务器网页的开发，也用于客户端的动态网页（DHTML）开发。

任务分析

静态网页中只能包含客户端 VBScript。

动态网页中既可以包含客户端 VBScript，也可以包含服务器端 VBScript。其中客户端 VBScript 在客户端执行，服务器端 VBScript 在服务器端执行。

方法与步骤

1. 制作能够显示当前日期和时间的网页

打开 Dreamweaver（也可打开记事本直接输入），切换到代码视图，输入如下代码（1-2.asp），运行结果如图 1-3-1 所示。

```
<HTML>
<HEAD><TITLE>显示当前日期和当前时间</TITLE></HEAD>
<BODY>
<SCRIPT Language="VBScript">
    document.Write "客户端当前日期为:"& date
    document.Write "当前时间为:"& time
</SCRIPT><hr>
<SCRIPT Language="VBS" Runat= "Server">
    Response.Write "服务器端当前日期为:"& date
    Response.Write "当前时间为:"& time
</SCRIPT>
</BODY>
</HTML>
```

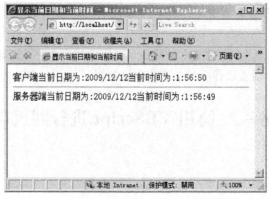

图 1-3-1　显示客户端和服务器端当前日期和时间

提 示

本例使用了两段 VBScript，第一段为客户端脚本，第二段为服务器端脚本，分别用于显示客户端和服务器端的当前日期和时间。

由于使用了服务器端脚本，必须进行网站发布后才能浏览动态网页。

2. 制作能够弹出问候消息框的网页

打开 Dreamweaver，切换到代码视图，输入如下代码（1-3.asp）。

```
<HTML>
<HEAD><TITLE>显示问候框</TITLE></HEAD>
<BODY>
<SCRIPT Language="VBS">
Dim xm
xm=InputBox("请输入姓名:","姓名输入框","张华")        '弹出输入对话框
MsgBox xm & ", 您好!",,"问候框"                      '弹出消息输出框
</SCRIPT>
</BODY>
</HTML>
```

运行网页文件，首先弹出一个姓名输入框（见图 1-3-2），显示默认姓名"张华"，用户可确认或修改，单击"确定"按钮后弹出问候消息对话框（见图 1-3-3）。

图 1-3-2 姓名输入对话框

图 1-3-3 弹出消息对话框

提 示

本例使用了两个 VBScript 常用的函数，InputBox 为输入函数，MsgBox 为输出函数。

3. 制作能够显示时间段问候语的网页

打开 Dreamweaver，切换到代码视图，输入如下代码（1-4.asp）。

```
<HTML>
<HEAD><TITLE>显示时间段问候语</TITLE></HEAD>
<BODY>
<CENTER>
<H2>亲爱的朋友</H2>
<%
a1=hour(time())                      '取出当前时间的小时数，赋值给变量 a1
if a1>=6 and a1<12 then              '当前时间在 6～12 点之间，显示上午好
    Response.Write("上午好! ")
elseif a1>=12 and a1<14 then         '当前时间在 12～14 点之间，显示中午好
    Response.Write("中午好! ")
elseif a1>=14 and a1<=18 then        '当前时间在 14～18 点之间，显示下午好
    Response.Write("下午好! ")
else                                 '其余时间显示晚上好
    Response.Write("晚上好! ")
end if
%>
```

```
<H2>欢迎进入 ASP 的神奇世界</H2>
</CENTER>
</BODY>
</HTML>
```

运行文件 1-4.asp，能够在不同的时间段显示不同的问候语，效果如图 1-3-4 所示。

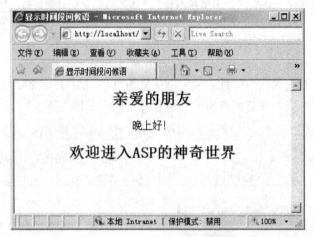

图 1-3-4　显示不同时间段问候语的网页

提 示

本例使用了 VBScript 的 if 语句，即使用选择分支来控制程序流程。

将上例中的 if 语句改为多分支常用的 Select 语句也可以实现同样的效果，代码如下（1-5.asp）：

```
<HTML>
<HEAD><TITLE>显示时间段问候语</TITLE></HEAD>
<BODY>
<CENTER>
<H2>亲爱的朋友</H2>
<%
a1=hour(time())
select case true
    case a1>6 and a1<12
      Response.Write("上午好! ")
    case a1>=12 and a1<14
      Response.Write("中午好! ")
    case a1>=14 and a1<=18
      Response.Write("下午好! ")
   case else
      Response.Write("晚上好! ")
end select
%>
<H2>欢迎进入 ASP 的神奇世界</H2>
</center>
</BODY>
</HTML>
```

4. 制作循环显示不同字号文本的网页

打开 Dreamweaver，切换到代码视图，输入如下代码（1-6.asp）。

```
<HTML>
<HEAD><TITLE>字号控制</TITLE></HEAD>
<BODY>
<% For i=1 To 7 %>
<FONT size = <% =i %>>
<P>size取<% =i %>时的字体大小</P>
</FONT>
<% Next %>
</BODY>
</HTML>
```

运行文件，效果如图 1-3-5 所示。

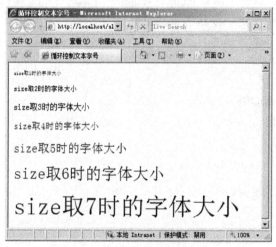

图 1-3-5　循环控制文本字号

提　示

本例使用了 VBScript 的 For...Next 循环语句来完成程序流程的控制。

5. 制作一个在状态栏上显示滚动文本的网页

打开 Dreamweaver，切换到代码视图，输入如下代码（1-7.asp）。

```
<HTML>
<HEAD><TITLE>滚动的状态栏</TITLE></HEAD>
<BODY>
<SCRIPT Language="VBS">
Dim Text,TextS,N
Text=space(142) & "欢迎进入本网站!"        '滚动栏要显示的文本
Sub TextScroll
  If Len(TextS) <150 Then
    N=N+1
  Else
    N=1
  End If
  TextS=Right(Text,N)
```

```
      Window.Status=TextS
      SetTimeOut "TextScroll",200              '间隔时间为 200ms
End Sub
TextScroll                                     '调用 TextScroll 过程
</SCRIPT>
在状态栏显示滚动文本！
</BODY>
</HTML>
```

运行本网页，观察状态栏上的效果。

注 意

　　本例涉及的知识较多，包括 If…Then 语句、过程的递归调用、生成空格函数 Space、字符串测长函数 Len、取子串函数 Right、Window 对象的 Status 属性和 SetTimeout 方法的使用，仔细分析本实例，进一步熟悉 VBScript。

相关知识

1. 在网页中插入 VBScript

（1）插入客户端 VBScript

【格式】

```
<Script Language="VBScirpt">
<!--
        VBScript 语句序列
-->
</Script>
```

【说明】

● Language="VBScirpt"表示嵌入的是 VBScript，也可以简写为 Language="VBS"。

● "<!--" 和 "-->"表示注释。

（2）插入服务器端 VBScript

在 ASP 页面中添加服务器端 VBScript 常用以下两种方法。

① 使用<SCRIPT></SCRIPT>标记：

【格式】

```
<SCRIPT Language="VBScirpt" Runat ="Server">
    VBScript 语句序列
</Script>
```

【说明】属性 Runat ="Server"，表示脚本在服务器端运行。一般当代码比较集中时采用这种格式，如 1-2.asp。

② 在 "<%" 和 "%>" 之间编写服务器端脚本。采用这种格式一般应在 ASP 页面的首行写上如下语句，以表示网页使用的是 VBScript。

```
<%@ Language="VBScirpt">
```

由于 ASP 默认采用的就是 VBScript，该语句也可省略不写。如下例：

```
<HTML>
<HEAD><TITLE>显示服务器端的当前时间</TITLE></HEAD>
```

```
<BODY>
<% Response.Write "当前时间为:"&time %>
</BODY>
</HTML>
```

本格式非常灵活，可以出现在 ASP 网页中的任意位置，包括 HTML 标记中，因此在嵌入服务器端 VBScript 时经常使用，如 1-6.asp。

2. VBScript 的输入输出函数

（1）输出函数 MsgBox

MsgBox 函数是一个输出函数，一般用于在网页中以消息框的形式向用户显示提示信息，消息框中共可以显示 7 种不同的按钮，等待用户选择，函数的值由用户选择的按钮决定。

消息框的外观如图 1-3-6 所示。

① MsgBox 函数的格式

【格式】MsgBox "消息内容" [,按钮类型] [,"标题内容"]

图 1-3-6　MsgBox 消息框外观

- 参数 1："消息内容"，必选参数，字符型数据，显示提示消息。
- 参数 2：按钮类型，可选参数，数值型数据，它包含 4 个含义。参数 2 的数值由这 4 个含义所相对的数值和来决定。其功能描述如表 1-3-1 所示。
  - ➢ 消息框中显示出的按钮类型和个数；
  - ➢ 消息框中是否显示图标以及显示什么图标；
  - ➢ 消息框弹出时，哪个按钮为默认按钮（焦点按钮）；
  - ➢ 消息框是应用程序模式还是系统模式（所谓系统模式的消息框就是除挡在打开它的窗口前面外，还可以挡在任何窗口前面的消息框；而应用程序模式就是只属于本应用程序的消息框）。
- 参数 3："标题内容"，可选参数，字符型数据，是消息框标题栏中显示的内容。

表 1-3-1　MsgBox 第二个参数的功能描述

值	符 号 常 量	功 能 描 述	值	符 号 常 量	功 能 描 述
0	VbOkOnly	只显示确定按钮	1	VbOKCancel	显示确定、取消
2	VbAboutRetrylgnore	放弃、重试、忽略	3	VbYesNOCancel	是、否、取消
4	VbYesNO	是、否	5	VbRetryCancel	重试、取消
0	—	不显示图标	—	—	—
16	vbCritical	显示图标❌	32	VbQuestion	显示图标❓
48	VbExclamation	显示图标⚠	64	VbInformation	显示图标ℹ
0	VbDefaultButton1	第一个为默认按钮	—	—	—
256	VbDefaultButton2	第二个为默认按钮	512	VbDefaultButton3	第三个为默认按钮
0	VbApplicationModal	应用程序模式	4096	VbSystemModal	系统模式

可以用下面的语句显示图 1-3-6 所示的消息框：

MsgBox "非法用户，不能进入本网站", 21, "警告消息框"

其中第一个、第三个参数的含义非常明确，第二个参数的值为 21，即 5+16+0+0，其中的 5 表示显示重试和取消两个按钮，16 表示显示❌图标；第一个 0 表示第一个按钮为默认按钮，第二个 0 表示本消息框为应用程序模式。

② MsgBox 函数的调用

MsgBox 函数可以直接作为语句出现在脚本中，这时函数中的所有参数都不可以用圆括号括起来，如：

`MsgBox "非法用户，不能进入本网站",21,"警告消息框"`

使用这种方法调用函数，函数没有返回值，也就是不能得到用户选择按钮的结果。

MsgBox 函数也可以出现在表达式中，这时函数中的所有参数都必须用圆括号括起来。如：

`Msg=MsgBox("非法用户，不能进入本网站",21,"警告消息框")`

这种写法可以把函数的值赋给变量 Msg 以供后面的脚本使用，也就是变量 Msg 的值由用户选择消息框中的不同按钮来决定。

按钮所对应的返回值见表 1-3-2。

表 1-3-2　MsgBox 消息框中不同按钮所对应的返回值

所 选 按 钮	函 数 返 回 值	返回值对应的内部常量
确定	1	VbOk
取消	2	VbCancel
放弃	3	VbAbort
重试	4	VbRetry
忽略	5	vbIgnore
是	6	vbYes
否	7	vbNo

（2）输入函数 InputBox

InputBox 函数是以对话框的形式向网页中输入信息的函数，它比使用文本框更醒目和更能引起用户的注意，执行到该函数时打开一个输入对话框，如图 1-3-7 所示。

① InputBox 函数的格式

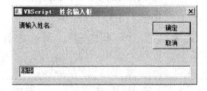

图 1-3-7　InputBox 输入对话框

格式：`InputBox "提示内容" [,"标题"][,"缺省文本"]`

该函数的 3 个参数都为字符型数据。

- 参数 1："提示内容"，必选参数，它将作为提示内容显示在对话框中。
- 参数 2："标题"，可选参数，显示在对话框的标题栏中。
- 参数 3："缺省文本"，可选参数，它用于设置文本框中的缺省内容。

例：`InputBox "请输入用户名：","用户名输入框","张华"`

② InputBox 函数的调用

InputBox 函数一般出现在表达式中，函数的值就是选择"确定"按钮时文本框中的文本内容。

例：`YourName=InputBox（ "请输入用户名：","用户名输入框","张华"）`

3. VBScript 的分支语句

脚本是由若干条具有不同功能的语句组成的，一般情况下语句是按照由上到下的顺序一句一句执行的，这样的语句都简单易懂，如赋值语句等。

当需要根据条件判断该不该执行某些语句，或者应该执行哪些语句时，就要用选择结构来控制代码的执行流程。具有这方面功能的语句有两种：If...Then 和 Select Case 语句。

（1）If...Then 语句

【格式】该语句可细分为 5 种格式。

格式1: If　条件　Then 语句块

格式2: If　条件　Then 语句块1　Else 语句块2

格式3: If　条件　Then
　　　　　　语句块
　　　End If

格式4: If　条件　Then
　　　　　　语句块1
　　　Else
　　　　　　语句块2
　　　End If

格式5: If　条件1　Then
　　　　　　语句块1
　　　　　　ElseIf 条件2 Then
　　　　　　语句块2
　　　　　　……
　　　　　　[Else
　　　　　　语句块 n+1]
　　　End If

【说明】

- 语句中的"条件"为逻辑值，一般为关系表达式。
- 格式 1 和格式 3 的书写形式不同，执行情况和实现的功能是相同的，即：条件成立就执行语句块，条件不成立就不执行任何语句。
- 格式 2 和格式 4 的书写形式不同，执行情况和实现的功能是相同的，即：条件成立就执行语句块 1，条件不成立就执行语句块 2。
- 格式 5 适合于处理多种条件的情况，即：如果条件 1 成立就执行语句块 1，若条件 1 不成立而条件 2 成立就执行语句块 2……如果前面所有条件都不成立就执行语句块 n+1。当没有 "Else"部分且没有任何条件成立时不执行任何语句。
- 格式 1 和格式 2 为单行格式，一定要把所有内容都在一行写完，当语句块包括多条语句时语句间用冒号（:）隔开，这种格式适用于很简单的语句块。
- 格式 3、4、5 为多行格式，都必须以 If...Then 语句开头，以 End If 语句结束，一般当语句块内容比较多的时候采用。

（2）Select Case 语句

当分支较多时，用 If...Then 语句显得复杂，用 Select Case 语句处理会更加合理、清晰。

【格式】

Select Case 测试表达式
Case 值域1
语句块1

```
Case 值域2
语句块2
...
[Case Else
语句块 n+1]
End Select
```

【执行过程】用测试表达式的值依次与各 Case 语句后的值域比较，如相同就执行该 Case 语句下面的语句块而后跳出 Select 语句，否则继续比较。如果和每一个 Case 语句后面的值域都不相符，有 Case Else 语句时执行该语句下面的语句块，没有时则直接跳出 Select 语句。

【说明】

- 首行为 Select Case 语句，尾行为 End Select 语句，中间包括若干个 Case 语句，可以有一个或没有 Case Else 语句。
- 测试表达式的类型可以是数值型、字符型或日期时间型，值域的值应和它相一致。
- 值域的写法可以是一个值、变量或表达式，如 3，8，7+9 等；也可以是多个值，各值间用逗号隔开，如在值域位置写出多个值，测试表达式的值和任何一值相等时都视为相符，也就是条件成立。
- 值域不可以写成关系表达式的形式。

4. VBScript 的循环语句

在设计脚本时，如需要让某段代码反复执行多次，可使用循环语句。所有循环语句都有一个开始语句和一个结束语句，处在两个语句间的程序段就是被反复执行的语句，我们称之为"循环体"。VBScript 中有 3 种循环语句，它们是 While...Wend 循环、Do...Loop 循环和 For...Next 循环。

（1）While...Wend 循环

【格式】`While 条件表达式`

```
    循环体
    Wend
```

【说明】条件表达式是一个值为逻辑值的表达式，一般是关系表达式，也可以是逻辑表达式、逻辑常量或逻辑变量。当条件表达式的值为 True 时就执行循环体，直到条件表达式的值变为 False 时结束循环。

该循环的书写格式固定、简洁、易懂。适合于处理根据条件决定是否继续循环的情况。

（2）Do...Loop 循环

该循环和 While...Wend 循环相似，但它有丰富的书写格式，并且在循环体中可以使用 Exit Do 语句（常和选择结构的语句配合使用）中途跳出循环，所以使用的时候比 While...Wend 语句更灵活。

它有 4 种书写格式：

【格式1】`Do While 条件`

```
    循环体
    Loop
```

【说明】格式 1 先判断 While 后的条件值是否为 True，如果是则执行循环体，直到条件值变为 False 时跳出循环，循环结束。如果条件值一开始就为 False 则一次都不执行循环体。

【格式2】Do
　　　　循环体
　　　Loop While 条件

【说明】格式2先执行一次循环体，再判断 While 后的条件值是否为 True，如果是则继续执行循环体，直到条件值变为 False 时跳出循环，循环结束。不管条件值是真是假最少执行一次循环体。

【格式3】Do Until 条件
　　　　循环体
　　　Loop

【说明】格式3先判断 Until 后的条件值是否为 False，如果是则执行循环体，直到条件值变为 True 时跳出循环，循环结束。如果条件值一开始就为 True 则一次都不执行循环体。

【格式4】Do
　　　　循环体
　　　Loop Until 条件

【说明】格式4先执行一次循环体，再判断 Until 后的条件值是否为 False，如果是则继续执行循环体，直到条件值变为 True 时跳出循环，循环结束。不管条件值是真是假最少执行一次循环体。

（3）For…Next 循环

① For…Next 循环：适合于处理那些已知循环次数的循环，是最常用的一种循环。

【格式】For 循环变量=初值 To 终值 [Step 步长值]
　　　　循环体
　　　Next

【执行过程】先给循环变量赋一个初值，再用循环变量的值去和终值比较，如果循环变量的值超过终值则跳出循环执行 Next 后面的语句，如果循环变量的值不超过终值则执行循环体。执行到 Next 语句时给循环变量增加一个步长值，然后继续和终值做比较，直到超过终值跳出循环为止。

【说明】如果省略"Step 步长值"部分，则步长值取1，这是最常用的形式。

和 Do…Loop 语句相似，在 For…Next 循环语句的循环体中可以有一个 Exit For 语句用于中途退出 For 循环。

② For Each 循环：当需要处理的内容为数组和集合时，用 For Each…Next 格式来处理更加方便。

【格式】For Each 循环变量 In 数组名
　　　　循环体
　　　Next

【执行情况】由数组中的元素个数来决定循环次数，循环变量依次取每一个数组的值，数组中有多少个元素就执行多少次循环体。

5. 循环和选择的嵌套

在处理复杂的问题时，可能会遇到循环中套循环、循环中套选择、选择中套循环、选择中套选择的情况，我们称之为循环和选择的嵌套。

所有循环和选择语句，以及同一种循环或选择语句本身都可以相互嵌套多次，在处理嵌套时一定要分清内外，谁在内谁在外。它们之间可以多层嵌套，但不可以交叉嵌套。

拓展与提高

1. 应用文档对象编写网页

在 HTML 中，文档对象模型用于表示 HTML、元素以及 Web 信息，基于该模型可以通过脚本代码来调用和设置有关对象的属性、调用对象的方法、响应对象的事件。文档对象模型是 HTML 若干对象的集合，它们的层次结构如图 1-3-8 所示。

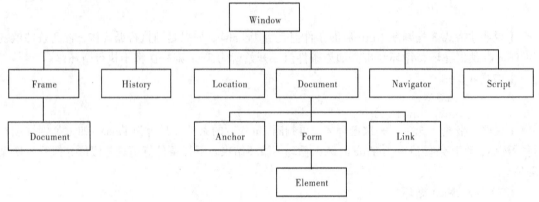

图 1-3-8　文档对象模型的层次结构

2. Window 对象

Window 对象提供了处理浏览器窗口的方法和属性，它处于对象层次的最顶层，其他对象都是它的子对象。因此，对象名"Window"经常省略，如 Window.Status 写为 Status 等。

只要打开浏览器窗口，不管该窗口中是否有打开的网页，当遇到 Body、Frameset 或 Frame 元素时，都会自动建立 Window 对象的实例，也可用 Window.Open 方法创建 Window 对象。

3. Window 对象的属性

Window 对象的属性可分为 3 类：

① 子对象属性，包括：Document、Frame、History、Location、Navigator、Script，它们依次表示文档对象、框架对象、历史记录对象、URL 对象、浏览器对象、脚本对象。

② 表示窗口状态信息的属性，如：DefaultStatus 和 Status。

- DefaultStatus 属性用于设置和读取浏览器窗口状态栏中的缺省显示信息。
- Status 属性用于设置和读取浏览器窗口状态栏中的临时显示信息。

例：执行含有下面 4 句 VBScript 代码中的任何一条语句后，都可使状态栏中显示"欢迎浏览本网站"信息。

```
Defaultstatus="欢迎浏览本网站"
Window.Defaultstatus="欢迎浏览本网站"
Status="欢迎浏览本网站"
Window.Status="欢迎浏览本网站"
```

③ 窗口的相关属性，包括：Name、Parent、Opener、Self、Top。它们依次表示窗口名称、当前窗口的父窗口（框架）、打开当前窗口的窗口、当前窗口、一系列嵌套窗口中的最上层窗口（框架）。

4. Window 对象的方法

（1）pen 方法

【功能】打开 Window 窗口，并设置打开窗口参数，如窗口大小、是否有工具栏等窗口属性。

【格式】`Window.Open "URL", "窗口名" [,"Toolbar=yes|no,location=yes|no…, left=值, top=值, Width=值, Height=值"]`

- 参数 1："URL"，指要在打开的窗口中显示网页的网址。
- 参数 2："窗口名"，是指显示网页的窗口名。
- 参数 3：可选参数，也是最复杂，功能最强大的参数。

例：window.open("","_top")；表示在最上层打开一个空窗口。

参数 3 又包括若干选项，各选项共同处在一对引号内，书写个数和前后位置可任意。

根据功能不同，其选项可分为两类：

第一类用于控制菜单栏、工具栏、地址栏是否显示：包括 Toolbar（常用工具栏）、Location（地址栏）、Directories（目录列表栏）、Status（状态栏）、Menubar（菜单栏）、Scrollbars（滚动条）、Resizeable（窗口的大小是否可以被改变），它们的值可以是 Yes、No 或 1、0。

第二类用于控制打开窗口的大小和位置：包括 Left（左）、Top（上）、Width（宽）、Height（高）4 项，其值为数值型。

例 1：`Window.Open "http://www.sina.com.cn","abc","width=188,height=177,toolbar=yes"`

表示打开网址为 http://www.sina.com.cn（新浪主页）的网页，为窗口取名为 abc，该窗口的宽度为 188 像素，高度为 177 像素，显示工具栏。

例 2：`Window.Open "http://www.163.com","","status=0,menubar=No,left=200,top=100"`

表示打开网址为 http://www.163.com（网易主页）的网页，没有为窗口取名，该窗口不显示状态栏和菜单栏，窗口从屏幕的左 200 像素处、上 100 像素处开始显示。

（2）close 方法

【功能】关闭当前窗口。

【格式】`Window.Close`

例：window.top.close() 表示关闭最上层窗口。

（3）SetTimeout 方法

【功能】设置计时器，用于在指定的时间后调用一个过程。

【格式】`[ID=] Windows.SetTimeout ("过程或语句，等待时间)`

例：SetTimeout "Document.Bgcolor=blue",10000 表示过 10 秒钟后使文档背景变为蓝色。

【说明】

- ID：自命名的计时器对象，SetTimeout 方法的返回值，可用在 ClearTimeout 方法中。有返回值时，后面的两个参数要用括号括起来，无返回值时，不加括号。
- 过程或语句：可以是任何正常的 VBScript 语句或过程名。
- 等待时间：是一个数值，指定该语句多长时间后执行，单位是 ms（毫秒）。

（4）ClearTimeout 方法

【功能】将指定的计时器复位。

【格式】`Windows.ClearTimeout ID`

【说明】ID 为 SetTimeout 方法已设置的计时器对象。

5. Document 对象

Document 对象是一个重要的文档对象，它表示在浏览器窗口或框架中显示的 HTML 文档，可以通过该对象的属性、事件、方法来控制页面的外观和内容。

6. Document 对象的属性

常见的 Document 对象属性见表 1-3-3。

表 1-3-3　Document 对象的常见属性

属　　性	描　　　　述
LinkColor	设置或返回文档中超链接的颜色
AlinkColor	设置或返回文档中当前链接的颜色
VlinkColor	设置或返回文档中被访问过的链接的颜色
All	所有元素的集合
Anchors	所有锚点的集合
Forms	所有表单的集合
Frames	所有框架的集合
Imgaes	所有图像的集合
Scripts	所有脚本的集合
Links	文档中所有超链接的集合
BgColor	设置或返回文档的背景颜色
FgColor	设置或返回文档的前景颜色
Title	返回当前文档的标题，只读

7. Document 对象的事件

Document 对象的事件与其他对象基本相同，如 OnClick、OnMouseUp、OnMouseOut 等。

8. Document 对象的方法

常见的 Document 对象的方法见表 1-3-4。

表 1-3-4　Document 对象的方法

方　　法	描　　　　述
Clear	清除当前文档中的全部内容
Close	关闭 Html 的输出流
Open	打开 Html 的输出流
Write(str)	向 Html 的输出流写入字符串
Writeln(str)	向 Html 的输出流写入字符串和一个换行符

技能训练

1. 根据要求编写网页，运行并调试所编写的代码。

　　下面为一个根据输入月份输出季节的网页，当打开网页时出现一个请输入月份的输入框，当输入任何一个合法的月份后，就可以在输出框中出现当前的季节，如图 1-3-9、图 1-3-10 所示（分别使用 if 语句和 Select case 语句完成）。

图 1-3-9　月份输入框　　　　　　图 1-3-10　季节输出框

① 使用 if 语句完成（1-8.asp）。

```
<HTML>
<HEAD><TITLE>月份季节转换</TITLE></HEAD>
<SCRIPT Language="VBS">
j=InputBox ("请输入月份", "月份输入框")
if j=2 or j=3 or j=4 then
        MsgBox "现在是:" & "春季" ,,"季节输出框"
elseif j=5 or j=6 or j=7 then
        MsgBox "现在是:" & "夏季" ,,"季节输出框"
elseif j=8 or j=9 or j=10 then
        MsgBox "现在是:" & "秋季" ,,"季节输出框"
else
        MsgBox "现在是:" & "冬季" ,,"季节输出框"
end if
</SCRIPT>
<BODY>
</BODY>
</HTML>
```

② 使用 Select Case 语句完成（1-9.asp）。

```
<HTML>
<HEAD><TITLE>月份季节转换</TITLE></HEAD>
<SCRIPT Language="VBS">
Cj=InputBox ("请输入月份", "月份输入框")
  Select Case int(j)
    Case 2,3,4
       MsgBox "现在是:" & "春季" ,,"季节输出框"
    Case 5,6,7
       MsgBox "现在是:" & "夏季" ,,"季节输出框"
    Case 8,9,10
       MsgBox "现在是:" & "秋季" ,,"季节输出框"
    Case Else
       MsgBox "现在是:" & "冬季" ,,"季节输出框"
  End Select
</SCRIPT>
<BODY>
</BODY>
</HTML>
```

2. 用 For...Next 双循环实现在网页中输出九九乘法口诀（1-10.asp），如图 1-3-11 所示。

```
<HTML>
<HEAD><TITLE>乘法口诀</TITLE></HEAD>
<BODY>
```

```
<SCRIPT Language="Vbs">
  For i=1 To 9
     For j=i To 9
        Window.Document.Writeln  i & "*" & j & "=" & i*j & " "
     Next
     Window.Document.Write "<BR>"
  Next
</SCRIPT>
</BODY>
</HTML>
```

图 1-3-11 用循环嵌套输出乘法口诀表

思考与练习

1. 如何在网页嵌入客户端脚本？常用的有哪些方法？
2. 如何在 ASP 动态网页中嵌入服务器端脚本？有哪几种方法？
3. MsgBox 函数和 InputBox 函数在网页中有什么应用？基本格式如何？
4. 选择结构语句有几种？各有哪几种书写格式？
5. 循环语句有几种？各有哪几种书写格式？

项目实训　发布动态网站

一、项目描述

无论是静态网站还是动态网站，当网站制作、测试完成以后，怎样做才能有更多的浏览者欣赏网站呢？首先要使网站上传发布到服务器。如果是动态网站，只有在服务器上发布后才能够进行访问与测试。所以正确地配置 Web 服务器、发布网站是动态网站设计的基础。

二、项目要求

1. IIS 的安装与配置。
2. 制作一个动态网站，至少包括一个静态网页，一个 ASP 动态网页和两个插入 VBScript 脚本（客户端脚本、服务器端脚本）的网页，并进行网页间的链接。
3. 发布自己的网站，设置默认文档，在客户端进行访问和测试。

三、项目提示

1. 完成 Web 服务器和 ASP 应用程序服务器软件的选择与安装，搭建 ASP 应用开发环境。根据计算机操作系统的不同，选择不同版本的 IIS 进行安装，根据需要对其进行相应配置。

2. 浏览运行动态网页和静态网页，体会它们之间的差异。

3. 在网页中加入 VBScript 时，要注意：加入客户端脚本和服务器端脚本的方法不同，运行环境要求也不同。

四、项目评价

项目实训评价表

能力要求	内 容		评 价		
	能 力 目 标	评 价 项 目	3	2	1
职业能力	IIS 的安装	能够正确地选择服务器软件			
		能够完成 IIS 的安装与卸载			
	动态网页的制作	能够设计简单的 ASP 动态网页			
		能够进行动态网页的基本调试			
		能够将动态网页与其他页面相链接			
	VBScript 脚本的插入	能够在网页中插入客户端 VBScript			
		能够在网页中插入服务器端 VBScript			
		能够使用文档对象编写网页脚本			
	IIS 的配置	能够根据需要进行站点主目录的配置			
		能够进行虚拟目录的添加与配置			
		能够启用并选择相应的默认文档			
		能够启动/停止 IIS 服务			
	网站发布与访问	能够准确发布网站			
		能够在客户端访问已发布的网站			
通用能力	设计能力				
	独立构思能力				
	解决问题能力				
	自我展示能力				
	交流表达能力				
	自主学习能力				
	创新能力				
综合评价					

单 元 ②

引言

多数网站都有它的用户群，需要进行登录与注册，用户登录注册系统是动态网站中最基本的动态功能。本单元介绍了一个校园网登录注册系统的设计与制作。

本任务的登录注册功能主要由 ASP 的内置对象——Request、Response、Server 等对象及 ADO 组件完成，后台数据库采用 Access 数据，使用 ODBC 进行数据库的连接。

任务一 制作用户注册表单

任务描述

第一次进入校园网时，往往需要先进入注册页面进行注册，用户注册页面主要是一个用户注册表单，由用户填写完注册信息后提交给表单处理程序，表单处理程序用于接收并反馈用户注册信息。

用户注册表单如图 2-1-1 所示。

图 2-1-1 用户注册表单

任务分析

本任务主要完成一个简单表单提交与信息反馈。设计一个表单用于用户注册,编写一个 ASP 动态网页文件用于表单信息的接收与信息反馈。在注册表单页面可使用 VBScript 脚本用于表单中用户信息的客户端校验,同时也可使用 VBScript 脚本自动生成常见图形验证码。

方法与步骤

1. 设计用户注册页面(reg.htm)

建立 reg 文件夹,新建用户注册文件 reg.htm 和用户信息反馈页面 reg1.asp。

(1)插入表单

打开 reg 文件夹下的注册页面 reg.htm,选择"插入"→"表单"→"表单"命令,在网页插入一个表单,表单内插入一个 14 行 2 列的表格,按图 2-1-1 合并单元格并输入文本。

(2)插入表单元素

在表单中对应位置插入各表单元素,如"用户名"文本域、"密码"密码域、"性别"单选按钮等并设置其属性,表单中各元素的设置如表 2-1-1 所示。

表 2-1-1 "注册表单"元素属性设置表

标 签	名 称	类 型	属 性 设 置
用户名	uid	文本域	—
密码	mm1	密码域	—
确认密码	mm2	密码域	—
性别	xb	单选按钮	2 个单选按钮,名称均为 xb,其选定值分别为"男"、"女"
年龄	nl	文本域	—
教育程度	jycd	下拉菜单	设置其项目标签和列表值为专科、本科、硕士等学历,参见图 2-1-2
电子信箱	email	文本域	—
城市	cs	下拉菜单	设置其项目标签和列表值为各个省市,参见图 2-1-3
兴趣爱好	ah	复选框	8 个复选框,名称均为 ah,其值分别为"网络科技"、"电脑游戏"等对应值,参见图 2-1-1
建议	jy	多行文本域	初始值为"您的建议"
验证码	rz	文本域	—
—	b1	普通按钮	值为"注册"
—	b2	重设表单按钮	值为"重置"

图 2-1-2 表单元素"教育程度"的列表值图

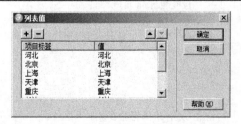

图 2-1-3 表单元素"城市"的列表值

（3）设置表单属性

选中表单，命名为 form1，设置其动作为 reg1.asp，方法为 POST，其属性如图 2-1-4 所示。

图 2-1-4　表单属性设置

（4）表单客户端校验

表单中的用户名、密码、电子信箱等为必填元素，可以使用 VBScript 对其进行客户端校验，切换到 reg.htm 文件的代码视图，在文件起始处加入如下脚本：

```vbscript
<SCRIPT language="vbScript">
sub check()
<!--  检查必须添写的项目是否准确的填写-->
if form1.uid.value=empty then
  msgbox "用户代码不能为空！"
  focusto(0)
  exit sub
end if
if form1.mm1.value=empty then
  msgbox "请设置密码！"
  focusto(1)
  exit sub
end if
 if form1.mm2.value=empty then
  msgbox "请再次输入密码！"
  focusto(2)
  exit sub
end if
if form1.mm1.value<>form1.mm2.value then
  msgbox "两次的密码不同！"
  focusto(1)
  exit sub
end if
 if form1.email.value=empty then
  msgbox "请填写用户的 Email 地址！"
  focusto(7)
  exit sub
end if
<!--  检查电子信箱地址格式-->
if instr(form1.email.value, "@")=0 then
  msgbox "Email 地址错误，请重新填写！"
  focusto(7)
  exit sub
end if
if form1.rz.value=empty then
  msgbox "请填写验证码！"
  focusto(18)
```

```
     exit sub
   end if
<!--  检查验证码是否正确，num 为产生的随机验证码-->
if clng(form1.rz.value)<>num then
   msgbox "验证码错误，请重新填写"
   focusto(18)
   exit sub
end if
<!--  提交表单-->
form1.submit
end sub
<!--  焦点返回指定表单元素-->
Sub focusto(x)
   document.form1.elements(x).focus()
end sub
</SCRIPT>
```

将表单中的"提交"按钮属性设置为"普通按钮"，单击时调用 VB 子程序 check()，其对应代码为： <INPUT name="b1" type="button" onClick="check" value="提交">。

（5）随机产生并显示验证码

切换到代码视图，在验证码文本域 rz 的后面加入如下脚本：

```
<SCRIPT language="VBScript" type="text/VBScript">shownumimage()</SCRIPT>
```

本行脚本的作用为调用 shownumimage()子程序产生一个 4 位随机的校验码（图片显示），子程序代码如下，可插入 reg.htm 文件的起始处。

```
<SCRIPT language=vbScript>
dim num
sub shownumimage()
<!--  产生一个 4 位随机数 num-->
Randomize
num=int(9000*rnd+1000)
<!--  以图片形式（图片放在 images/11 文件夹中）显示随机数 num-->
for i=1 to 4
   outstring="<img src=""images/11/"&mid(num,i,1)&".gif""></img>"
   document.write(outstring)
next
end sub
</SCRIPT>
```

提示

　　由于使用图片显示随机产生的 4 位数验证码，所以需要先制作 10 张 0~9 各个字符的图片，文件名分别为 0.gif~9.gif，本例中放在了 images/11 文件夹中。

2. 设计信息反馈页面（reg1.asp）

（1）设计显示用户信息的表格

新建 reg1.asp 文件，切换到设计视图，插入一个 12 行 2 列的表格，如图 2-1-5 所示。按图示合并单元格，输入文本，设计表格。

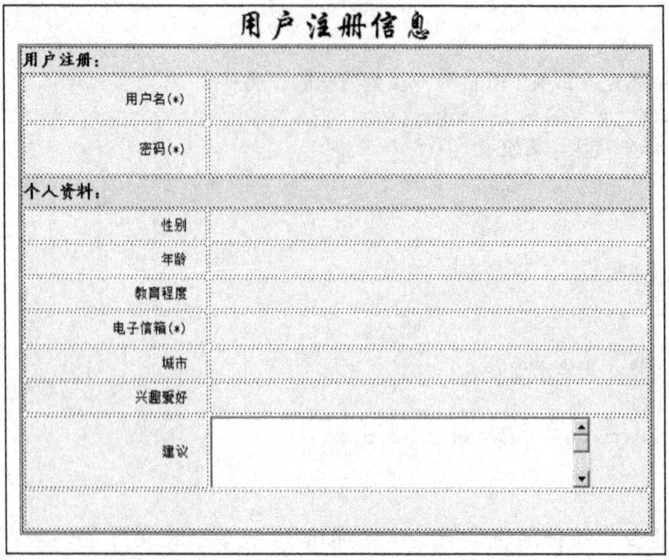

图 2-1-5　用户注册信息反馈表

（2）编写信息接收及反馈的 ASP 脚本

切换到拆分视图，在文件起始处<HTML>前加入如下脚本用于接收用户注册信息。

```
<%
'接收用户注册信息
uid=Request.Form("uid")
mm=Request.Form("mm1")
xb=Request.Form("xb")
nl=Request.Form("nl")
jycd=Request.Form("jycd")
email=Request.Form("email")
cs=Request.Form("cs")
ah=Request.Form("ah")
jy=Request.Form("jy")
%>
```

观察设计好的表格，表格中的每一行左侧单元格输入文本（如用户名、密码、性别等项），右侧单元格用于输出对应的用户注册信息。在代码视图下对应位置输入相应脚本，如"用户名"右侧单元格内输入<% Response.write(uid) %>（或<% =uid%>），密码右侧单元格内输入<% Response.write(mm) %>（<%= mm %>），如表 2-1-2 所示。

表 2-1-2　用户注册信息反馈表

字 段 名 称	说　　明	字 段 名 称	说　　明
用户名	<%= uid %>	教育程度	<%= jycd %>
密码	<%= mm %>	电子邮箱	<%= email %>
性别	<%= xb %>	城市	<%= cs %>
年龄	<%= nl %>	兴趣爱好	<%= ah %>

在"建议"右侧单元格内插入一个多行文本域，定义其初始值为<%= jy %>，可将用户建议内容显示在多行文本域内。

提　示

<% Response.write(uid) %> 与<% =uid %> 意义相同，均为输出变量 uid 的值。

启动 IIS，发布 reg 文件夹，运行 reg.htm 文件，输入各项用户注册信息，单击"注册"按钮则 reg1.asp 文件接收并显示用户注册信息，如图 2-1-6 所示。设计者可根据自己的需要美化修饰注册表单页面。

图 2-1-6　用户注册信息反馈页面

相关知识

1. 设计表单

表单在网页中用于获取用户信息，使网页具有交互的功能。用户在网页表单中填写信息后提交表单，表单内容就从客户端的浏览器传送到服务器上，经过 Web 服务器上的 ASP 或 CGI 等程序处理后，再将用户所需信息传送回客户端的浏览器上，这样网页就具有了交互性。

（1）创建交互表单

在 HTML 中，<FORM></FORM>标记对用于创建一个表单，在标记对之间主要包含表单控件，也可以包含文本及图像。它的基本格式如下：

```
<FORM  action = "…" method = "…">
…
</FORM>
```

表单<FORM>标记最常见的属性是 method 和 action。

① action：指定要接收并处理表单数据的服务器端程序的 URL。

② method：定义表单数据提交并传输到服务器的方式，可取值为 get 或 post。

● get：将表单数据附加到请求该页的 URL。即将 FORM 的输入信息作为字符串附加到 action 所设定的 URL 的后面，中间用"？"隔开。URL 的长度限定在 8192 个字符以内。

● post：在 HTTP 请求中嵌入表单数据。传送的数据量要比使用 get 方式大得多。

③ target：指定表单处理文件的打开窗口，其取值可以为_blank、_parent、_self、_top 或指定窗口名称。

④ name：指定表单的名称。命名表单后，可以使用脚本语言来引用或控制该表单。

例：<FORM name="f1" action="bd.asp" method="post" target="_blank">...</FORM>

表示建立一个表单，名称为 f1，表单处理程序为 bd.asp，提交方式为 post，在空窗口打开。

仅仅使用表单很难完成用户信息的输入，表单中通常包含允许用户进行交互的各种控件，例如文本域、列表框、复选框和单选按钮等。

提 示

在一个网页中可以包含多个表单，每个表单都有自己的 action 和 method 属性。但表单不能嵌套使用。

（2）插入单行文本域

要获取站点访问者提供的少量信息，可以在表单中添加单行文本域，标记为<INPUT>，<INPUT>是一个单向标记，是浏览者输入信息时所用的标记，用于创建各种输入型表单控件。

<INPUT>有 6 个常见的属性：type、name、size、value、maxlength、checked。将 type 属性设置为不同的值，可以创建不同类型的输入型表单控件，包括单行文本域（text）、密码域（password）、按钮（submit、reset、button、image）、单选按钮（radio）、复选框（checkbox）、文件域（file）及隐藏域（hidden）。

单行文本域的 type 属性为 text，其他属性的含义如下：

● name：指定文本域的名称。

● value：指定文本域的初始值，如不指定则初始值为空，一般由用户自行输入。

● size：指定文本域的宽度，默认值为 20，以字节为单位。

● maxlength：指定允许在文本域内输入的最多字符数。

例：<INPUT name="uid" type=text id="uid" value="" size=16 maxlength=16>

提交表单时，文本域的"名称-值"对（name -value）会提交给相应处理程序。对于任何一个表单对象来说，它的"名称-值"对都是最重要的提交信息。

reg.htm 中的用户名、电子信箱、验证码均为文本域。

（3）插入密码域

输入型表单控件，如果用户要输入密码或不想显示的内容，可以在表单中添加密码域。密码域也是一个单行文本域，与文本域的不同之处是用户输入的信息以星号"*"显示。密码域的 type 属性指定为 password。

密码域的其他属性与 text 完全相同，即 name、value、size、maxlength 属性。

例：<INPUT name="mm1" type="password" size="12" maxlength="16">

reg.htm 中的密码和确认密码均为密码域。

（4）插入按钮

使用<INPUT>标记可以在表单中添加 3 种常见的按钮：提交按钮、重置按钮和普通按钮。

① type：指定按钮的类型，取值可以是以下 3 种类型。

● submit：创建一个提交按钮，是用于将表单内容提交给服务器的按钮。

● reset：创建一个重置按钮，是将表单内容全部清除，便于重新填写的按钮。

- button：创建一个普通按钮，通常与 OnClick 事件结合执行编写好的脚本程序。

② name：按钮的名称。

③ value：显示在按钮上的标题文本。

例：`<INPUT name="b1" type="submit" value="注册">`

　　`<INPUT name="b2" type="reset" value="重置">`

　　`<INPUT name="b3" type="button" value="按钮" >`

（5）插入图像按钮

当输入型表单控件的 type=image 时，可以在表单中插入一个图像作为提交按钮使用。用户单击此图像按钮时，浏览器就会将表单的输入信息传送给服务器端的表单处理程序。

image 类型中的 src 属性是必需的，它用于设置图像文件的路径。当然，它也包含一般 `<INPUT>` 输入型表单控件都具有的 name 和 value 属性，以作为提交信息。除此之外，很多在图像标记 `<IMG>` 中使用的属性也可在图像按钮中使用，如 width、height 等。

例：`<INPUT type="image" name="img1" src="images/sousuo.gIf" width="47" height="18" >`

（6）插入单选按钮

输入型表单控件，当需要用户从一组选项中选择一项时，将 type 属性设置为 radio，就可以在表单中插入单选按钮。一个单选按钮组可以包含多个单选按钮，一次只能选择其中一个。

单选按钮的其他属性如下：

- name：单选按钮的名称。作为一个单选按钮组，各个单选按钮的名称必须是相同的，在该组中只能选中一个选项。如果单选按钮的名称不同，则不属于一组，可被同时选择。
- value：指定提交时的值。一个单选按钮组中的各个单选按钮名称是相同的，所以其 value 值必须不同。
- checked：可选属性，如果设置该属性，则该单选按钮处于选中状态，一个单选按钮组只能有一个按钮被设置这个属性。

例：reg.htm 中的性别即为一组单选按钮。

性别：`<INPUT name="xb" type=radio value="女" checked>女`

　　　`<INPUT name="xb" type=radio value="男" >男`

当提交表单时，该单选按钮组的名称（name）和所选取单选按钮的值（value）会包含在所提交的表单结果中。如果没有任何单选按钮被选取，名称也会被提交，但值为空白。

（7）插入复选框

如果将输入型表单控件的 type 属性设置为 checkbox，就表示这是一个复选框。复选框一般也为一组，但与单选按钮不同的是它可以选择一项或多项。复选框也具有 name、value、checked 属性。

由于复选框可以选择多项，所以 name 属性可相同，也可不同。如果 name 属性不同，每一个复选框都是独立的，选中则有提交信息，未选中为空白；如果 name 属性相同，则视为一组复选框，仍可选择一项或多项，选中多项时，各项值作为一个字符串（用逗号隔开各个值）被提交。

例：reg.htm 中的"兴趣爱好"中包含一组 8 个复选框，各复选框名称相同，均为"ah"。

（8）插入文件域

文件域也是一个输入型表单控件，由一个文本域和一个"浏览"按钮组成，它一般用于文件上传。用户可以在文本域中输入文件的路径和文件名，也可以单击"浏览"按钮从磁盘上查找和选择所需文件，其 type 属性设置为 file。

文件域的属性有 name、value、size、maxlength。其中 name 属性指定文件域的名称，value 属性给出初始文件名，size 属性指定文本域的宽度，maxlength 为文本域的最大宽度。

注 意

上传文件时，需要设置<FORM>的属性 enctype="multipart/form-data"。

（9）插入隐藏域

将输入型表单控件的 type 属性设置为 hidden，可以在表单中添加隐藏域。隐藏域不会显示在表单中，所以用户不能在其中输入信息。除了 type 属性外，它只有 name 和 value 两个属性。

例：<INPUT type="hidden" name="h1" value="1">

如果用同一个处理程序处理多个表单，就可以根据隐藏域的不同取值来区分各个表单。

（10）插入多行文本域

<TEXTAREA></TEXTAREA>标记用于创建一个可以输入多行的文本域，此标记对用于<FORM>和</FORM>标记对之间，常见属性如下：

- name：多行文本域的名称。
- cols、rows：设置文本域的列数（以字符数为单位）和行数。
- readonly：无属性值，设定文本域为只读。

例：reg.htm 中的"您的建议"即为多行文本域。

<TEXTAREA name="jy" cols="50" rows="5" id="jy">您的建议</TEXTAREA>

（11）插入选项菜单

创建选项菜单（下拉菜单或列表菜单），应在<FORM>和</FORM>之间添加<SELECT>标记，并使用<OPTION>标记列出每个选项。基本语法格式如下：

```
<SELECT>
  <OPTION >选项 1</OPTION>
  <OPTION>选项 2</OPTION>
  ...
</SELECT>
```

<SELECT>标记的属性如下：

- name：如果<SELECT>只具有 name 属性，这是一个下拉菜单，只显示一行选项。有一个下拉箭头，单击则显示所有选项，但只能选择一个选项。
- size 和 multiple 属性：列表菜单才具有这两个属性。其中 size 属性用于设置列表框的高度，缺省时值为 1。multiple 属性不用赋值，它表示列表框可多选。

<OPTION>标记用于设定列表菜单中的一个选项，它放在<SELECT></SELECT>标记对之间。此标记具有 value 和 selected 属性。

- value：设定本选项的值。
- selected：指定该选项的初始状态为选中。

例：reg.htm 中的"城市"和"教育程度"即为下拉菜单。

用户填写完表单数据后，单击"提交"按钮可将表单数据提交给服务器端的表单处理程序。

提交方式决定于 FORM 标记的 method 属性：get 方法和 post 方法。FORM 标记的 action 属性指定表单处理程序，服务器端脚本（CGI、ASP 或 JSP 等）常作为表单处理程序。

例：`<FORM method="post" action="reg1.asp" name="form1">`

技 巧

如果 action 属性设置为 "mailto:邮箱名"，同时 enctype 属性设为"text/plain"，则表单中所填写的信息会直接发送到指定的邮箱。

例：`<FORM action="mailto:yunhai@sohu.com" method="post" enctype="text/plain" >`

2. 认识 ASP 对象

对象是由数据和程序代码封装而成的单元。对象通常包含属性、方法和集合，属性是对对象特征的描述，用于返回或设置对象的状态；方法决定如何处理对象，是对象所能完成功能的体现；集合则是类似于数组的数据结构，可以存储字符串、数值、对象、数组或其他 Web 信息。

ASP 提供了 7 个可在脚本中使用的内置对象：Request 对象、Response 对象、Sever 对象、Session 对象、Application 对象、ObjectContext 对象和 AspError 对象，各个对象的功能介绍如表 2-1-3 所示。所谓内置就是无需创建就可直接使用对象的方法和属性，通过内置对象，可收集浏览器请求发送的信息、响应浏览器以及存储用户、网站的信息。

表 2-1-3　ASP 的内置对象

对 象 名 称	对 象 功 能
Request 对象	负责从用户端接收信息
Response 对象	负责传送信息给用户
Sever 对象	负责控制 ASP 的运行环境
Session 对象	负责存储个别用户的信息，以便重复使用
Application 对象	负责存储数据以供多个用户使用
ObjectContext 对象	可供 ASP 程序直接配合 MTS 进行分散式的事务处理
AspError 对象	可提供发生在 ASP 中的上一次错误的详细信息

3. Request 对象

Request 对象用于获取从客户端浏览器传递给服务器的数据，例如用户填写的通过 HTML 表单提交的数据或附在 URL 后面的查询字符串及存放在客户端的 Cookie 信息和用户认证等。

* Request 的功能：用于取得客户端对 Web 服务器提出的各类请求信息。
* Request 的语法：Request[. 集合|属性|方法](变量)

Request 对象有 5 个集合，可以用于访问客户端对 Web 服务器请求的各类信息，它们的名称及其描述如表 2-1-4。

表 2-1-4　Request 对象的集合

集 合	描 述
Form	HTTP 请求正文中表单元素的值
QueryString	HTTP 中查询字符串中变量的值

续表

集　　合	描　　述
ServerVariables	预定的环境变量的值
Cookies	HTTP 请求中被发送的 Cookies 的值
ClientCertificate	存储发送到 HTTP 请求中客户端证书中的字段值

Request 对象最常用的集合为 Form 和 QueryString 集合。

（1）Form 集合

【功能】用于存放客户端使用 POST 方法传向服务器的数据集合。

【语法】`Request.Form(element)[(index)|.Count]`

【参数】

- element：指定集合要检索的表单内元素的名称。
- index：可选参数，使用该参数可以访问某参数多个值中的一个。它可以是 1～Request.Form(element).Count 之间的任意整数。
- Count：集合中元素的个数。

在 HTML 文档中，如果有一个表单（Form），其发送方式（method）是 POST，而这个 Form 的动作（action）指向一个 ASP 文档。那么当用户提交表单后，这个 Form 内的<INPUT>等表单对象的值都会放入 Form 集合内。

例：reg.htm 中注册表单的 method=POST，则 reg.asp 文件中就使用 Request.Form 接收表单中的注册信息。<% uid=Request.Form("uid") %> 表示接收用户名 uid 的信息并将值赋给变量 uid。

Form 集合按提交表单中参数的名称来索引，Request.Form（index）表示第 index 个参数的值，Request.Form.Count 表示表单内所有参数的个数。

例：<% uid=Request.Form(1) %> 与<% uid=Request.Form("uid") %>意义相同。

有时，在一个 Form 内有名称完全相同的多个元素，如复选框。Request.Form(element) 就是表单中所有名为 element 的元素的值，这是一个数组，Request.Form(element).Count 表示该数组的总个数。如果元素只有一个值，则 Count 的值为 1。如果找不到该元素，计数为 0。

Request.Form(element)(index)则是指名称相同的表单元素中的某个值，index 参数可以是从 1～Request.Form(element).Count 中的任意数字。如果不用该属性，那么会得到整个数组的所有值，返回的数据是以逗号分隔的字符串。

例：reg.htm 注册表单中"兴趣爱好"选项。为一组 8 个名称相同的元素 ah，当直接用 Request.Form("ah")检索数据时，得到的是用逗号分隔开的所有被选中元素的字符串。

使用 For Each ...Next 语句可以遍历表单中所有相同元素的数据。

```
<% For Each i In Request.Form("ah")
  Response.Write i & "<BR>"
Next
%>
```

当然使用 For...Next 循环也可以生成同样的输出，如下所示：

```
<% For i=1 To Request.Form("ah").Count
   Response.Write Request.Form("ah")(i) & "<BR>"
Next
%>
```

其实整个表单中的元素都是 Request.Form 这个集合中的一个成员，因此可以用以下的循环遍历表单中所有元素的名称和值。其中 i 是 Form 集合中每一个成员的名称，Request.Form(i)为这个成员的值。

```
<%  For Each i In Request.Form
    Response.Write i & ":" & Request.Form(i) & "<BR>"
Next
%>
```

注 意

使用 Form 集合接收数据时，表单的 method 一定要设为 POST。

（2）QueryString 集合

【功能】QueryString 集合检索以 GET 方式发送的 HTTP 查询字符串中变量的值，HTTP 查询字符串由问号（?）后的值指定。

【语法】Request.QueryString(variable)[(index)|.Count]

【参数】

- variable：是在 HTTP 查询字符串中指定要检索的变量名。
- index：可选参数，使用该参数可以访问某 variable 中多值中的一个。它可以是 1～Request.QueryString(variable).Count 之间的任意整数。
- Count：集合中某变量的个数。

HTTP 查询字符串可用如下 3 种方法生成。

① 通过 HTML 表单提交数据时，将表单的 method 属性设置为 GET，则表单数据将附在查询字符串中被发送到服务器端，此时使用 QueryString 集合检索表单数据。

例：如果把 reg.htm 注册表单中的 method = "POST"改为 method = "GET "，再对应地将 reg1.asp 中所有 Request.Form 改为 Request.QueryString 即可完成同样的用户注册、表单提交与检索功能。

注 意

如果表单没有设置 method，则表单的默认提交方式为 GET。

当然也可以使用 Request.QueryString 循环遍历接收 GET 方式提交的数据。

```
<%  For Each i In Request.QueryString
    Response.Write i & ":" & Request.QueryString(i) & "<BR>"
Next
%>
```

② 在浏览器地址栏中依附于请求网页的 URL，可以生成查询字符串。在 URL 的文件名后面加"?"，再跟变量的名称和值，名称和值之间用"="分开，变量和变量之间用"&"分开。

例：http://localhost/search.asp?xm=zhang&nl=20

在浏览器中输入上面地址，那么 search.asp 文件就可以通过 Request.QueryString 接收到这两个变量 xm、nl，它们的值分别为 zhang 和 20。

③ 在网页中使用超文本链接时，也可以将查询字符串放在 URL 后面，同样使用"?"隔开 URL 与查询字符串，在"?"后跟变量的"名称 = 值"对。

例：<a href=http://localhost/search.asp?xm=zhang&nl=20>单击发送</a>

单击这个超级链接时，会将 xm=zhang 和 nl=20 这两对数据发送至 search.asp 中，同样可以

在 search.asp 文件中通过 Request.QueryString 接收数据。

```
<% xm= Request.QueryString("xm")%>
<% nl= Request.QueryString("nl")%>
```

GET 方法的优点是可以方便地把信息放在 HTTP 查询字符串内传送给服务器。

GET 方法的缺点是不能传送太长的数据信息（小于 8192 字节），而且请求串往往会被浏览器直接显示在其地址栏内。

如果以 GET 方式发送数据,却用 Form 集合去接收，或以 POST 发送，而用 QueryString 去获取数据，将会得到一个空字符串。此时，可将 QueryString 和 Form 省略，写成 Request("xm")，则 Request 按 QueryString→Form→Cookie 次序搜索，如仍未找到，则返回空串，但这样做可能会影响执行速度。

4. Response 对象

Response 对象用于响应客户端请求（Request），并将动态生成的响应结果返回到客户端浏览器中。Response 对象与 Request 对象相互配合用于实现和用户的交互。使用 Response 对象可以直接发送信息给浏览器、重定向浏览器到另一个 URL 或设置 Cookie 的值等。

- Response 的功能：用于访问服务器端所创建的并发回到客户端的响应信息。
- Response 的语法：Response[. 集合| 属性| 方法](变量)

Write 方法是 Response 对象最常用的方法。

【功能】将数据从 Web 服务器输出到用户端的浏览器。

【语法】`Response.write (Variant)`

【参数】Variant 是一个字符串或一个具有字符串值的变量。

例：　`<% Response.write(uid) %>` 表示输出变量 uid 的值。

注 意

在编写脚本输出简单变量时，Response.Write 可以用 "=" 来代替。例，<% Response.Write x %>也可以写成<% = x %>。当简写时，必须在每一个变量或字符串的两端加<%和%>，每句代码只能输出一个变量或字符串。

可在字符串中嵌入任何 HTML 标记。如：Response.Write "<FONT color='red'>欢迎你</FONT>"。如果在双引号中又用到双引号，必须改成单引号。同时字符串内不可以有字符组合%>，否则须用转义序列%\>代替。

VBScript 中静态字符串常量的长度不能大于 1022 个字节，所以，若要使用 Write 方法输出长度超过 1022 个字符的内容，不能使用字符串常量作为参数,而应当使用其他形式(如变量）来引用该内容。

拓展与提高

VBScript 的过程

过程是一个有过程名的，可以作为单元执行和被调用的代码段。

在 VBScript 中代码可以写在过程内，也可以写在过程外。写在过程外的代码只在打开网页时被执行一次；写在过程内的代码可以在任何地方被反复调用执行。

在 VBScript 中有两种过程，即 Sub 过程和 Function 过程，前者又称子过程、子程序或简称过程，后者又称函数过程、函数子过程或简称函数。

1. Sub 过程

Sub 过程又称子过程，是没有返回值的过程，它又可以分为通用过程和事件过程。事件过程的名字则是固定的，由对象名、下画线和事件名三部分组成。

（1）通用过程

通用过程名的命名规则和变量相同，写在通用过程中的代码不能直接执行，但可以被其他代码调用，使用通用过程之前首先要定义。

通用过程的定义：

```
Sub 过程名 [（参数表）]
代码段
End Sub
```

【说明】

● 参数表是调用子过程时需要传递给子过程的变量值。

● 代码段中可以使用 Exit Sub 语句，执行该语句时可以与条件语句相结合，跳出 Sub 过程，结束代码段的执行。

通用过程的调用：

通用过程中的代码段只有在被调用的时候才执行。可以直接写出过程名，如果有参数，将参数写在过程名的后面，不要加括号。

【格式】过程名 [参数表]

另一种方法是用 Call 关键字，使用这种方法调用子过程时，如果该子过程有参数，参数必须用圆括号括起来。

【格式】Call 子过程名 [（参数表）]

在网页中往往通过一些控件的相关属性来调用过程。常见的如通过按钮的单击属性 OnClick 调用过程。

例：reg.htm 中进行表单客户端校验的 VBScript 中就使用了一个 sub 过程。

```
<SCRIPT language="vbScript">
Sub check()
…
End Sub
</Script>
```

其 Sub 过程通过网页表单中名称为 b1 的按钮的 OnClick 属性调用：

```
<INPUT name="b1" type="button" onClick="check" value="提交">
```

（2）事件过程

HTML 文档中的每个元素都是一个拥有属性、方法和事件的对象，称为文档对象。当触发一个文档对象的某个事件时，该对象能够按照某种方式做出响应，但具体的响应过程需要由程序员编写脚本代码来实现，这种过程称为事件过程。

定义事件过程的方法和通用过程完全相同，但是事件过程的名字是固定的，它的名字是由对象名、下画线和事件名 3 部分组成的。

【格式】对象名_事件名

例：如果在 reg.htm 中使用 VBScript 的事件过程，其代码可修改如下。

```
<SCRIPT language="vbScript">
Sub b1_OnClick()
```

```
...
End Sub
</Script>
```

b1_OnClick 就表示用鼠标单击对象 b1 时调用的事件过程（b1 为对象，OnClick 表示鼠标单击事件）。即单击网页中名称为 b1 的按钮即可调用本过程，只要在网页中存在相应按钮即可：

```
<INPUT name="b1" type="button" value="提交">
```

2. Function 过程

Function 过程（函数过程）是根据用户的需要自己定义的函数（过程），和 Sub 过程一样要定义后才可以使用。和 Sub 过程比较，Function 过程允许有返回值，所以在 Function 过程的代码段中最少应该有一个给函数赋值的语句。即：函数名=值。

Function 过程的定义：

【格式】[Public|Private] Function[（参数列表）]

　　　　代码段

　　　　End Function

函数过程的代码段中也可以用 Exit Function 语句中途跳出函数过程。

调用函数过程时，可以把函数放在表达式中，或把函数的值赋给别的变量，也可以直接输出等。

3. 使用内部函数

VBScript 中提供了大量的内部函数，即系统提供不需定义可直接使用的函数。

函数的书写格式：函数名（参数表）

【说明】大多数函数都有参数，有的还有多个参数（各参数间用逗号隔开）。无参函数，函数名后面的括号可以省略；有参函数，参数必须用圆括号括起来。

例：<P>这个网页的创建日期是<% =Date() %></P>，调用了内部函数 Date()。

在 reg.htm 文件中的 VBScript 就使用了多个内部函数，如：

- msgbox（"提示信息",…… ）——输出函数，用于在网页中以消息框的形式向用户显示提示信息。
- instr(s,s1)——返回字符串 s1 在字符串 s 中的第一个位置。
- clng(exp)——返回表达式 exp 的 Long 类型值。
- int(num)——返回数字 num 的绝对整数。
- mid(s,n1,n2)——返回从字符串 s1 的 n1 处取回的 n2 个字符串。

一般把 VBScript 中的内部函数分成数值函数、字符串函数、时间日期函数和转换函数几种类型。内部函数的调用与外部函数相同，可直接在脚本中应用。

常见内部函数可参阅附录 B。

技能训练

1. 新建一个静态网页，在网页中创建一个校友录的注册表单，要求在该表单中包含文本域、密码域、多行文本域、单选按钮、复选框、下拉菜单等表单对象。为了合理安排表单控件的布局，可使用表格进行辅助设计，参考图 2-1-1。

2. 在创建的网页表单中使用 VBScript 脚本加入表单信息验证及验证码。

3. 编写一个动态网页，用于接收并显示设计好的校友录注册表单信息。

思考与练习

1. 表单的作用是什么？如何在网页中插入表单及表单对象？
2. 表单的 method 和 action 属性的含义是什么？method 的取值及其意义？
3. 常见的输入型表单控件都有哪些？它们的 type 属性分别是什么？
4. ASP 的内置对象有哪些？
5. 简述 ASP 内置对象 Request 的功能。
6. Request 对象的 Form 集合与 Querystring 集合的异同？

任务二 建立网站数据库

任务描述

任务一完成了使用表单进行用户注册与反馈的网页制作，但是如果想长期保存用户注册信息则需要将注册数据存入文件中，通常做法是存入网站数据库。

校园网需要用户登录后方可进入，如果尚未注册则需要先进行注册，其系统流程图如图 2-2-1 所示。

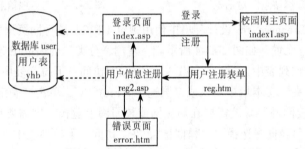

图 2-2-1 校园网登录注册系统流程图

任务分析

制作校园网登录注册系统，首先需要设计一个用户数据库用于存储用户注册信息，以便登录验证。

本任务中用户数据库使用较常用的 Access 数据库，建立 ODBC 数据源用于网站的连接。

方法与步骤

1. 创建本地站点

① 新建 F:\ASP 文件夹用于制作"校园网站"，在 F:\ASP 文件夹下建立一个名为 index.asp 的文件作为校园网登录系统的登录页面。建立文件夹 reg，用于存放注册相关文件。

② 启动 IIS，发布建立好的文件夹 F:\ASP，设置其默认文档为 index.asp。

③ 打开网页制作软件 Dreamweaver，选择"站点"→"管理站点"命令，系统就会弹出"管

理站点"对话框，单击"新建"按钮，在弹出的下拉菜单中选择"站点"命令，如图 2-2-2 所示。

④ 在弹出的站点定义对话框中，选择"高级"选项卡，在左侧"分类"列表框中选择"本地信息"，在"站点名称"文本域中输入"校园网"，在"本地根文件夹"文本域中输入或浏览选择"F:\ASP\"，建立一个名为"校园网"的站点，如图 2-2-3 所示。

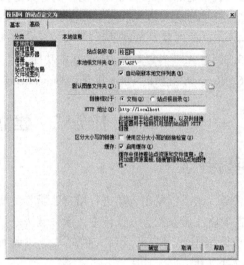

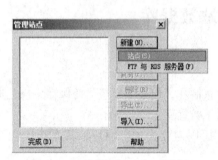

图 2-2-2 "管理站点"对话框　　　　　图 2-2-3 "本地信息"设置

⑤ 如果需要在 Dreamweaver 设计环境中使用预览（F12）进行网页浏览与调试，则需要对"测试服务器"项进行设置，如图 2-2-4 所示。在左侧"分类"列表框中选择"测试服务器"，在"服务器模型"下拉列表中选择 ASP VBScript，在"访问"下拉列表中选择"本地/网络"，在"测试服务器文件夹"文本域中输入或浏览选择"F:\ASP\"，单击"确定"按钮即可完成。

⑥ 如果将来"校园网"系统需要在局域网或校园网上运行，则需要设置其"远程信息"项。在左侧"分类"列表框中选择"远程信息"，在"访问"下拉列表中选择"本地/网络"，在"远端文件夹"文本域中输入或浏览选择真正在局域网或 Internet 上运行的网站文件夹，如 C:\inetpub\wwwroot\，如图 2-2-5 所示。

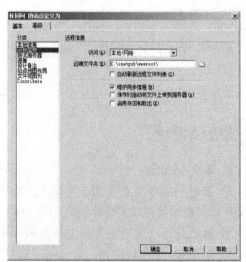

图 2-2-4 "测试服务器"设置　　　　　图 2-2-5 "远程信息"设置

2. 建立数据库和数据表

在 reg 文件夹下新建 Access 数据库 user.mdb，在数据库中建立用户表（yhb），根据网站要求设计数据表的结构，如表 2-2-1 所示。

表 2-2-1 用户表（yhb）的结构

字段名称	数据类型	说　明	字段名称	数据类型	说　明
uid	文本	用户名	email	文本	电子邮箱
mm	文本	密码	cs	文本	城市
xb	文本	性别	ah	文本	兴趣爱好
nl	数字	年龄	jy	文本	建议
jycd	文本	教育程度	—	—	—

（1）创建数据库

打开 Microsof Access，选择"文件"菜单下的"新建"命令，在右侧"新建文件"窗格中选择"空数据库"，选择路径 F:\ASP\reg，输入数据库文件名 user.mdb，再单击"创建"按钮，建立 user.mdb 数据库，如图 2-2-6 所示。

图 2-2-6 新建数据库文件

（2）创建数据表

Access 提供了多种创建数据表的方法，可以选择"使用设计器创建表"、"使用向导创建表"、"通过输入数据创建表"，这里采用"使用设计器创建表"的方法。

如图 2-2-7 所示，双击"使用设计器创建表"或选择"使用设计器创建表"后单击"设计"按钮，进入数据表的设计窗口，如图 2-2-8 所示。

图 2-2-7　创建数据表　　　　　　　图 2-2-8　数据表设计窗口

（3）输入表结构

按表 2-2-1 中用户表的结构输入字段名称、类型、说明和字段大小等内容，如图 2-2-8 所示。

（4）保存数据表

单击工具栏的"保存"按钮或关闭数据表设计窗口，弹出"另存为"对话框，输入数据表的名字 yhb，单击"确定"按钮保存用户表。

打开用户表，输入一条记录用于程序调试，数据任意（例 uid 和 mm 均可设为 000）。

3．创建 ODBC 数据源（index.asp）

① 打开"控制面板"，选择"管理工具"→"数据源 ODBC"选项，弹出"ODBC 数据源管理器"对话框，如图 2-2-9 所示。

② 选择"系统 DSN"选项卡，单击"添加"按钮，显示"创建新数据源"对话框（见图 2-2-10）用于选择数据源驱动程序，选择"Microsoft Access Driver（*.mdb）"。

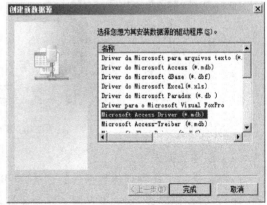

图 2-2-9　ODBC 数据源管理器　　　　图 2-2-10　选择数据源驱动程序

③ 单击"完成"按钮，显示数据源命名及数据库选择窗口（见图 2-2-11），输入数据源名称（此处命名为 sjy，可任意命名，与数据库及数据表名无关）。

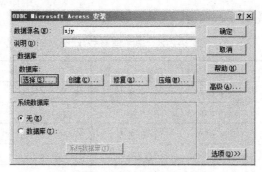

图 2-2-11 输入数据源名称

④ 单击"选择"按钮选择已建好的数据库 user.mdb 或单击"创建"创建一个新的数据库，图 2-2-12 所示为"选择数据库"对话框。

⑤ 单击"确定"按钮，回到"ODBC 数据源管理器"窗口，在"系统数据源"列表中显示出刚建立的数据源 sjy，如图 2-2-13 所示。

根据需要，可随时单击窗口右侧的"配置"按钮对数据源及相对应的数据库进行修改、设置。也可单击"删除"按钮删除已有的数据源。

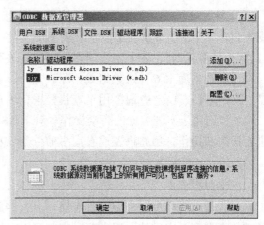

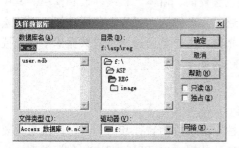

图 2-2-12 "选择数据库"对话框　　　图 2-2-13 添加了数据源 sjy 的"ODBC 数据源管理器"

相关知识

1. Access 数据库

Microsoft Access 数据库管理系统是 Microsoft Office 的重要组成部分，在 Windows 环境下运行。Access 应用于中小型网站系统和一般性的数据存储，比如数据量不大的网站、论坛、留言板等。虽然在性能上它没有 SQL Server、MySQL 优秀，但它也具备了所有数据库的特点，基本上能够满足我们的需要。

Access 是一种关系式数据库，数据库以文件形式保存，文件的扩展名是 mdb。关系式数据库由一系列表组成，表又由一系列行和列组成，每一行是一个记录，每一列是一个字段，每个字段有一个字段名，字段名在一个表中不能重复。

表 2-2-2 是一个学生信息表 xsb 的实例。这个表由 11 个记录组成，一个记录占一行，每一个记录由学号、密码、班级、姓名、email、地址等 6 个字段组成。"学号"是字段名，其下面

的 05101001、05101002 等是字段的值。

表 2-2-2　学生信息表(xsb)

学　　号	密　　码	班　　级	姓　　名	email	地　　址
05101001	1001	网络 0501	张晓林	1001@126.com	河北省邢台
05101002	1002	网络 0501	王强	1002@126.com	河北省沧州
05101003	1003	软件 0501	高文博	1003@126.com	河北省石家庄
05101006	1006	软件 0501	刘丽冰	1006@126.com	河北省沧州
05101007	1007	软件 0501	李雅芳	1007@126.com	河北省保定
05101008	1008	软件 0501	张立华	1008@126.com	河北省保定
05101009	1009	软件 0502	曹丽生	1009@126.com	河北省邯郸
05101010	1010	软件 0502	李芳	1010@126.com	河北省石家庄
05101011	1011	软件 0502	徐志华	1011@126.com	河北省石家庄
05101012	1012	软件 0502	李晓力	1012@126.com	河北省保定
06012003	2003	网络 0601	王刚	2003@126.com	河北省石家庄

　　表与表之间可以建立关系（或称关联，连接），以便查询相关联的信息。例：student.mdb 数据库包含 4 个表，分别为学生信息表 xsb、学生关系表 gxb、开设课程表 kcb、学生成绩表 cjb（表的结构见单元四），各个表之间都可以建立关系，更方便地对表进行操作。

　　Access 数据库由 6 种对象组成，除表之外，还包含查询、窗体、报表、宏和模块。其中，"表"用于存储数据；"查询"用于查找数据；用户通过"窗体"、"报表"获取数据；而"宏"和"模块"则用于实现数据的自动操作。对于 ASP 来说，主要是通过网页对数据库中的表或查询进行访问和操作，例如将表或查询中的数据显示在网页上。

2. Access 数据表

（1）字段类型

　　Access 数据表中的每个字段都有属性，这些属性定义字段的特征和行为。字段的最重要属性是其数据类型，字段的数据类型决定其可以存储哪种数据。也可以将字段的数据类型视为一组特性，它应用于该字段中包含的所有值并决定这些值可以是哪种数据。

　　例如，存储在文本字段中的值只能包含字母、数字和有限的一些标点符号。此外，文本字段最多可以包含 255 个字符。

　　Access 数据表字段有 10 种不同的数据类型，如表 2-2-3 所示。

表 2-2-3　字段的数据类型

数　据　类　型	说　　　　明	备　　　　注
文本	较短的字母、数字、文本	例：姓名、密码、籍贯等
备注	使用文本格式的长文本块	例：留言内容
数字	数值	例：年龄、成绩等数据
日期/时间	日期和时间	例：留言时间
货币	货币值	例：工资
是/否	布尔值	逻辑值，例：性别、是否党员等

续表

数　据　类　型	说　　　　明	备　　　注
自动编号	为每个记录自动生成的编号	自动生成，常作为主键
OLE 对象	OLE 对象	例：Windows 画笔图片或 Word 文档等
超链接	超链接	例：URL
查阅向导	启动"查阅向导"帮助创建查阅字段	—

（2）字段属性

右击已创建好的数据表，在弹出快捷菜单中选择"设计视图"，打开表的设计视图，如图 2-2-14 所示。

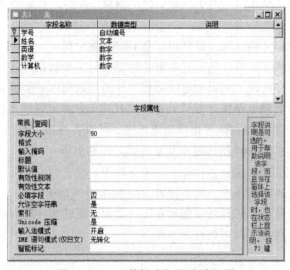

图 2-2-14　"数据表"的设计视图

窗口分为两部分，上半部分是字段列表，下半部分是各字段对应的属性。单击任意字段就会在下半部分显示其对应的属性。每一个字段都必须设置数据类型，数据类型不同，对应的属性也有所差异。其主要属性如下。

- 字段大小：它限定了这个字段里最多能容纳内容的多少。
- 必填字段：有"是"或"否"两个选择。如果选择"是"，则表示这个字段是必须要填写的。
- 索引：有 3 个值可以选择。"无"表示数据表无索引，选择"有（无重复）"，则表示这个字段内容是不能重复出现的。选择"有（有重复）"，则表示这个字段允许出现多条一样的记录。索引可以加快字段搜索及排序的速度，但也会使数据更新的速度变慢。在日常应用中，我们对表的查询操作要比更新操作多得多，所以经常在关键字段上建立索引，从而提高数据库的性能。
- 格式：除了 OLE 对象外，可为任何数据类型的字段设置格式。
- 默认值：在插入一条新记录时，可以让系统向这个字段插入默认的值。可自行输入一个值，也可以通过单击"…"打开"表达式生成器"窗口设置更为复杂的默认值。

（3）设置主键

主键也称为主关键字，是数据表中可唯一标识一条记录的字段或字段组合。通过主关键字与另一数据表中的外部关键字可实现两数据表的关联。

定义主键时，先要指定作为主键的一个或多个字段，如果只选择一个字段，可单击字段所在行的选定按钮。

若需要选择多个字段作为主键，可先按下 Ctrl 键，再依次单击这些字段所有行的选定按钮。指定字段后，可在鼠标右键菜单中选择"主键"命令，或直接单击工具栏上的"主键"按钮，即可把该字段设为表的主键。设定为主键的字段前面有一个钥匙符号，如图 2-2-14 中的"学号"字段。

如果主键在设置后发现不适用或不正确，可以通过"主键"按钮取消原有的主键。

3. ODBC 数据源

在网页中实现对数据库的访问，最常用的是 ODBC 数据源。

ODBC 使开放式数据库系统互连，它屏蔽了底层不同类型数据库之间的差异，为需要连接数据库的用户提供了一个统一的接口。也就是程序代码与数据库的类型无关，这样一来，即使更换了数据库，用户的代码也不需改变，只要修改 ODBC 中的数据库连接就可以了。

使用 ODBC 驱动程序对 Access 数据库创建连接，可以将连接信息保存在以下 3 个位置：

- 创建系统数据源，将连接信息保存在 Windows 注册表中。
- 创建文件数据源，将连接信息保存在文本文件中。
- 将连接信息保存在字符串中，可直接在 ASP 脚本中引用。

我们一般在 ODBC 数据源管理器中创建系统数据源，即将其连接信息保存在 Windows 注册表中。在网页中可很方便地实现对数据源的连接。

注 意

"用户 DSN"设置的用户数据源只对当前用户可见，而且只能用于当前机器上。

"系统 DSN"设置的系统数据源对当前机器上的所有用户可见，包括 NT 服务。

拓展与提高

Access 数据库操作

（1）设计数据表的注意事项

设计数据表时应注意以下事项：

① 表名和字段名最好用有意义的英文或汉语拼音，这样既可以使数据库有很好的兼容性，又方便我们以后的操作。

② 给字段命名时最好加上前缀，这样在多表操作时可以避免与其他表中的字段重复，同时也可以使我们方便地看出该字段的作用。

（2）记录排序

排序就是按照某个字段的内容值重新排列数据。在默认情况下，Access 会按主键的次序显示记录，如果表中没有主键，则以输入的次序来显示记录。

打开数据表，单击"记录"→"排序"可以对光标所在字段进行排序，如果排序记录的字段上设置了索引，则排序过程会更快。

（3）筛选记录

打开数据表，单击"记录"→"筛选"可以对光标所在字段进行筛选。

- 按窗体筛选：如果要从列表中选择所需的值，而不想浏览数据表或窗体中的所有记录，或者要一次指定多个准则，可使用本筛选，类似于 Excel 中的"自动筛选"。
- 按选定内容筛选：直接在窗体、子窗体或数据表中找到所有包含指定内容的记录。
- 内容排除筛选：直接在窗体、子窗体或数据表中找到所有排除指定内容的记录。
- 高级筛选：适用于较复杂的筛选，类似于 Excel 中的"高级筛选"。

（4）数据的导入

使用数据库的数据导入可链接或导入外部数据如 Excel 数据。

打开数据库，单击"文件"→"获取外部数据"→选择"导入"选项（或"链接表"选项），如图 2-2-15 所示。在弹出的"导入"对话框中选择要导入外部数据的文件类型及文件路径，选择文件，单击"导入"按钮，如图 2-2-16 所示，根据向导提示操作即可将外部数据导入 Access 数据库。

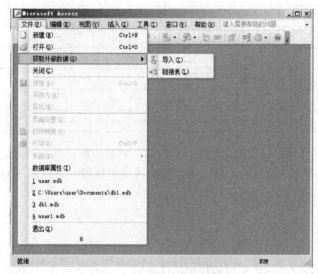

图 2-2-15　获取外部数据

图 2-2-16　"导入"对话框

采用导入方式可将外部数据变为 Access 格式，外部数据并不会被修改，因为只是创建一个新表用来保存外部数据的一个副本。

链接外部数据就是在源数据和目标数据之间建立一个同步的映像，所有对外部源数据的改动都会及时地反映到目标数据中，如果在 Access 中对链接数据进行了修改也会同步地反映到源数据中。

技能训练

1. 设计一个"校友录"网站系统的数据库（xyl.mdb），其数据表主要用于"校友录"的登录注册系统，用来保存用户的个人资料（如学号、姓名、性别、登录密码、电子信箱等内容），可参考表 2-2-4。

表 2-2-4　学生表结构

字　段　名	字 段 类 型	字 段 长 度	备　　注
学号	字符型	8	主键
密码	字符型	20	非空
姓名	字符型	20	非空
性别	是/否	—	—
班级	字符型	10	默认值"暂无"
Email	字符型	30	默认值"暂无"
籍贯	字符型	50	默认值"暂无"

2. 在 Access 中建立设计好的数据库及数据表，并任意输入几个记录。

3. 为新创建的数据库文件在 ODBC 数据源管理器中新建一个名称为 xyl 的数据源。

思考与练习

1. 简要说明 Access 2003 的基本组成部分。

2. 什么是主关键字？主关键字的作用是什么？

3. 什么是 ODBC 数据源？为什么要创建 ODBC 数据源？

任务三　制作校园网用户登录注册系统

任务描述

制作校园网登录系统，首先需要设计一个用户登录表单，由用户输入用户名和密码，把信息传递到服务器相应程序，通过查询用户数据表进行判断，如果用户名、密码均正确则进入校园网主页，否则提示错误信息或进入校园网注册页面进行注册。

用户进入校园网注册页面，通过注册表单填写完整注册信息后提交给表单处理程序，程序在接收用户输入的注册信息后，将新增用户信息添加到用户数据表中，同时转到登录页面进行登录，如用户名已存在则进入错误界面。

任务分析

制作校园网登录注册系统，需要设计制作 4 个文件。

1. 校园网登录页面（index.asp）：用于用户登录，并可通过"注册"链接到用户注册文件 reg.htm。

2. 用户注册页面（reg.htm）：用户在表单中输入注册信息，表单项目要与设计好的用户表（yhb）相对应，可使用任务一中已设计好的 reg.htm 文件（将其表单动作重新设置为 reg2.asp 即可）。

3. 用户信息处理与反馈页面（reg2.asp）：接收用户注册信息，在数据表中查找用户名是否存在，如不存在则将新用户信息添加到数据表中，如用户名已存在进入错误页面 error.htm。可在任务一中 reg1.asp 文件的基础上修改。

4. 错误界面（error.htm）：用户注册错误后进入显示错误信息。

方法与步骤

1. 制作校园网登录页面（index.asp）

（1）设计登录表单

启动 Dreamweaver，打开网页文件 index.asp，设计校园网登录主界面，如图 2-3-1 所示。

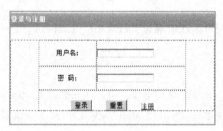

图 2-3-1　校园网登录主界面

- 在网页中插入一个表单，在表单内插入一个 3 行 2 列的表格，按图 2-3-1 所示合并单元格。

- 表单内插入一个单行文本域用于输入用户名，定义文本域的名称为 yhm，插入一个密码文本域，命名为 mm，在表单中插入一个"登录"按钮（提交表单按钮）和"重置"按钮（重设表单按钮）。

- 按图 2-3-1 输入文字，将"注册"与 reg.htm 文件进行链接。

- 选中表单，设置表单属性，其动作为 index.asp（将表单中填写的数据提交给本网页文件），方法为 POST，如图 2-3-2 所示。

图 2-3-2　表单属性设置

（2）完成用户登录功能

切换到代码视图，在 <BODY> 后，输入如下代码：

```
<%
'判断提出请求的方法是否为 POST
If Request.ServerVariables("Request_Method")="POST" then
  '如为 POST 请求使用 Request 接收用户提交信息
  yhm=Request.Form("yhm")
  mm=Request.Form("mm")

  '如果用户名或密码均不为空则连接数据库
  if yhm<>"" and mm<>"" then
    '使用 Connection 对象连接数据源
    Set conn=Server.CreateObject("ADODB.connection")
    conn.Open "DSN=sjy"
    '在数据表中查找相应用户
    s="select * from yhb where uid='"&yhm&"' and mm='"&mm&"'"
    set rs=conn.execute(s)
    if not rs.eof then
        '找到相应用户进入校园网主页
        Response.Redirect("index1.asp")
    else
        '否则，未找到用户输出错误信息，停留在本页
        Response.Write("用户名不存在或密码错误，请重新输入！")
    end if
  else
    Response.Write("用户名或密码为空，请重新输入！")
  end if
end if
%>
```

保存文件，打开浏览器，在地址栏中输入 http://localhost/index.asp，出现校园学习网主页面，用户任意输入用户名不输入密码，则出现如图 2-3-3 所示"登录错误"界面。

图 2-3-3 "登录错误"显示页面

输入数据表记录的用户名和密码（本例中为 000），则进入校园学习网主页面（index1.asp）网页中内容任意，可自行设计，参考图 2-3-4。

图 2-3-4 "校园学习网"主页面

2. 设计用户注册页面（reg2.asp）

将任务一中的 reg1.asp 另存为 reg2.asp。切换到代码视图，在文件起始处接收用户信息的脚本后面添加如下脚本。

```
<%
'创建一个 Connection 对象用于连接数据库
Set conn=Server.CreateObject("ADODB.connection")
'建立 ODBC 数据源连接
'conn.Open "DSN=sjy"
'查询用户名是否存在
s="select * from yhb where uid='"&uid&"'"
set rs=conn.execute(s)
'如果用户名不存在则插入新用户注册信息到用户表 yhb
if rs.bof or rs.eof then
  s1="insert into yhb(uid,mm,xb,nl,jycd,email,cs,ah,jy) values ('" & uid
&"','" & mm &"','" & xb &"'," & nl &"','" & jycd &"','" & email &"','" & cs
&"','" & ah &"','" & jy &"')"
  conn.execute s1
  conn.close
else
  '如果用户名已存在返回到错误页面 error.htm
response.Redirect("error.htm")
end if
%>
```

此代码用于连接任务二中已建立好的 ODBC 数据源，然后在用户表 yhb 中查询用户注册信息，如用户尚不存在，则将新用户信息存入用户表，如用户已存在，则进入错误界面 error.htm。

在网页下部输入文字"返回登录界面"，链接到已制作好的校园网登录主页面 index.asp。

3. 设计错误页面（error.htm）

如图 2-3-5 设计错误界面，第二行文字链接到注册页面 reg.htm。

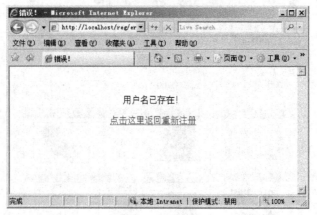

图 2-3-5　错误页面

至此，用户登录注册系统制作完毕，运行 index.asp 文件，进行用户登录与注册，调试并美化页面。

相关知识

1. 使用 ADO 访问数据库

（1）ADO 组件

组件，是指包含在动态链接库（.dll）或可执行文件（.exe）中的可执行代码。组件提供了一个或多个对象，也提供了对象的属性、集合和方法。数据访问组件 ADO 是最常用的 ASP 组件。ADO 的主要功能就是通过 ASP 页面浏览检索、添加、删除和修改数据库中的数据。ASP 通过 ADO 对象，调用 ODBC 或 OLE DB 驱动程序，完成对数据库的操作。

Connection 对象、Recordset 对象及 Command 对象是 ADO 的三个主要对象，通过它们以及其他对象与集合，用户可以很方便地建立数据库的连接，执行 SQL 查询，对数据表进行插入、更新、删除等操作。

- Connection 对象：用于建立数据源和 ADO 程序之间的连接。
- Recordset 对象：用于操作（读取、浏览、增加、修改、删除）数据源内的数据。
- Command 对象：用于嵌入 SQL 查询，执行对数据源的操作，包括对存储过程的调用。

Connection 对象代表了打开的与数据源的连接，该对象代表与数据源进行的唯一会话。使用该对象可以实现与 Microsoft Access 或 Microsoft SQL Server 等数据库的连接，也可以通过 SQL 语句对所连接的数据库进行一定的操作。

（2）数据库的访问流程

① 创建数据库。

② 创建 ODBC 数据源（DSN）。

③ 创建数据库连接（Connection）。

④ 操作数据库（添加、修改、删除等）。

⑤ 关闭数据库对象和连接。

（3）使用 ADO 的 Connection 对象连接和访问数据库

要使用 ADO 对象操作数据库，首先要做的就是建立到数据库的连接，这就需要用到 ADO 的 Connection 对象的三个方法，分别是 Open、Execute 和 Close 方法。

- Open 方法：用于建立一个数据库连接，它的参数就是数据源。
- Execute 方法：用于执行操作数据库的命令，它的参数就是标准的 SQL 语句。
- Close 方法：用在最后，用于关闭所建立的连接。

【例 2-1】在站点的 sl 文件夹内建立 ASP 动态网页文件 2-1.asp，输入如下代码。这段代码创建了一个 Connection 对象 conn，利用它建立了到 ODBC 数据源 aa（sl 文件夹中的 student.mdb 数据库）的连接，并向表 xsb（表 2-2-2）中插入了一条记录（学号为 20100305，密码为 0305）。

```
<%
'创建一个 Connection 对象实例 conn
Set conn=Server.CreateObject("ADODB.connection")
'建立到数据源 aa 的连接
conn.Open "DSN=aa"
'使用 Execute 方法执行一条插入一个新用户的 SQL 语句
conn.execute "insert into xsb(学号,密码) values ('20100305','0305')"
'关闭数据库连接
conn.close
%>
```

这段代码首先是用 Server 对象的 CreateObject 方法来创建一个 Connection 对象；然后使用 Open 方法建立了到数据源 aa 的连接；接着使用 Execute 方法执行一条插入新记录的 SQL 语句；最后使用 Close 方法关闭数据库连接。

发布网站，打开浏览器，执行文件后，打开数据表 xsb，可看到新插入的记录。

使用 Connection 对象来连接和访问数据库的基本流程，如图 2-3-6 所示。

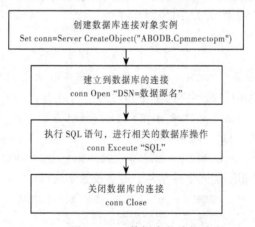

图 2-3-6 数据库的访问流程

2. SQL 语句

利用 ADO 的 Connection 对象连接数据库后，就可以使用 Connection 对象的 Execute 方法执行 SQL 语句对数据库进行各种操作。

　　SQL 是一门很复杂的语言，但是数据库的操作基本就是添加（INSERT）、删除（DELETE）、修改（UPDATE）及查询（SELECT）等。

（1）插入记录（INSERT）

【语法格式】

INSERT INTO 表名（字段 1，字段 2…）VALUES（字段值 1，字段值 2…）

【说明】

- 字段名和字段值必须一一对应，且类型也要一一对应，字段名之间、字段值之间用 "，" 分隔。
- 若字段值的类型为字符型或日期型，字段值要用单引号括起来。
- 不要给自动编号的字段赋值，当增加一条记录时，自动编号会自动加 1。

例：INSERT INTO xsb(学号,密码) VALUES ('20100305','0305')

（2）查询语句（SELETE）

SELETE 是功能最强也是最为复杂的 SQL 语句，它的语法较长，因此，我们给出一种基本的语法结构：

SELECT [TOP n] 字段列表|*
FROM 表 1，表 2…
[WHERE 条件]
[ORDER BY 字段][ASC|DESC]

【说明】

- [TOP n]为可选项，表示选取前多少条记录。如：TOP 10。
- 字段列表：指定要查询的字段，可以是表中的一个或多个字段，中间用 "，" 分隔。全部字段可用*表示。
- FROM 表 1，表 2…：列出包含所有要查询数据的表，如为多个表，中间用 "，" 分隔
- WHERE 条件：查询的条件，如 "WHERE 成绩>=60"。
- ORDER BY 字段：将查询结果按一列或多列中的数据排序，如果省略此子句，查询结果是无序的。ASC 为升序（默认），DESC 为降序。

例 1：SELECT * FROM xsb

检索 xsb 中的所有记录。

例 2：SELECT 学号，姓名 FROM xsb where 班级='软件 0501'

检索 xsb 中所有 "软件 0501" 班同学的学号和姓名。

例 3：SELECT * FROM xsb WHERE 姓名 like '张'

检索 xsb 中所有姓名中含 "张" 字的同学。

例 4：SELECT xsb.学号, xsb.姓名,cjb.数学 FROM xsb,cjb WHERE xsb.学号=cjb.学号

检索 xsb 学号与 cjb 学号相匹配同学的学号、姓名及数学成绩。

例 5：SELECT TOP 5 * FROM cjb ORDER BY 数学 DESC

检索 cjb 中数学成绩前 5 名的同学并按数学成绩的降序排列。

3. Server 对象

　　Server 对象提供对服务器上的方法和属性的访问，其中大多数方法和属性是作为实用程序的功能服务的。

　　Server 对象最常用的有两种方法是 CreateObject 方法和 MapPath 方法。

（1）CreateObject 方法

【功能】创建各种服务器组件实例。

【语法】`Server.CreateObject（ProgID）`

【参数】ProgID 表示组件标记，组件可以是 ASP 内置组件，也可以是第三方提供的。它用于指定要创建的组件对象的类型。例如 ADODB.Connection。

与 ASP 内置对象一样，服务器组件也是具有集合、属性和方法的对象。所不同的是，ASP 内置对象可以直接在脚本中使用，服务器组件则必须先通过 Server.CreateObject 创建一个实例，然后再通过该实例来访问其集合、属性和方法。

例：`<% Set conn=Server.CreateObject("ADODB.connection") %>`

创建一个名为 conn 的 ADODB.Connection 对象实例，通过这个对象可以建立到数据库的连接并实现对数据库的访问。

注 意

默认情况下，由 Server.CreateObject 方法创建的对象具有页作用域，在当前 ASP 页处理完成之后，服务器将自动释放这些对象。

（2）MapPath 方法

【功能】该方法返回指定文件的相对路径或物理路径。

【方法】`Server.MapPath（Path）`

【说明】若 Path 以一个（/）或（\）开始，则 MapPath 方法返回路径时将 Path 视为完整的虚拟路径。若 Path 不是以斜杠开始，则 MapPath 方法返回同当前 ASP 文件相对的路径。

例如：脚本`<%=Server.MapPath("a.asp")%>`的作用就是输出 a.asp 所对应的物理路径。下面的例子中，首先用环境变量"PATH_INFO"获得当前文件的根相对路径，再用 Server 对象的 MapPath 方法取得文件的物理路径。

`<%= server.MapPath（Request.ServerVariables（"PATH_INFO"））%>`

MapPath 方法不检查返回的路径是否正确或在服务器上是否存在。由于 MapPath 方法只映射路径而不管指定的路径是否存在，所以可以先用 MapPath 方法映射物理目录结构的路径，然后将其传递给在服务器上创建指定目录或文件的组件。

注 意

在 Internet 信息服务管理单元的"应用程序配置"对话框中可以设置是否"启用父路径"（见图 2-3-7），如果启用则允许在 PATH 参数中使用相对路径，即使用"."表示当前目录，使用".."表示父目录；如果不选择此选项则不允许在 PATH 参数中使用相对路径，否则将返回错误。

4. Response 对象

Redirect 方法。重定向指的是从一个网页自动跳转到另一个网页。重定向在很多地方都需要用到，

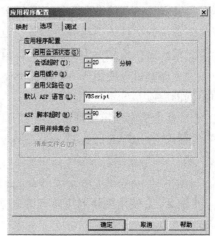

图 2-3-7 "应用程序配置"对话框

比如根据用户的不同选择或者合法性检测结果重定向到不同的网页，执行完相关的操作后重定向到另一个网页等。Response.Redirect 就是用于进行重定向的语句。

【功能】将客户端的浏览器重定向到一个新的 Internet 地址。

【语法】Response.Redirect URL

【参数】URL 为新网页的 Internet 地址。

注 意

使用 Redirect 方法时，必须放在所有 HTML 元素的前面。如果想在 ASP 的任意位置使用 Redirect 方法，要在 ASP 文件的开头加上语句<%Response.Buffer=True%>，否则运行时会出现错误。

试分析如下代码：

```
<%
If  username="" or pword="" then              '用户名或密码为空进入错误处理页面
Response.Redirect("error.htm")
else  if username="admin" and pword="admin" then   '用户名和密码符合要求进入
                                                       管理员页面
       Response.Redirect("admin.asp")
else                                          '其他情况进入普通用户页面
    Response.Redirect("user.asp")
     end if
end if
%>
```

拓展与提高

1. Request 对象

我们浏览网页的时候使用的传输协议是 HTTP 协议，当客户端浏览器向服务器发送页面请求时，除了将所请求页面的 URL 地址传送给服务器外，也将浏览器的类型、版本等信息一起传送给服务器，这些信息称为 HTTP 请求标头。同样，当服务器响应客户端浏览器的请求时，除了将所请求的文件传递给客户端外，也将一些服务器端的信息如文件的大小、日期等一起传送给客户端，这些信息称为响应标头。请求标头和响应标头统称为 HTTP 标头。

服务器端可以使用 ServerVariables 集合取出标头中的信息，以便根据不同的客户端信息做出不同的反应。

【功能】检索预定的环境变量和 HTTP 标头信息。

【语法】Request.ServerVariables (环境变量名)

例：<%=Request.ServerVariables("REMOTE_ADDR") %> 能在页面中显示客户端 IP 地址。

<% =Request.ServerVariables("SCRIPT_NAME") %> 能够显示所执行脚本的文件名。

【例 2-2】使用循环遍历所有的服务器环境变量名称及值（2-2.asp），如图 2-3-8 所示。

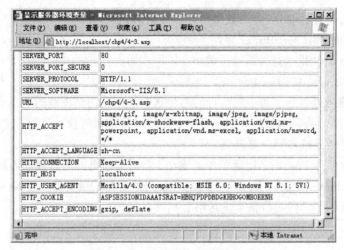

图 2-3-8 检索服务器环境变量

```
<HTML>
<HEAD><TITLE>显示服务器环境变量</TITLE></HEAD>
<BODY>
<H3 align = "center">服务器环境变量列表</H3>
<TABLE border = "1">
<TR align = "center"><TD>变量名</TD><TD>变量值</TD></TR>
<% For Each i In Request.ServerVariables %>
<TR><TD><% = i %></TD><TD><% = Request.ServerVariables(i)%> </TD></TR>
<% Next %>
</TABLE>
</BODY>
</HTML>
```

常用的服务器环境变量及其含义参见附录 C。

2. Response 对象的其他属性和方法

Response 对象的常见属性、方法如表 2-3-1、表 2-3-2 所示。

表 2-3-1 Response 对象的方法

方　　法	功　能　说　明
Clear	清除任何缓冲的 HTML 输出
End	停止处理.asp 文件并返回当前的结果
Flush	立即发送缓冲的输出
Redirect	将重定向信息发送到浏览器，尝试连接另一个 URL
Write	将变量作为字符串写入当前的 HTTP 输出

表 2-3-2 Response 对象的属性

属　　性	功　能　说　明
Buffer	表明页输出是否被缓冲
Expires	在浏览器中缓存的页面超时前，指定缓存的时间
ExpiresAbsolute	指定浏览器上缓存页面超时的日期和时间

Response 对象只有 Cookies 一个数据集合，详见单元三。

（1）是否启用缓冲区——Buffer 属性

【功能】Buffer 属性指示是否缓冲页输出。

【语法】`Response.Buffer=True| False`

通常 ASP 在服务端执行，每一句执行的结果都会立即发送到浏览器上显示出来，用户可以实时地看到执行结果。在某些情况下，也可以利用缓冲区来延缓执行过程，使用缓冲区时，ASP 执行结束后才会将结果输出到浏览器上。

当 Buffer 属性值为 True 时，指定缓冲页输出，只有当前页的所有服务器脚本处理完毕或者调用了 Flush 或 End 方法后，服务器才将响应发送给客户端浏览器。当 Buffer 属性值为 False 时，服务器在处理脚本的同时将输出发送给客户端。

注 意

可以在 Internet 信息服务管理单元来设置整个网站或虚拟目录的 Buffer 属性默认值。打开"Internet 信息服务"窗口，右击"默认网站"，选择"属性"命令，在弹出对话框中单击"主目录"选项卡（见图 2-3-9），单击"配置"按钮，弹出"应用程序配置"对话框（见图 2-3-7），选择"启用缓冲"选项。

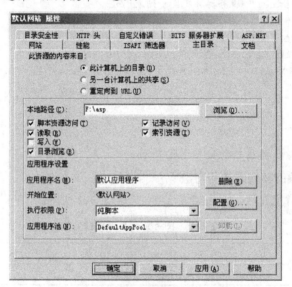

图 2-3-9 "默认网站属性"对话框

服务器将输出发送给客户端浏览器后就不能再设置 Buffer 属性。因此设置 Response.Buffer 的语句应当放在`<% @Language %>`命令后的第一个语句，如果试图在 HTML 或者脚本输出后再修改 Buffer 属性，程序就会出错。

（2）控制页面缓冲的方法

① Clear 方法

【功能】删除缓冲区的所有 HTML 输出，但只删除响应正文而不删除响应标题，继续执行程序。

【语法】`Response.Clear`

② End 方法

【功能】Response 对象中的 End 方法用于终止 ASP，文件中剩余的内容将不被处理，运行的进程返回到网页中，并发送当前缓存的结果。

【语法】`Response.End`

③ Flush 方法

【功能】对于一个缓冲的回应，发送所有的缓冲信息，然后继续执行程序。

【语法】`Response.Flush`

注 意

以上三个方法使用时，均应将 Response.Buffer 设置为 True。

利用缓存程序，可以根据某种条件来显示不同的页面。

（3）指定缓冲到期时间

网页在浏览器中打开之后通常都可以缓存一段时间，如果用户在这段时间内再次打开这个网页，显示的往往是缓存中的网页。如果超过这段时间，就称为过期。过期之后，浏览器会重新向服务器发送请求以显示最新的网页。

① Expires 属性

【功能】指定网页相对过期时间。

【语法】`Response.Expires=[number]`

【参数】number 指定了在浏览器上缓冲存储的页距过期还有多少时间，单位为分钟。

如果设置 Response.expires=0，可使缓存的页面立即过期。这是一个较实用的属性，当客户通过 ASP 的登录页面进入 Web 站点后，应该利用该属性使登录页面立即过期，以确保安全。如果多次设置本属性，则使用最短时间。如下例指定页面在 5 分钟后过期。

`<% Response.Expires=5 %>`

② ExpiresAbsolute 属性

【功能】指定网页的绝对过期时间。

【语法】`Response.ExpiresAbsolute[=[date][time]]`

【参数】date 指定页面的到期日期；time 指定页面的到期时间。

如果未指定时间，该网页在当天午夜到期。如果未指定日期，则该网页在脚本运行当天的指定时间到期。如下例指定页面在 2006 年 11 月 10 日上午 9:10 分 30 秒到期。

`<% Response.ExpiresAbsolute=#November 10,2006 9:10:30# %>` 或

`<% Response.ExpiresAbsolute=#2006-11-10 9:10:30# %>`

技能训练

完成一个简单的用户登录系统。要求：
① 使用任务二中创建好的"校友录"数据库和 ODBC 数据源。

② 网站首页为用户登录表单，用户输入学号和密码，正确可登录进入校友录主界面（内容任意）。

③ 用户在登录表单中输入管理员的用户名和密码（自己指定），则进入校友录管理员界面（内容暂空）。

思考与练习

1. 使用 ADO 的 Connection 对象连接与访问数据库需要哪些步骤？
2. 如何使用 insert into 在数据表中插入数据记录？
3. 如何使用 select 在数据表中进行记录查询？
4. Response.Redirect 的作用是什么？Server.CreateObject 的作用是什么？

项目实训　制作校友录登录注册系统

一、项目描述

设计制作校友录的用户登录注册系统，未注册用户可通过登录主页面进入注册表单，注册成功后进入登录系统进行登录，用户输入登录信息后进行信息验证，如成功则进入校友录的主页面。

设计制作校友录的主页面，参考图 2-3-4，可分为几个版块，如新闻区、论坛区、聊天区、校园招聘区、在线考试区等（根据需要自行设计页面）。

二、项目要求

1. 能够进行校友录的用户注册与信息反馈。
2. 能够进行校友录的用户登录验证。
3. 完成校友录主页面的设计与制作。
4. 发布校友录网站，在客户端进行访问和测试。

三、项目提示

1. 设计制作校友登录注册系统的流程图。
2. 完成校友录主页面的设计制作（可暂时制作静态页面，根据学习进程的深入逐步修改完成），页面的设计要美观大方，布局工整。
3. 校友录数据库和数据表的设计要合理，要考虑到项目的延展性，数据表的结构要在设计初期确定，尽量不要在设计过程中随意修改数据表的结构。
4. 设计用户登录注册的表单要人性化，用户操作要简单、方便。
5. 用户注册后可返回登录界面进行登录，也可直接进入校友录主页面。

四、项目评价

项目实训评价表

能力要求	内 容		评 价		
	能力目标	评价项目	3	2	1
职业能力	创建表单网页	能够在网页中插入表单及表单对象			
		能够根据需要选择合适的表单对象设计表单			
	创建 Access 数据库和数据表	能够创建 Access 数据库			
		能够创建 Access 数据表			
		能够编辑、修改、删除、排充、筛选数据表及数据表中的记录			
		能够导入、导出数据表			
	建立 ODBC 数据源	能够创建 ODBC 数据源			
		能够编辑、删除、管理 ODBC 数据源			
	校友录的登录与注册	能够制作用户注册、登录等表单			
		能够编写表单的客户端验证脚本			
		能够使用表单完成信息的注册、提交与反馈			
		能够在网页中使用 Connection 对象连接数据库、操作数据表			
		能够完成用户登录信息的验证			
	使用 SQL 语句	了解 SQL 结构化查询语句			
		能够正确使用 Insert、Select 等语句进行数据表的插入与查询			
通用能力	欣赏设计能力				
	独立构思能力				
	解决问题能力				
	逻辑思维能力				
	自我学习能力				
	组织能力				
	创新能力				
综合评价					

单元 三

制作校园聊天室

引言

聊天室是当今广泛应用的一种网络服务，它为广大网民提供了一种方便快捷的沟通方式，在线聊天是上网的重要活动之一。聊天室是出现最早的网上聊天方式，并且由于操作简便，聊天室已成为聊天工具中最普及的一种。许多大型网站建立了聊天室，为大家提供了一个不受地域限制的实时交流的场所。

本单元从一个简易聊天室的设计制作入手，在此基础上由浅入深地介绍了一个带有用户登录注册网络聊天室制作、完善、调试运行的过程。

聊天室的聊天功能主要由 ASP 的常见内置对象——Request 对象、Response 对象、Server 对象、Session 对象、Application 对象等完成。而用户登录注册则主要使用 ADO 组件 Connection 对象来完成，后台数据库采用 Access 数据，使用 ODBC 进行数据库的连接。

任务一　制作一个简易聊天室

任务描述

现在的大学校园，宽带已经相当普及，办公室、宿舍一般都拥有两台或多台计算机，在办公室或宿舍构建一个小型的局域网是一件很简单的事情。如果在办公室或宿舍的小型局域网内建立一个简易聊天室，同事、同学间即使在不同的区域，也可通过聊天室进行方便、快捷地交流。

任务分析

一个简易聊天室由以下几个部分组成。

1. 聊天室登录界面（index.asp）

用户进入聊天室登录界面（见图 3-1-1），输入用户名、选择喜爱的头像作为标记进入聊天室。本例使用 Session 变量对姓名、头像等信息进行保存。单击"进入聊天室"按钮进入聊天室主界面 chat.asp。用户名或密码为空时显示错误处理页面。

2. 聊天室主框架界面（chat.asp）

这个聊天室可以在多人之间进行通话，聊天内容只保留最新 20 句，设置 20 个 Application 变量用于存储 20 句发言。

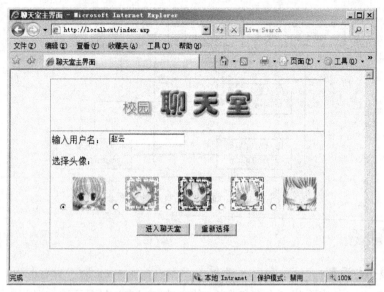

图 3-1-1 聊天室登录界面

聊天室的主界面为一个框架文件 chat.asp（见图 3-1-2），这个框架集包含 2 个子框架。

- 上部：chatmsg.asp，聊天内容显示页面，用于显示所有聊天者的发言，即 20 个 Application 变量值。
- 下部：usermsg.asp，聊天者发言表单。输入聊天信息后提交给 userchat.asp 文件，userchat.asp 文件接收完聊天者发言后将发言信息存入 Application 变量中，而后直接转向 chatmsg.asp 用于显示聊天内容。

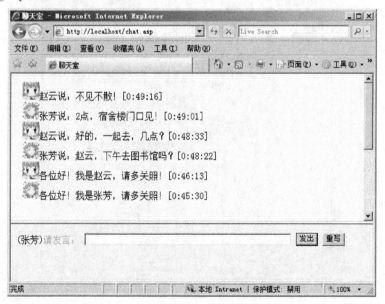

图 3-1-2 聊天室主框架

本任务主要使用了表单、框架、ASP 内置对象 Session、Application 等知识来完成用户登录、用户发言及聊天信息显示各个功能。任务流程图如图 3-1-3 所示。

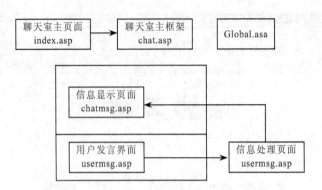

图 3-1-3 简易聊天室功能流程图

方法与步骤

1. 站点发布与设置

① 在 F:\ASP 文件夹下建立一个名为 lts 的文件夹，在该目录下建立名为 images 的文件夹（将所用到的图像文件放入文件夹中）。

② 发布建立好的文件夹 F:\ASP\lts，设置其默认文档为 index.asp。

③ 打开网页制作软件 Dreamweaver，选择"站点"→"管理站点"命令，建立一个名为"简易聊天室"的站点，其"高级"选项卡"本地信息"各项设置如图 3-1-4 所示。

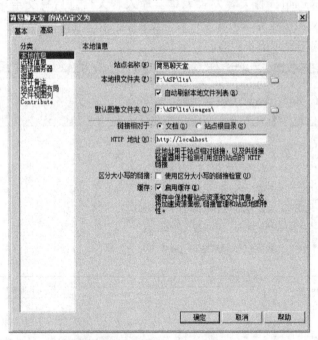

图 3-1-4 站点定义与配置

2. 设计聊天室登录界面（index.asp）

① 在站点下新建一个名为 index.asp 的动态网页文件，作为简易聊天室的登录界面。

② 在网页文件 index.asp 中，设计聊天室登录界面如图 3-1-5 所示。

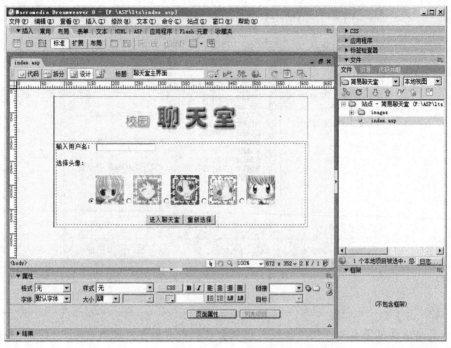

图 3-1-5 简易聊天室登录界面

- 在网页中插入一个登录表单，表单内插入一个文本域用于输入用户名，定义文本域的名称为 username。
- 插入 5 个单选按钮及 5 个图片用于用户头像的选择。5 个单选按钮的名称均为 userimg，各单选按钮的选定值分别对应相应图片的路径，如图 3-1-6 所示。

图 3-1-6 "选择头像"单选按钮的属性设置

- 设置表单属性，其动作为 chat.asp，方法为 POST，如图 3-1-7 所示。

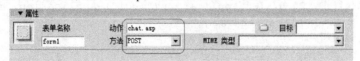

图 3-1-7 表单的属性设置

3. 设计聊天室主框架页面（chat.asp）

① 选择"文件"→"新建"命令，打开"新建文档"对话框（见图 3-1-8），在对话框中选择下方固定的框架集，单击"创建"按钮，保存框架集文件为 chat.asp，作为简易聊天室的主框架界面。默认上部框架名为 mainFrame，下部框架名为 bottomFrame（可自己根据需要进行修改）。

② 选择"文件"→"保存全部"命令，将此框架文件保存为 chat.asp，将上部框架保存为 chatmsg.asp，下部框架保存为 usermsg.asp。

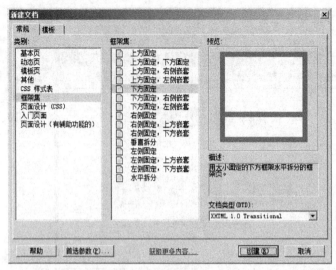

图 3-1-8 创建框架文件

③ 单击框架边框，选中 chat.asp 文件，打开"代码"视图，仔细观察其代码，在合适位置加入 ASP 代码，chat.asp 文件添加 ASP 程序后的完整程序代码如下所示：

```
<%
'读取浏览者在<index.htm>页面内所输入的名字及选中的头像
Session("username")=Request.Form("username")
Session("userimg")=Request.Form("userimg")
'若聊天者未输入名字，则显示错误信息并结束
if Session("username")="" then
  Response.Write "<p align=center><font color=red> Sorry!"&"<font size=5>
无名氏</font>"&", 不能登录聊天室!</font></p>"
  Response.Write "<p align=center><a href='index.asp'>返回登录页面</a></p>"
else
'聊天内容只保留最新 20 句，存于 Application("msg1")-Application("msg20")中
'最新聊天内容放入 Application("msg1")中
Application.Lock
for i=20 to 2 step -1
  j=i-1
  Application("msg"&i)=Application("msg"&j)
next
'对初次进入聊天室者给出问候语，并存于 Application("msg1")中
chat="<img src='"&Session("userimg")&"' width=30 height=30>"&"各位好! 我是
"&Session("username")&", 请多关照! "&"["&time&"]"
Application("msg1")=chat
Application.Unlock
end if
%>
<HTML>
```

```
<HEAD>
<TITLE>聊天室</TITLE>
<META http-equiv="Content-Type" content="text/html; charset=gb2312">
</HEAD>
<!-- 框架组成-->
<FRAMESET rows="*,100" cols="*" framespacing="2" frameborder="0" border="2"
bordercolor="#FF0000" >
  <FRAME src="chatmsg.asp" name="mainFrame" frameborder="yes" noresize
bordercolor="#FF0000" id="mainFrame">
  <FRAME src="usermsg.asp" name="bottomFrame" frameborder="yes" scrolling=
"no" noresize bordercolor="#FF0000" id="bottomFrame">
</FRAMESET>
<NOFRAMES></NOFRAMES>
</HTML>
```

4. 设计聊天显示界面（chatmsg.asp）

本文件位于 chat.asp 文件上部，其主要功能为显示存于 Application("msg1")~Application("msg20")中的聊天内容。代码如下：

```
<HTML>
<HEAD>
<TITLE>聊天室主窗口</TITLE>
<!--5秒自动刷新-->
<META http-equiv="refresh" content="5,url=chatmsg.asp">
<META http-equiv="Content-Type" content="text/html; charset=gb2312">
</HEAD>
<BODY bgcolor="snow" text="#000000">
<!--显示 Application("msg")中的内容-->
<%
  for i=1 to 20
    Response.Write Application("msg"&i)&"<br>"
  next
%>
</BODY>
</HTML>
```

注 意

因为聊天内容不断变化，需要为本文件设置自动刷新，刷新时间为 5 秒，对应代码为：
`<META http-equiv="refresh" content="5,url=chatmsg.asp">`

5. 设计聊天发言界面（usermsg.asp）

本文件位于 chat.asp 文件下部，主要是一个用于聊天的表单，如图 3-1-9 所示。

图 3-1-9　聊天发言表单

① 在网页文件中插入表单，输入文本域，命名为 chatmsg；插入一个"提交"按钮，其值为"发出"，名称为"b1"；再插入一个"重写"按钮。

② 设置表单属性，表单名称为 form1，动作为 userchat.asp，方法为 POST，目标为 mainmFrame（上部框架），如图 3-1-10 所示。

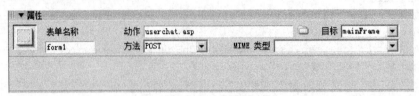

图 3-1-10　发言表单属性设置

注 意

一定要注意，表单属性的目标为上部主窗口，这样才能保证聊天信息在主窗口中显示。

```html
<HTML>
<HEAD>
<TITLE>输入窗口</TITLE>
<META http-equiv="Content-Type" content="text/html; charset=gb2312">
</HEAD>
<BODY bgcolor="oldlace" leftmargin="10">
<FORM action="userchat.asp" target="mainFrame" method="post" name="form1">
  (<%= session("username") %>)<FONT color="#FF6600">请发言: </FONT>
  <INPUT type="text" name="chatmsg" size="50">
  <INPUT type="button" value="发出" name="b1">
  <INPUT type="reset" value="重写">
</FORM>
</BODY>
</HTML>
```

技 巧

如果发言后要清空表单中的文本域，可以将"发出"按钮设为"普通按钮"，即设置按钮的属性动作为"无"，同时在文件头部插入 VBScript 代码用于提交表单并清空文本域。

清空文本域的代码可加入<HTML>之前，如下所示：

```vbscript
<SCRIPT language="vbScript">
<!--单击 b1 按钮清空发言文本域 chatmsg-->
Sub b1_onClick()
   form1.submit
   form1.chatmsg.value=""
End sub
</SCRIPT>
```

6. 编写 userchat.asp 文件

```asp
<%
Application.Lock
for i=20 to 2 step -1
   j=i-1
   Application("msg"&i)=Application("msg"&j)
```

```
next
chat="<img src='"&Session("userimg")&"' width=30 height=30>"&Session("us-
ername") & "说: "&Request("chatmsg")&"["&time&"]"
Application("msg1")=chat
Application.Unlock
Response.Redirect "chatmsg.asp"
%>
```

本文件主要功能为接收表单聊天信息，存入 Application 变量，然后复位向到显示聊天信息的 chatmsg.asp 文件。

7. 编写 Global.asa 文件

初始化聊天室的 Application 变量

```
<Script Language="vbScript" Runat="server">
Sub Application_Onstart
  for i=1 to 20
    Application("msg"&i)=""
  next
end Sub
</Script>
```

相关知识

Session 对象负责存储个别用户的信息，以便用户重复使用；Application 对象负责存储 Web 应用程序的数据信息以供多个用户使用。

1. Session 对象

Session 就是指访问者从到达某个特定页面到离开为止的那段时间，这称为一个会话期，每个访问者都会获得一个 Session。当用户在应用程序的页面之间跳转时，存储在 Session 对象中的变量始终存在。当会话过期或被放弃后，服务器将终止该会话。

（1）Session 变量

Session 变量的定义: Session(key)=value

Session 变量的输出: Response.Write Session(key)

```
例: <% Session("start")="欢迎光临本网站!"
    Response.Write(Session("start"))
    %>
```

ASP 脚本执行时，浏览器上显示出"欢迎光临本网站!"的文本，脚本第一行是给 start 赋值为"欢迎光临本网站!"，第二行将这个变量显示出来。如果用户再进入另一个页面，不需再赋值，只要执行代码: <% Response.Write(Session("start")) %>，"欢迎光临本网站!"显示出来了，这个 Session 变量 start 是在前面网页赋值的。

注 意

用普通的脚本变量不能进行这种处理，因为一般的变量只在一个页面内有效，而 Session 变量在用户离开网站前或 Session 过期前一直起作用。

Session 变量是与特定用户相联系的。某一个用户的 Session 变量是和其他用户的 Session 变量完全独立的，不会相互影响。换句话说，这里面针对每一个用户保存的信息是用户自己独享的，不会产生共享。

例：
```
<%  Session("username")=Response.form("username")
    Session("userage")=Response.form("userage")
%>
```
对于不同的用户，Session 的 username 变量和 userage 变量的值是不同的，每个人在网站的不同主页间浏览时，仅针对这个用户的变量会一直保留。

（2）Session 的事件

和 ASP 其他内置对象不同的是，Session 对象中有两个事件（Event），即 Session_OnStart 和 Session_OnEnd，分别可以在会话开始和结束时被触发以执行指定的脚本。这两个事件的脚本位于特定的文件 Global.asa 中，Global.asa 文件位于网站的根目录。

① Session_OnStart 事件

基本格式如下：
```
<SCRIPT Language=VBScript Runat=Server>
Sub Session_OnStart
…
End Sub
</SCRIPT>
```
Session_OnStart 事件在服务器创建新会话时发生。服务器在执行请求的页之前先处理该脚本，所以 Session_OnStart 事件是设置会话期变量的最佳时机。

【例 3-1】使用 Global.asa 编写主页访问控制脚本（3-1.asp）。

假如不希望用户访问网站时直接进入主页之外的其他页面，可使用如下脚本（放入 global.asa 文件中）：
```
<SCRIPT Language=VBScript Runat=Server>
Sub Session_OnStart
sPage = "/index.asp"
cPage = Request.ServerVariables("SCRIPT_NAME")
If sPage< >cPage Then
Response.Redirect(spage)
End If
End Sub
</SCRIPT>
```
这段脚本应放在 global.asa 文件中，在 Session_OnStart 事件中对用户请求的页面路径与主页（/index.asp）路径进行比较，如果不相同，则调用 Response.Redirect 方法将用户引导到主页。这种操作可以防止用户不经主页登录直接进入其他页面。

② Session_OnEnd 事件

Session_OnEnd 事件在会话超时或被放弃时发生，格式与 Session_Onstart 相同。

2. Application 对象

Application 对象，可以在给定的应用程序所有用户之间共享信息，并在服务器运行期间持久地保存数据。Application 对象还有控制访问应用层数据的方法和可用于应用程序启动和停止时触发过程的事件。

（1）Application 变量

Application 变量的定义: Application (key)=value

Application 变量的读取: Response.Write Application(key)

创建读取方法和 Session 变量基本相同，例：

```
<%  Application("start")="欢迎光临本网站！"
Response.Write(Application("start"))
%>
```

一旦变量被赋值，它就可以在任意 ASP 文件中被调用，无论是哪个用户调用，均可以显示且内容相同。所以，任意一个用户在任意一个网页中使用代码<%=Application("start") %>，都可以在网页中显示信息"欢迎光临本网站！"。

Application 变量和 Session 变量主要区别在以下两点：

① Application 变量不需要 Cookie，并且可以适应任何浏览器。

② Application 变量可以被多个用户共享。从一个用户接收到的 Application 变量可以传递给另外的用户。

注　意

Application 变量终止的情况有 3 种：服务被终止；Global.asa 被改变；Application 被卸载。

（2）Application 的方法

Application 对象有两个方法：Lock 方法和 UnLock 方法。

它们用于处理多个用户同时对 Application 数据进行写入的问题，使用这两个方法可以确保多个用户无法同时改变某一属性。

① Lock 方法

【功能】禁止其他用户修改 Application 变量的值。

【格式】`Application.Lock`

② UnLock 方法

【功能】解除对 Application 变量的锁定，允许其他客户修改 Application 变量。

【格式】`Application.UnLock`

Lock 方法阻止其他客户修改存储在 Application 对象中的变量，以确保在同一时刻仅有一个客户可修改和存取 Application 变量。如果用户没有明确调用 UnLock 方法，服务器只能在 .asp 文件结束或超时后才解除对 Application 对象的锁定。

【例 3-2】Application 与 Session 对象结合设计网页计数器（3-2.asp）。

```
<HTML>
<HEAD><TITLE>防刷新的网页计数器</TITLE></HEAD>
<BODY>
<%
Application.Lock
n=application("n")
If Session("n") = "" Then
  '如 Session("n")未定义,说明为首次访问,访问人数加1，并记入 Session 变量
  n = n + 1
  Session("n") = n
End If
'将新的访问人次记入 Application 变量
Application("n")=n
Application.UnLock
%>
<P>欢迎光临本网页，你是本页的第 <%= Session("n")%> 位访客！</P>
```

```
<P>本页的总访问量是:<% =Application("n")%>人次。</P>
</BODY>
</HTML>
```

运行文件，效果如图 3-1-11 所示，刷新本网页，总访问量可能会随着访问量的变化而变化（Application 变量），但当前访客的访问人次不会变化（Session 变量），试根据代码分析其原因。

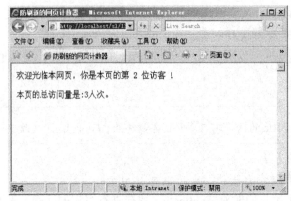

图 3-1-11　防刷新的网页计数器

（3）Application 的事件

Application 也有两个事件：Application_OnStart、Application_OnEnd。

Application_OnStart 事件在首次创建新的会话(即 Session_OnStart 事件)之前发生。不过，Application 不会像 Session 那样在每一个新用户请求后都触发，Application 只触发一次，就是网站运行后第一个用户的第一次请求。即当 Web 服务器启动并允许对应用程序所包含的文件进行请求时就触发 Application_OnStart 事件。

Application_OnEnd 事件在应用程序退出时发生。它与 Application_OnStart 事件相同，网站运行期间只被触发一次。

与 Session_OnStart 事件相同，Application_OnStart 和 Application_OnEnd 事件的处理过程也必须写在 Global.asa 文件之中。

Application_OnStart 事件的语法如下：

```
<SCRIPT Language=VBScript Runat=Server>
Sub Application_OnStart
…
End Sub
</SCRIPT>
```

Application_OnEnd 事件的语法与 Application_OnStart 基本相同。

3. Global.asa 文件

Global.asa 是一个可选文件，程序编写者可以在该文件中指定事件脚本，并声明具有会话和应用程序作用域的对象。该文件的内容不是用于给用户显示的，而是用于存储事件信息和由应用程序全局使用的对象。文件的名称必须是 Global.asa 且一定存放在应用程序的根目录中。它的扩展名 asa 也就是 Active Server Application 的缩写。

Web 服务器启动后，当客户端对一个应用程序中任何一个 .asp 文件发出第一次 HTTP 请求时，服务器都会自动读取并执行 Global.asa 文件。Global.asa 文件只能包含如下内容，即：

① Application 及 Session 事件。

② 使用 OBJECT 标记声明的应用程序作用域对象或会话作用域对象。即 SCOPE 的值为 Session 或 Application 的对象。

【例 3-3】使用 Global.asa 文件和 Application、Session 事件相结合可进行在线人数和网站访问量的统计。效果如图 3-1-12 所示。

图 3-1-12　使用 Global.asa 文件设计网页计数器

Global.asa 文件如下：

```
<SCRIPT Language=VBScript Runat=Server>
Sub Application_OnStart
  Application("Online_Num") = 0
  Application("nums")=10000
End Sub
Sub Session_OnStart
  Application.Lock
  Application("Online_Num") = Application("Online_Num") + 1
  Application("nums")=Application("nums")+1
  Session("times")=application("nums")
  Application.UnLock
End Sub
Sub Session_OnEnd
  Application.Lock
  Application("Online_Num") = Application("Online_Num") -1
  Application.UnLock
End Sub
</SCRIPT>
```

网页计数器文件 3-3.asp。

```
<% @ Language = "VBScript" %>
<HTML>
<HEAD>
<!-- 每隔 60 秒刷新一次页面内容 -->
<META http-equiv = "Refresh" content ="60;URL=3-3.asp">
<TITLE>显示目前在线人数及网页访问量</TITLE></HEAD>
<BODY>
<P>你是本网站第<FONT color = "red"><% = Session("times") %></FONT>位访问者。
<P>目前在线<FONT color = "red"><% = Application("Online_Num")%></FONT>人。
<P>网站总访问量<FONT color = "red"><% = Application("nums")%></FONT>人。
```

```
</BODY>
</HTML>
```

执行 3-3.asp 文件时，即调用 Global.asa 文件，则显示图 3-1-12 所示的网页计数器。

拓展与提高

1. Session 对象的其他方法和属性

（1）SessionID 属性——会话标记

【功能】SessionID 属性返回用户的会话标记。在创建会话时，服务器会为每一个会话生成一个单独的标记，会话标记以长整型数据类型返回。SessionID 常用于 Web 页面的注册统计。

【格式】`Session.SessionID`

对于一个 Session 来说，无论用户怎样进行网页间切换，都只有一个 SessionID。

（2）TimeOut 属性——控制会话的结束时间

【功能】TimeOut 属性为该应用程序的 Session 对象指定超时时限。

【格式】`Session.Timeout = minutes`

例：`<% Session.Timeout=60 %>`　指将 Session 限制时间设为 60 分钟。

如果用户在该超时时限之内不刷新或请求网页，则该会话将终止。默认时间为 20 分钟。当用户的 Session 时间过期后，如果用户刷新了主页，就会被认为是新的访问者，所有以前的 Session 信息会全部失去。

提示

可以通过在 Internet 信息服务管理器中设置"应用程序选项"属性页中的"会话超时"属性改变应用程序的默认超时限制设置（见图 3-1-13）。

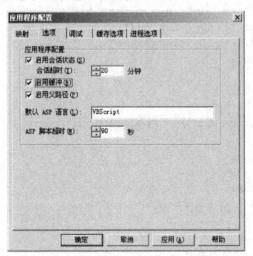

图 3-1-13　设置会话超时时间

（3）Abandon 方法——结束会话

【功能】强制结束会话，释放 Session。

【格式】`Session.Abandon`

Session 对象的 Abandon 方法可以删除所有存储在 Session 中的对象并释放这些对象的源。如果未明确地调用 Abandon 方法，只有会话超时服务器才删除这些对象。

2. 数据信息的传递与共享

Session 和 Cookie(见任务二)都可以用于网页中信息的共享，但是后者仅在支持 Cookie 的浏览器中保留，如果客户关闭了 Cookie 选项或者用户的浏览器不能支持 Cookie，它们也就不能进行信息的传递与保持了，而一般的变量只在一个页面内有效。所以网站中除了使用 Session 和 Cookie 进行数据信息的共享外，还常常采用如下两种方法进行信息的传递与共享。

（1）利用 QueryString 来保持信息

只要在网页的链接中添加一个保存用户某种信息的变量，再在各个程序上进行相应处理，就可以进行信息传递，如：

【例 3-4】使用 QueryString 在网页中进行信息传递示例（3-4-1.asp）。

```
<HTML>
<HEAD><TITLE>QueryString 传参网页一</TITLE></HEAD>
<BODY>
<% name1="Tom"
   Response.Write(name1)
%>
<A href="3-4-2.asp?name2=<%=name1%>">点击这里</A>
</BODY>
</HTML>
```

这个脚本将 Tom 赋值给变量 name1，然后将 name1 赋值给 name2，通过 URL 查询字符串将 name2 传递给 3-4-2.asp，在 3-4-2.asp 中就可以使用 QueryString 接受 name2 的值，也可以继续通过参数将它的值传递给其他页面。

这个方法的优点是适用于任何浏览器。但是这样传递信息实在太麻烦了，所有的链接都要考虑到，每一个 ASP 都必须相应处理一下。同时因为是 GET 方式发送，所传送的数据信息会显示在地址栏上，变量的长度也有所限制，安全性没有保证。

（2）利用 Form 的 hidden 类型进行信息传递

如果确实需要传递大量信息而又不想选用 Session 变量，也可以利用表单中的 Hidden 类型表单对象（隐藏域）。如下例：

【例 3-5】使用 Form 的 hidden 类型对象在网页中进行信息传递示例（3-5-1.asp）。

```
<HTML>
<HEAD><TITLE> Form 传参网页一</TITLE></HEAD>
<BODY>
<% name1="Jack" %>
<FORM method="Post" action="3-5-2.asp">
<INPUT name="uname" type="hidden" value="<%=name1%>">
<INPUT type=submit value="再下一页">
</FORM>
</BODY>
</HTML>
```

这个主页包括一个表单。单击表单"提交"按钮后，就可将表单中一个隐含类型的表单对象 uname 的值（变量 name1）传递到下一个页面（3-5-2.asp）上，下一个页面（3-5-2.asp）使用 Request.Form 接收信息。还可以继续传递到下一个页面。

这两种方法实现起来都比较麻烦。但是，如果不能用 Cookies 和 Session 变量来传递信息也只能这样，而且这两种方法适用于任何浏览器。

技能训练

1. 编写一个 ASP 动态网页，通过使用 Application 对象和 Session 对象制作一个简单的能够防刷新的网页计数器（使用图片显示数字）。

2. 编写一个 ASP 动态网页，通过调用 Global.asa 文件及 Application 对象和 Session 对象的事件，在网页中显示在线人数及网站总访问量（使用图片显示数字）。

3. 仿照任务一，根据图 3-1-3 的流程图，制作一个简易聊天室。

思考与练习

1. 比较 Session 和 Application 对象的异同。

2. 理解 Global.asa 文件的意义及用法。

任务二　制作聊天室的用户登录注册系统

任务描述

多数聊天室都要求用户进行登录注册，所以聊天室往往使用数据库保存用户的个人信息。聊天室的内容既可以短时间保存，也可以存入数据库以便长时间保留。本任务在任务一的基础上加入用户登录注册系统，使用一个数据表保存用户个人信息，增加了显示在线人数的功能。用户还可以选择说话表情、字体颜色，可选择聊天对象，进行两人私聊，同时使用数据表保存用户聊天信息。

校园聊天室主页面如图 3-2-1 所示，聊天主框架窗口如图 3-2-2 所示。

图 3-2-1　"校园聊天室"主页面

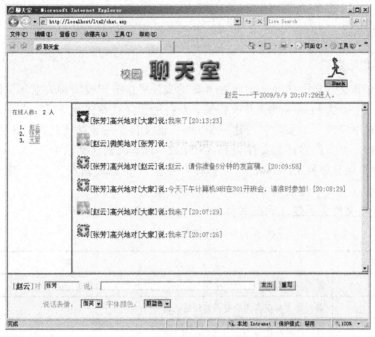

图 3-2-2　"校园聊天室"主框架窗口

任务分析

　　本任务是一个较为复杂的带有用户登录系统的实时聊天室，网站中使用一个用户登录系统的数据库，使用一个用户表保存用户个人信息，并且专门使用一个字段用于记录用户是否在线。

　　用户的头像、字体颜色、表情选择与聊天内容一起存入另一个聊天信息表。

　　系统流程图如图 3-2-3 所示。

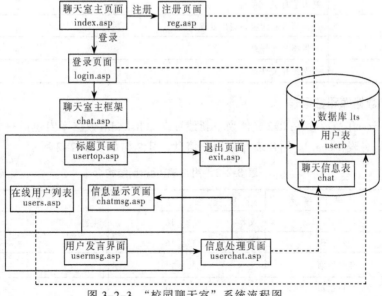

图 3-2-3　"校园聊天室"系统流程图

方法与步骤

1. 创建本地站点

① 在 F:\ASP 文件夹下建立一个名为 lts2 的文件夹作为"校园聊天室"文件夹，并在 lts2 文件夹下建立一个名为 images 的图片文件夹，专门用于存放各种准备好的头像，用户登录时可选择这个文件夹中任意一个头像。另建一个 image 的文件夹用于存放其他网站所需要图片。

② 启动 IIS，发布建立好的文件夹 F:\ASP\lts2，设置其默认文档为 index.asp。

③ 打开网页制作软件 Dreamweaver，选择"站点"→"新建站点"命令，建立一个名为"校园聊天室"的站点，其本地根文件夹为 F:\ASP\lts2。

④ 在站点根文件夹下建立动态网页文件，如表 3-2-1 所示。

表 3-2-1 "校园聊天室"文件说明

文　件　名	文　件　说　明
lts.mdb	聊天室数据库，包括一个用户表 userb 和一个聊天信息表 chat
index.asp	聊天室主页面，用户登录与注册入口
reg.asp	用户注册页面
login.asp	用户登录处理
error.asp	用户登录错误页面
chat.asp	聊天室主框架
usertop.asp	聊天室标题页面，显示标题及用户信息，用户退出
users.asp	显示在线用户列表，可用于选择聊天对象
usermsg.asp	用户发言界面，可选择聊天对象、文字颜色、发言表情
userchat.asp	聊天信息处理页面
chatmsg.asp	聊天信息显示页面
exit.asp	用户离开聊天室，退出处理页面
images	头像图片文件夹
image	网站图片文件夹

2. 建立数据库和数据表

启动 Microsoft Access，在 lts2 文件夹下新建数据库 lts.mdb，数据库内包括一个用户表（userb）和一个聊天信息表（chat）。用户表存放用户信息，其结构如表 3-2-2 所示。

表 3-2-2 用户表(userb)结构

字　段　名	字　段　描　述	字　段　类　型	字　段　长　度	备　　　注
username	用户名	文本	16	主键
userpword	用户密码	文本	16	—
usersex	用户性别	文本	1	—
useremail	用户邮箱	文本	50	—
online	用户是否在线	数字	—	默认值为 0，表示不在线，在线为 1

建立好数据表后，暂不输入数据，关闭数据库。

聊天信息表用于存放聊天用户名、聊天对象、用户头像、字体颜色、聊天内容等聊天信息，其结构如表 3-2-3 所示。

表 3-2-3　聊天信息表(chat)结构

字 段 名	字 段 描 述	字 段 类 型	字 段 长 度	备　　注
id	id 编号	自动编号	—	主键
username	用户名	文本	16	—
sayto	聊天对象	文本	16	—
userimg	用户头像	文本	50	—
usercolor	字体颜色	文本	16	—
userface	说话表情	文本	16	—
chat	聊天内容	文本	255	—
time1	发言时间	日期/时间	—	—

3.　制作聊天室主页面（index.asp）

① 打开 lts2 下的网页文件 index.asp，输入网页标题"聊天室主界面"，然后再设计如下表单，如图 3-2-4 所示，表单元素属性如表 3-2-4 所示。

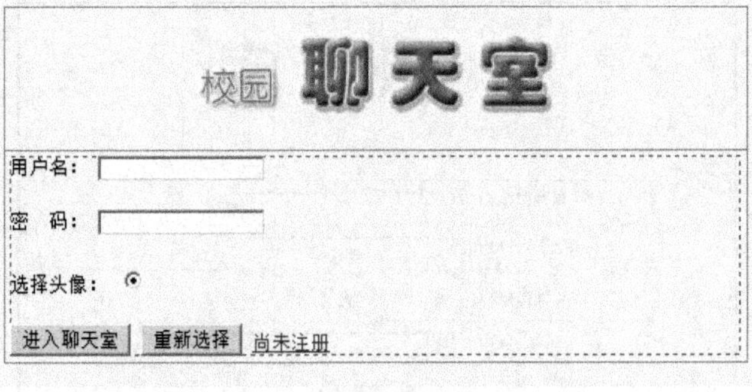

图 3-2-4　"校园聊天室"主页面表单

表 3-2-4　主页面表单元素属性设置表

标　签	名　称	类　型	属 性 设 置
用户名	username	文本域	初始值为：<% =Request.Cookies("username")%>
密码	userpword	密码域	—
选择头像	userimg	单选按钮	—
—	b1	提交表单按钮	值为"进入聊天室"
—	b2	重设表单按钮	值为"重新选择"

设置表单属性：方法——POST、动作——login.asp（用户登录处理文件）。

将"尚未注册"链接到用户注册页面——reg.asp。

② 任务一的头像是表单中直接添加好的图像，而本任务是将一个专门的头像文件夹（images）中的所有图像都自动（每行 5 个）显示在页面中。

设计好主页面的表单后，将文档窗口从设计视图切换到代码视图（或拆分视图），仔细查看页面的 HTML 程序代码后，找到"选择头像"后的单选按钮所对应代码：

```
<INPUT name="userimg" type="radio" value="" checked>
```

分别在此行代码前后添加如下 ASP 代码，并修改此单选按钮的 value 属性，添加修改后的代码如下：

```
<%
    dim fso,fld,f,i
    set fso=server.CreateObject("Scripting.filesystemobject")
    set fld=fso.getfolder(server.MapPath("images"))
%>
<% for each f in fld.files %>
    <% if i mod 5=0 then Response.Write("</P><P align=center>") %>
    <INPUT name="userimg" type="radio" value=<%="images/" & f.name%> checked>
    <IMG src=<%="images/" & f.name%> width="60" height="60">
    <% i=i+1 %>
<% next %>
```

这里使用了一个"文件访问组件"来完成对指定文件夹中文件的访问与显示。

4. 制作聊天室用户注册页面（reg.asp）

（1）设计表单

打开用户注册页面 reg.asp，设计如下表单，如图 3-2-5 所示。

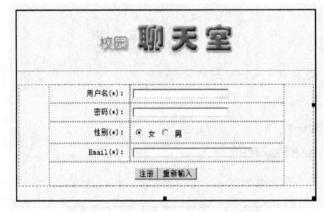

图 3-2-5 "校园聊天室"用户注册表单

注册页面中表单各元素属性设置如表 3-2-5 所示。

表 3-2-5 主页面表单元素属性设置表

标 签	名 称	类 型	属 性 设 置
用户名	username	文本域	—
密码	userpword	密码域	—
性别	usersex	单选按钮	2 个单选按钮，名称均为 usersex，其选定值分别为"男"、"女"
Email	useremail	文本域	—
—	reg	提交表单按钮	值为"注册"
—	reset	重设表单按钮	值为"重新输入"

设置表单属性：方法——POST、动作——reg.asp（提交表单数据给本文件）。

（2）对用户注册表单进行验证

在 Dreamweaver 中单击"窗口"→"行为"，显示"行为"面板。

单击"注册"按钮，选择"行为"面板中"添加行为"→"检查表单"，其对话框如图 3-2-6 所示。

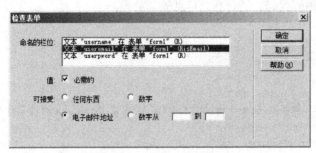

图 3-2-6 "检查表单"对话框

设置用户名和密码为必需的，Email 为必需的电子邮件地址。

（3）将注册用户信息写入数据表

切换到代码视图，在文档的起始处（<HTML>前）加入如下代码：

```
<%
if Request("reg")<>empty then
  username=Request("username")
  userpword=Request("userpword")
  usersex=Request("usersex")
  useremail=Request("useremail")
  '将用户名写入 session 和 Cookies 并设定 Cookies 的过期时间
  session("username")=username
  Response.Cookies("username")=Session("username")
  Response.Cookies("username").expires=#2030-1-1#
  '使用 Connection 对象连接数据库 lts.mdb
  Set conn=Server.CreateObject("ADODB.connection")
  conn.ConnectionString="driver={Microsoft Access driver (*.mdb)};" & "DBQ=
" & Server.MapPath("lts.mdb")
  conn.Open
  '查找用户名是否已存在
  s="select * from userb where username='"&username&"'"
  set rs=conn.execute(s)
  '如果用户名不存在则将新注册的用户名及相应信息存入数据表 userb，注册成功
  if rs.bof or rs.eof then
    s1="insert into userb(username,userpword,usersex,useremail) values ('"
& username &"','" & userpword &"','" & usersex &"','" & useremail &"')"
    conn.execute s1
  '注册成功后返回主页面进行登录
    response.Redirect("index.asp")
  else
    response.Write("对不起，本用户名已存在，请重新注册！")
```

```
      end if
conn.close
end if
%>
```

5. 设计聊天室用户登录处理文件（login.asp）

① 为 login.asp 编写代码，进行登录信息验证处理。

```
<%
'接收用户登录信息
username=Request("username")
userpword=Request("userpword")
userimg=Request("userimg")
'将用户名及选择头像写入 session 和 Cookies 并设定 Cookies 的过期时间
Session("username")=username
Session("userimg")=userimg
Response.Cookies("username")=Session("username")
Response.Cookies("username").expires=#2030-1-1#
if username<>"" and userpword<>"" then
  '使用 Connection 对象连接数据库
  Set conn=Server.CreateObject("ADODB.connection")
  conn.ConnectionString="driver={Microsoft  Access  driver  (*.mdb)};"  &
"DBQ=" & Server.MapPath("lts.mdb")
  conn.Open
  '在数据表中查找用户名和密码都相符的用户
  s="select * from userb where username='"&username&"' and userpword='"&user-
pword&"'"
  set rs=conn.execute(s)
  '如果找到符合条件的用户且未在线则将数据表中的 "online（是否在线）" 字段值设为 1，表示
用户在线
  if not rs.eof then
    if rs("online")=0 then
      s1="update userb set online=1 where username='"&username&"' and userp-
word='"&userpword&"'"
      conn.execute s1
      '将用户初始化聊天信息 "大家好，我来了" 存入聊天信息表
      s2="insert into chat(username,sayto,userimg,usercolor,userface,chat,
time1) values ('" & session("username") &"','大家','" & session("userimg")
&"','red','高兴地','大家好,我来了','" & time() &"')"
      conn.execute s2
      conn.close
      '用户登录信息验证处理完毕，转入聊天室主界面——chat.asp
      response.Redirect("chat.asp")
    end if
  end if
end if
'如用户登录信息不符或用户已在线，进入错误界面——error.asp
response.Redirect("error.asp")
%>
```

② 设计错误界面——error.asp，如图 3-2-7 所示。

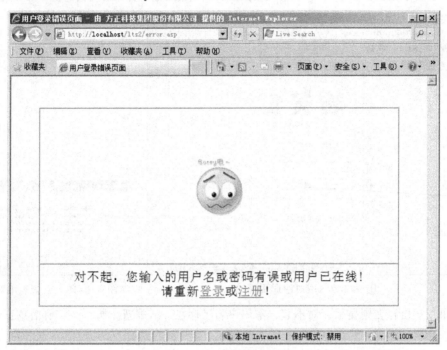

图 3-2-7 用户登录错误页面

6. 运行与调试

运行 index.asp 文件，出现如图 3-2-8 所示页面。

图 3-2-8 "校园聊天室"主页面

① 单击"尚未注册"按钮，进入注册页面 reg.asp，如图 3-2-9 所示，如果必填信息未填

写或不符合要求则弹出如图 3-2-10 所示的对话框，提示用户填写正确信息。

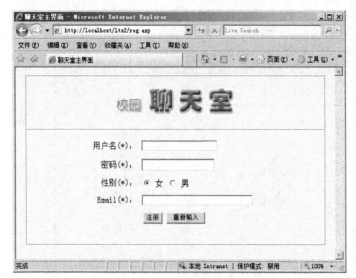

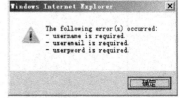

图 3-2-9　用户注册页面　　　　　　图 3-2-10　检查表单对话框

如果用户已存在则显示"对不起，本用户名已存在，请重新注册！"。注册信息正确后存入数据表并会自动转到"聊天室"主页面进行登录。

② 在主页面中输入用户名、密码并选择喜爱的头像后，单击"进入聊天室"按钮，如果用户信息正确则登录成功，进入聊天室主框架——chat.asp，如图 3-2-11 所示。

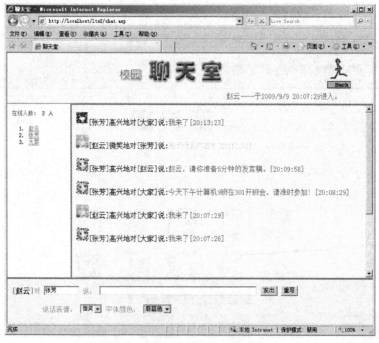

图 3-2-11　校园聊天室主框架

如果用户信息不正确或用户已在线，自动进入错误页面，如图 3-2-7 所示，要求用户重新登录或注册。

相关知识

1. 使用 Connection 对象

（1）Connection 对象的创建与释放

① 创建 Connection 对象

【语法】Set　Connection 对象名=Server. CreateObject（"ADODB.Connection"）

例：`<% Set conn = Server.CreateObject("ADODB.Connection") %>`

② 释放对象

【语法】Set　Connection 对象名=Nothing

【说明】将 Connection 对象完全从内存中删除。

例：`<% Set conn = Nothing %>`

（2）指定连接字符串——ConnectionString 属性

ConnectionString 属性用于描述数据库的连接方式。该属性的取值是一个字符串，说明建立数据库连接的信息，通常称为连接字符串。它包含一系列的"参数=值"语句，各个语句用分号分隔。

通过 ConnectionString 属性指定连接字符串后，再通过执行 Connection 对象的 Open 方法完成对数据库的连接。

通过不同的数据库驱动程序对 Access 数据库进行连接，其连接字符串也有所不同。

① 创建系统数据源，将连接信息保存在 Windows 注册表中

打开"ODBC 数据源管理器"，选择"系统 DSN"选项卡，单击"添加"按钮，选择"Microsoft Access Driver（*.mdb）"，指定数据源名称（如 sjy），选择要连接的数据库文件（user.mdb），单击"确定"按钮即可完成系统数据源的创建，其连接信息保存在 Windows 注册表中。

在网页中可通过如下代码连接创建的 ODBC 数据源（如单元二中 index.asp 文件）。

```
<%
Set conn=Server.CreateObject（"ADODB.Connection"）
conn.ConnectionString = "DSN=sjk"
conn.Open
%>
```

② 将连接信息保存在字符串中，直接在 ASP 脚本中引用

不设置数据源，直接使用连接字符串连接 Access 数据库。DRIVER 参数指定所使用的 ODBC 驱动程序，DBQ 参数指定要连接的 Access 数据库。

其连接代码如下（如本任务中的 index.asp、reg.asp）：

```
<%
Set conn=Server.CreateObject("ADODB.connection")
conn.ConnectionString="driver={Microsoft Access driver (*.mdb)};" & "DBQ="
& Server.MapPath("lts.mdb")
conn.Open
%>
```

③ 对 Access 数据库创建 OLE DB 连接

比较常用的数据库驱动程序除了 ODBC 之外，还有 OLE DB 驱动程序。OLE DB 驱动程序是比 ODBC 驱动程序更先进的驱动程序，执行效率也更高。不需要进行数据源的设置，直接将连

接信息保存在连接字符串中（见单元五）。

```
<%
Set conn = Server.CreateObject ("ADODB.Connection")
conn.ConnectionString = "PROVIDER=Microsoft.Jet.OLEDB.4.0; DATA SOURCE="
& server. MapPath (" lts.mdb ")
conn.Open
%>
```

其中，连接字符串包含 PROVIDER 和 DATA SOURCE 两个参数。

- PROVIDER：指定连接数据库所使用驱动程序，如 Microsoft.Jet.OLEDB.4.0 是 Access 数据库所对应的参数，数据库不同参数不同。
- DATA SOURCE：指定要连接的 Access 数据库，一般通过调用 Server.MapPath 方法指定该数据库的路径。

（3）打开数据库连接——Open 方法

【语法】Connection 对象名.Open [连接字符串]

【说明】如果已用 Connection 对象的 ConnectionString 属性设定了连接字符串，Open 方法后的参数可省略。

（4）执行 SQL 语句——Execute 方法

【语法】Connection 对象名.Execute SQL 串[, 要查询的记录数]

【说明】该方法可以执行 SQL 语句，并且可以返回一个 Recordset 对象。

```
<%
  '创建一个 Connection 对象
  Set conn=Server.CreateObject("ADODB.connection")
  '创建一个 Connection 连接字符串, 连接数据库 lts.mdb
  conn.ConnectionString="driver={Microsoft Access driver (*.mdb)};" & "DBQ=
" & Server.MapPath("lts.mdb")
  '打开数据库连接
  conn.Open
  '执行一个 SQL 语句, 查找用户名否已存在, 查询结果返回一个 Recordset 记录集 rs
  s="select * from userb where username='"&username&"'"
  set rs=conn.execute(s)
  '如果 rs.bof (文件头) 或 rs.eof (文件尾), 说明用户名不存在则将新注册的用户名及相应信
息存入数据表 userb, 注册成功
  if rs.bof or rs.eof then
    ...                            '进行注册
  else
'用户名存在则需要重新注册
      response.Write("对不起, 本用户名已存在, 请重新注册! ")
  end if
'关闭数据库连接
conn.close
%>
```

（5）Connection 对象常见的属性和方法

如表 3-2-6、表 3-2-7 所示。

表 3-2-6 Connection 对象的属性

属 性	说 明
ConnectionString	描述数据库的连接方式
ConnectionTimeout	设置连接超时周期（打开时只读，关闭时读写），单位为秒，默认值 15 秒，如果将该属性设置为 0，ADO 将无限等待直到连接打开
CommandTimeout	设置执行 Execute 方法的超时时间，以秒为单位，默认值为 30 秒
State	返回数据库的连接状态（打开 1 或者关闭 0），只读属性

表 3-2-7 Connection 对象的方法

方 法	说 明
Open	打开一个数据库的连接
Execute	用于执行操作数据库命令，即对表进行 SQL 查询等操作，所以它的参数往往是标准的 SQL 语句
Close	关闭一个数据库连接，并非从内存中删除，关闭后也可更改它的属性设置并可在以后再次使用 Open 方法打开

2. SQL 语句

（1）修改记录（UPDATE）

【格式】`UPDATE 表名 SET 字段1=值1, 字段2=值2… [WHERE 条件]`

【作用】修改指定的一条或多条记录。

【说明】

- 可以修改一个记录，也可以修改多个记录，主要决定于 WHERE 条件。若未指定条件，则修改所有的记录。
- 可以修改多个字段，也可以修改部分字段，中间用 "，" 隔开。

例：`UPDATE cjb SET 数学=60 WHERE 数学<60`

将成绩表中所有小于 60 分的数学成绩全部改为 60 分。

（2）删除记录（DELETE）

【格式】`DELETE FROM 数据表名 [WHERE 条件]`

【作用】删除满足条件的所有记录。

【说明】WHERE 后的条件为删除记录的条件。如果省略条件，将删除所有记录。

例：`DELETE FROM cjb WHERE 数学<60` 删除成绩表中所有数学成绩不及格的记录。

3. 使用 Cookie

Cookie 是一个 WWW 服务器在客户端硬盘上创建的文件，它通常存放在 IE 的临时文件夹（Temporary Internet Files）中，用于保存标记用户身份和相关信息，如用户在网站上注册的名字、最后一次访问网站的时间等。

Cookie 其实就是一个标记，当用户访问一个 Web 站点时，它会在用户的硬盘上留下一个标记，下一次访问同一个站点时，站点的页面会查找这个标记。每个 Web 站点都有自己的标记，标记的内容可随时读取，但只能由该站点的页面完成。一个 Cookie 就是一个唯一标记客户的标记，Cookie 可以包含在一个对话期或几个对话期之间保存某个 Web 站点所有页面的共享信息，

使用 Cookie 还可以在页面之间交换信息。这项功能经常在要求认证客户密码以及电子公告板、聊天室等 ASP 程序中使用。

要从 Cookie 读取数据，首先必须要创建 Cookie（写 Cookie）。设置 Cookie 由 Response 对象的 Cookies 集合完成，读取 Cookie 则使用 Request.Cookies。

（1）设置 Cookie

Response 对象只有一个集合——Cookies，Cookies 数据集合允许将数据设置在客户端的浏览器中。若指定的 Cookie 不存在，则创建它。若存在，则自动更新数据。

【语法】 `Response.Cookies(Cookie名)[(Key)|.Attribute]=值`

【参数】

- Cookie 名：指定 Cookie 的名称。
- key：可选参数，用于从 Cookie 字典（即多个内容的集合）中查询子关键字的值。
- Attribute：用于指定 Cookie 自身的有关信息。其可选值如表 3-2-8 所示。

表 3-2-8 Attribute 属性

属　　性	读/写	说　　　　　　明
Domain	只写	指明这个 Cookie 只送往该域
Expires	只写	该 Cookie 过期的日期。比如，"July 4,1998"。如果该属性没有指明，则此 Cookie 会在用户离开该 Web 站点后立即过期。若此项属性的设置未超过当前日期，则在任务结束后 Cookie 将到期
HasKeys	只读	指定 Cookie 是否包含关键字。该 Cookie 是否是 Cookie 字典的一员，具有值 True 或 False
Path	只写	指明该 Cookie 只被送往该路径。如果未设置该属性，则使用应用程序的路径
Secure	只写	指明该 Cookie 是否是加密的，具有值 True 或 False

单值 Cookie，不需要指定关键字 Key，如下面代码中的 nums；如果指定了 Cookie 的关键字 Key，则创建一个 Cookie 字典，如下面代码中的 myCooike。

```
<%
Response.Cookies("nums") = 100
Response.Cookies("myCookie")("ID") ="1001"
Response.Cookies("myCookie")("age") =23
%>
```

在 reg.asp 文件中，username 是一个单值 Cookie 变量，其过期时间为 2030-1-1。

```
<%
'将 Session("username")的值写入 Cookie 变量 username
Response.Cookies("username")=Session("username")
'设置 Cookie 变量 username 过期时间
Response.Cookies("username").expires=#2030-1-1#
%>
```

由于 Cookie 是作为 HTTP 传输的一部分发送给客户端的，所以设置 Cookie 的代码必须放在 <HTML> 标记的前面。

（2）读取 Cookie

读取 Cookie 使用 Request 对象的集合 Cookies。Request.Cookies 集合允许用户检索在 HTTP

请求中发送的 Cookie 的值。

【语法】`Requeste.Cookies(Cookie 名)[(Key)|.Attribute]`

【参数】与 Response 的 Cookies 集合相同。

使用 Request 对象读取 Cookie 非常简单，直接读取即可。如上例中的 nums，直接使用<% n=Request.Cookie（"nums"）%> 即可得到 nums 的值并赋值给变量 n。

对于 Cookie 字典，如上例中的 myCookie，可以依次读取每一个 Cookie 的值，如用<% n1=Request.Cookies("myCookie")("ID") %>取得其中一个关键字 ID 的值。也可用循环遍历 Cookies 字典中所有关键字的方法取得所有 Cookie 的值。

如果 myCookie 是一个 Cookie 字典，则 Request.Cookies("myCookie").HasKeys 的值为 True，否则为 False。下面代码为遍历输出所有 Cookie 的值。

```
<%
'遍历读出并输出每一个 Cookie 的值
 For Each cook In Request.Cookies
'如果不是 Cookie 字典，其 Haskeys 值为 False
 If not Request.Cookies(cook).haskeys Then
    Response.Write (cook & "=" & Request.Cookies(cook)& "<BR>")
    '否则，其 Haskeys 值为 True，则是 Cookie 字典
Else
  For Each key In Request.Cookies(cook)
    Response.Write(cook &"("&key&")=" & Request.Cookies(cook)(key) & "<BR>")
  Next
 End If
Next
%>
```

拓展与提高

1. Server 对象

（1）设置网页脚本有效时间——ScriptTimeout 属性

【功能】ScriptTimeout 是 Server 的唯一属性，用于确定一个脚本在结束前最多允许执行的时间，表示超时时间值，在脚本运行超过这一时间之后作超时处理。

【语法】`Server.ScriptTimeout = seconds`

【参数】seconds 为秒数，如果不对它进行设置，默认为 90 秒且最小值为 90 秒。如果设置小于 90，则以 90 秒为准。如果将其设置为-1，则永远不会超时。该语句要放在所有 ASP 执行语句之前，否则不起作用。

提 示

可以在 Internet 信息服务管理单元的"应用程序配置"对话框（见图 3-1-13）来设置这个默认值。ASP 文件中的 ScriptTimeout 属性不能设置为小于这个值。

（2）Server 对象的其他方法

Server 对象常用的方法如表 3-2-9 所示。

表 3-2-9　Server 对象的方法

方　　法	描　　　　　述
MapPath	将指定的虚拟路径，无论是当前服务器上的绝对路径，还是当前页的相对路径，映射为物理路径
CreateObject	创建服务器组件的实例
Execute	调用一个 ASP 文件
Transfer	将当前所有的状态信息发送给另一个 ASP 文件处理
HTMLEncode	将 HTML 编码应用到指定的字符串
URLEncode	将 URL 编码规则，包括转义字符，应用到字符串

2. 文件访问组件

在 ASP 页面中，可以使用文件访问组件（File Access）来访问计算机的文件系统，即通过该组件创建 FileSystemObject 对象，再通过该对象的方法、属性和集合来访问文件。

文件访问组件（File Access）是一个功能较强大的 ASP 组件，提供文件的输入输出访问控制。该组件由 FileSystemObject 对象和 TextStream 对象组成。使用 FileSystemObject 对象，可以建立、检索、删除目录及文件，而 TextStream 对象则提供读写文件的功能。

在此只针对任务中的实例介绍文件访问组件对文件夹的相关操作。

（1）创建 FileSystemObject 对象

【语法】Set 对象名= Server.CreateObject("Scripting.FileSystemObject")

例：<% Set fso = Server.CreateObject("Scripting.FileSystemObject") %>

创建了一个 FileSystemObject 对象，名为 fso。

注　意

以下操作都是在创建 FileSystemObject 对象后进行的，且变量名称为 fso。

（2）使用 FileSystemObject 对象操作文件夹

操作文件夹需要先创建一个 FileSystemObject 对象，再利用 FileSystemObject 对象对文件夹进行操作，也可以利用 FileSystemObject 对象的 GetFolder 方法返回文件夹对象（Folder 对象），利用文件夹对象对文件夹进行操作。

FileSystemObject 对象（fso）进行文件夹操作的常用方法如表 3-2-10 所示。

表 3-2-10　FileSystemObject 对象进行文件夹操作的常用方法

方　　法	描　　　　　述
GetFolder	创建文件夹对象
CreateFolder	建立指定文件夹
DeleteFolder	删除指定文件夹
MoveFolder	移动指定文件夹
CopyFolder	复制指定文件夹

例：<% set fld=fso.getfolder(server.MapPath("images")) %>

建立一个文件夹对象 fld，获取"images"文件夹相关信息。

（3）使用 Folder 对象操作文件夹

使用 Folder 对象操作文件夹常用的属性和方法见表 3-2-11。

表 3-2-11　Folder 对象的常见属性和方法

方法/属性	描　　述
Copy 方法	将指定的文件夹从原位置复制到另一位置
Move 方法	将指定的文件夹从原位置移动到另一位置
Delete 方法	删除指定的文件夹及其所有内容
Files 属性	返回由指定文件夹中所有 File 对象（包括隐藏文件和系统文件）组成的 Files 集合
IsRootFolder 属性	检查指定的文件夹是不是根文件夹，如果是根文件夹，则返回 True；否则返回 False
Name 属性	设置或返回指定的文件夹的名称
ParentFolder 属性	返回指定文件夹的父文件夹
Size 属性	返回指定文件夹中所有文件和子文件夹的字节数
SubFolders 属性	返回指定文件夹中所有子文件夹（包括隐藏文件夹和系统文件夹）组成的 Folders 集合

例：fld.files（fld 为一个文件夹对象）返回指定文件夹中的所有文件集合。

【例 3-6】新建文件 3-6.asp，输入以下代码，运行文件，网页中显示当前路径 images 文件夹下的图片。

```
<%
 '使用 CreateObject 方法创建 FileSystemObject 对象 fso
 set fso=server.CreateObject("Scripting.filesystemobject")
 '建立一个文件夹对象 fld，获取"images"文件夹相关信息。
set fld=fso.getfolder(server.MapPath("images"))
%>
<% for each f in fld.files %>
  <IMG src=<%="images/" & f.name%> width="60" height="60">
<% next %>
```

在"校园聊天室"的 index.asp 文件中使用了如下代码：

```
<%
 dim fso,fld,f,i
 '使用 CreateObject 方法创建 FileSystemObject 对象 fso
set fso=server.CreateObject("Scripting.filesystemobject")
 set fld=fso.getfolder(server.MapPath("images"))
%>
<% for each f in fld.files %>
  <% if i mod 5=0 then Response.Write("</P><P align=center>") %>
  <INPUT name="userimg" type="radio" value=<%="images/" & f.name%> checked>
  <IMG src=<%="images/" & f.name%> width="60" height="60">
  <% i=i+1 %>
<% next %>
```

本例中使用文件访问组件完成了对"images"文件夹的访问，通过循环在页面上以每行 5 个的形式依次显示文件夹内的图片，对应每一个图片文件有一个单选按钮，其值为图片的路径，如图 3-2-12 所示。

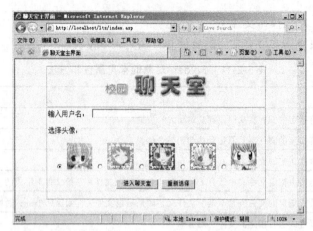

图 3-2-12 使用"文件访问组件"遍历显示文件夹内的图片

技能训练

1. 使用已设计好的"校友录"数据库，编写一个网页文件，分别使用 3 种方式连接数据库（系统 DSN、ODBC、OLE DB）。

2. 在一个文件夹下放入 10 个图片文件和 10 个网页文件，编写一个动态网页，可以自动生成这个文件夹下的所有文件的链接（每行 5 个），单击则链接到相应的网页或图片文件。

3. 使用已设计好的"校友录"数据库，编写一个聊天室登录注册系统，新用户在聊天室登录页面中输入姓名、Email、账号和密码等信息，单击"提交"按钮，将数据写入数据库。当用户登录时，由后台应用程序验证用户的账号和密码，如果正确则允许登录，如果不正确则拒绝登录。除第一次登录外，以后每次登录均能在用户名文本域中显示上一次登录用户名，并在普通用户网页中显示已访问次数（使用 Cookie）。

4. 使用 ASP 动态页面完成数据库中记录的删除：在一个表单页面中输入要删除的用户账号，提交后直接删除数据表中的记录。

5. 使用 ASP 动态页面完成数据库中记录的修改：在一个表单页面中输入要修改的用户账号，提交后根据需要修改数据表中的数据。

思考与练习

1. 简述 Cookie 集合的功能及意义。
2. 使用 Connection 对象连接 Access 数据库常见的有哪几种方法？
3. 能够掌握常见的 SQL 语句的语法格式与应用。

任务三　制作聊天室主框架

任务描述

本聊天室（见图 3-3-1）是在任务一的基础上进一步深化完成的，聊天内容不再存储于 Application 变量中，而是存入聊天信息表中。同时增加了如下功能：

① 用户可以选择说话表情、字体颜色。

② 增加了显示在线人数的功能。

③ 用户可选择聊天对象，进行公共聊天或两人私聊。

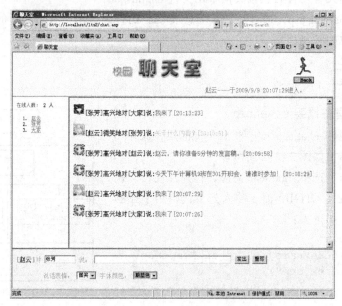

图 3-3-1　校园聊天室主框架

任务分析

（1）表情和字体颜色的选择

用户说话表情和字体颜色使用下拉菜单来进行设置，当用户发言后将相关信息一并存入聊天信息表 chat 中。

（2）在线人数的统计与显示

本任务是一个带有用户登录系统的实时聊天室，网站中有一个用户表（userb）用于保存用户个人信息，在数据表中专门设计一个字段 online 用于记录用户是否在线，其默认值为 0，表示用户是否在线，用户在线后，将其值修改为 1，用户退出后，其值重新设为 0。

在线人数只要统计数据表 userb 中 online 值为 1 的用户数目即可，同时也可通过查询语句在网页中显示所有在线人数。

（3）两人私聊的实现

为网页上显示的在线用户加入相应链接，以供用户选择聊天对象，通过聊天内容的显示控制，可以在每个用户聊天的网页只显示所有公共聊天内容及他的私聊内容。

聊天室主框架文件为 chat.asp，这个框架集包括 4 个子框架：

● 上部：usertop.asp，用于显示登录者的姓名、选择头像、进入时间等信息，还包括聊天室"退出"控制。

● 中左部：users.asp，显示当前在线的人数及聊天者名单，并设置链接供用户选择私聊对象。

- 下部：usermsg.asp，聊天者发言表单，可显示聊天对象（默认为大家）、说话表情、字体颜色并输入聊天信息，信息提交给 userchat.asp 文件并存入聊天信息表。userchat.asp 文件接收完聊天者发言后直接转向输出文件 chatmsg.asp。
- 中右部：chatmsg.asp，通过对聊天信息表 chat 的查询显示所有聊天者的公共聊天信息及给当前用户的私聊信息。

方法与步骤

1. 设计聊天室主框架（chat.asp）

设计主框架文件 chat.asp，包含 4 个子框架，保存 5 个文件，其框架结构如图 3-3-2 所示。

单击框架边框，选中 chat.asp 文件，打开"代码"视图，在文件开始处（<HTML>前）插入如下代码用于控制必须是注册用户才能进入：

```
<%
if session("username")="" then Response.
Redirect("index.asp")
%>
```

图 3-3-2 "聊天室"主框架

技巧

由于用户登录时将用户名记入 Session 变量，所以在网页起始处加入此行代码，如果用户未登录直接在地址栏或链接方式进入网页文件，则会执行此行代码并重新定向于登录注册文件 index.asp。这是比较简单常用的防止未登录者进入网站的设计方法。

2. 设计聊天室标题页面（usertop.asp）

参照图 3-3-3 设计页面，在表格下方单元格相应位置输入如下代码：

`<%=session("username")%>----于<%=now()%>进入。`

图 3-3-3 "聊天室"标题页面

3. 设计聊天室在线用户列表页面（users.asp）

主要代码如下：

```
<!-clickfunc(user)函数用于将选择的聊天对象显示在框架底部文件（top.bottom）表单（form1）的文本域（sayto）中-->
<SCRIPT language="VBScript">
<!--
sub clickfunc(user)
   top.bottom.form1.sayto.value=user
end sub
-->
```

```
</SCRIPT>
<HTML><HEAD>
<TITLE>用户信息</TITLE>
<!--页面每5秒自动刷新-->
<META http-equiv="refresh" content="5">
</HEAD>
<BODY >
<%
'连接数据库
set conn=server.createobject("ADODB.connection")
conn.ConnectionString="driver={Microsoft Access driver (*.mdb)};" & "DBQ="
& Server.MapPath("lts.mdb")
conn.open
set rs=server.createobject("ADODB.recordset")
s="select * from userb where online=1"
rs.open s,conn,3,1
%>
在线人数: <% =rs.recordcount %>人<BR>
<%
'以列表方式循环显示在线用户列表并设置链接调用clickfunc(user)函数
Response.Write("<OL type='1'>")
while not rs.eof
  Response.Write "<li>"& "<a href=# onclick=clickfunc('"& rs("username")
&"')>" & rs("username") & "</a></li>"
  rs.movenext
wend
rs.close
conn.close
%>
<LI><A href=# onClick="clickfunc('大家')">大家</A></LI>
</OL>
</BODY>
</HTML>
```

【程序分析】

① 列表显示数据库中所有在线用户。

```
Response.Write "<li>"& rs("username") & "</li>"
```

② 为每个在线用户加入一个空链接，当单击该链接时调用 clickfunc 函数将该用户名传递给函数：

```
Response.Write "<li>"& "<a href=# onclick=clickfunc('"& rs("username")
&"')>" & rs("username") & "</a></li>"
```

③ clickfunc(user)函数用于将选择的聊天对象（用户名）显示在框架底部文件（top.bottom）表单（form1）的文本域（sayto）中：

```
<SCRIPT language="VBScript">
<!--
sub clickfunc(user)
   top.bottom.form1.sayto.value=user
end sub
-->
</SCRIPT>
```

4. 设计聊天室发言页面（usermsg.asp）

本文件位于 chat.asp 文件下部，主要是一个用于聊天的表单。

① 在网页文件中插入表单，如图 3-3-4 所示进行表单设计，表单元素属性设置如表 3-3-1 所示。

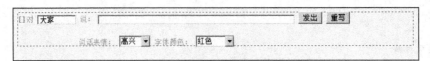

图 3-3-4　聊天室发言表单

表 3-3-1　聊天表单元素属性设置表

标　签	名　称	类　型	属性设置	说　明
—	sayto	文本域	初始值"大家"	显示聊天对象，默认为"大家"
—	chat	文本域	—	用于输入聊天信息
说话表情	userfacd	菜单	列表值为各种表情	说话表情选择，默认为"高兴"
字体颜色	usercolor	菜单	列表值为各种颜色	字体颜色选择，默认为"红色"
—	b1	普通按钮	值为"发出"	调用 b1_onclick 函数，清空文本域 chat
—	b2	重设表单按钮	值为"重写"	—

其中说话表情与字体颜色两个下拉菜单对应代码如下。

说话表情：

```
<SELECT name="userface">
  <OPTION value="高兴地">高兴</OPTION>
  <OPTION value="微笑地">微笑</OPTION>
  <OPTION value="害羞地">害羞</OPTION>
  <OPTION value="伤心地">伤心</OPTION>
  <OPTION value="郁闷地">郁闷</OPTION>
  <OPTION value="生气地">生气</OPTION>
  <OPTION value="惊讶地">惊讶</OPTION>
  <OPTION value="傲慢地">傲慢</OPTION>
</SELECT>
```

字体颜色：

```
<SELECT name="usercolor">
  <OPTION value="red" style="background:red" selected>红色</OPTION>
  <OPTION value="green" style="background:green">绿色</OPTION>
  <OPTION value="blue" style="background:blue">蓝色</OPTION>
  <OPTION value="orange" style="background:orange">橙色</OPTION>
  <OPTION value="brown" style="background:brown" >棕色</OPTION>
  <OPTION value="pink" style="background:pink" >粉红色</OPTION>
  <OPTION value="lime" style="background:lime">嫩绿色</OPTION>
  <OPTION value="plum" style="background:plum" >紫红色</OPTION>
  <OPTION value="cyan" style="background:cyan">蔚蓝色</OPTION>
</SELECT>
```

② 设置表单属性，表单名称为 form1，动作为 userchat.asp（接收聊天信息并处理），方法为 POST，目标为中右部框 rmiddle。

③ 在文件头部插入 VBScript 代码用于提交表单并清空文本域。

```
<SCRIPT language="vbScript">
<!--单击 b1 按钮清空发言文本域 chatmsg-->
Sub b1_onClick()
    form1.submit
    form1.chatmsg.value=""
End sub
</SCRIPT>
```

5. 聊天信息处理界面 userchat.asp 文件

```
<%
'接收聊天信息
sayto=Request("sayto")
chat=Request("chat")
userface=Request("userface")
usercolor=Request("usercolor")
if chat<>"" then
    '使用 Connection 对象连接数据库
    Set conn=Server.CreateObject("ADODB.connection")
    conn.ConnectionString="driver={Microsoft Access driver (*.mdb)};" & "DBQ=
" & Server.MapPath("lts.mdb")
    conn.Open
    '将聊天信息存入数据表 chat
s2="insert into chat(username,sayto,userimg,usercolor,userface,chat,time1)
values ('" & session("username") &"','"& sayto &"','" & session("userimg")
&"','"& usercolor &"','"& userface &"','"& chat &"','" & time() &"')"
    conn.execute s2
    conn.close
end if
response.Redirect("chatmsg.asp")
%>
```

6. 聊天信息显示页面（chatmsg.asp）

本文件位于 chat.asp 文件中右部，其主要功能为显示存于聊天信息表中的聊天内容。代码如下：

```
<HTML>
<HEAD>
<TITLE>聊天室主窗口</TITLE>
<META http-equiv="refresh" content="5,url=chatmsg.asp">
</HEAD>
<BODY bgcolor="snow" text="#000000">
<%
set conn=server.createobject("ADODB.connection")
conn.ConnectionString="driver={Microsoft Access driver (*.mdb)};" & "DBQ="
& Server.MapPath("lts.mdb")
conn.open
set rs=server.createobject("ADODB.recordset")
'只查询用户本人所发布信息及其他聊天者给用户本人的信息(前100条)
rs.open "select top 100 *  from chat where sayto='大家' or username='"& session
("username") &"' or sayto='"&session("username")&"' order by id desc",conn
'将信息循环输出
while not rs.eof
response.write "<img src='"&rs("userimg")&"' width=30 height=30>" & "[" &
```

```
rs("username") & "]" & rs("userface") & "对" & "[" & rs("sayto") & "]" & "
说:<font color='" & rs("usercolor")&"'>"  & rs("chat") & "["& rs("time1") &
"]" & "</font>"
response.Write("<br>")
rs.movenext
wend
rs.close
conn.close
%>
</BODY>
</HTML>
```

 相关知识

创建和访问记录集——Recordset 对象

记录集对象 Recordset 是 ADO 组件非常重要的一个对象，也是使用最为普遍的对象。Connection 对象和 Command 对象 Execute 方法中的 SQL 语句为 SELECT 语句时，将对数据库进行一次查询，返回结果是符合选择条件的一组记录。如果将这个结果赋给一个记录集对象（Recordset）实例，就可以使用 Recordset 对象的方法来访问记录集中的记录了。

Recordset 对象表示的是来自基本表或命令执行结果的记录全集，通过该对象几乎可以对所有数据进行浏览、追加、更新、删除、分页显示记录等操作。

（1）创建 Recordset 对象

① 用 Connection 对象的 Execute 方法返回记录集。例：

```
<%
'先创建一个 Connection 对象 conn
Set  conn=Server. CreateObject("ADODB.Connection")
    conn.Open "DSN=sjy"         '使用 conn 与数据源相连
    SQL="SELECT * FROM xsb"      '写出 SQL 执行串
'通过 conn 的 Execute 方法执行 SQL 的查询语句，返回一个记录集，赋值给 rs 对象
Set  rs=conn.Execute (SQL)
'下面可以通过 Recordset 对象对检索到的记录进行操作
%>
```

虽然 Connection 对象可以连接数据库，也可以通过 Execute 方法执行插入、删除、更新等操作。但查询后获得的记录集，却必须通过 Recordset 对象才能对其进行访问。如上例，就将 Connection 对象执行 Execute 方法的结果赋给了一个 Recordset 对象实例 rs，通过它访问符合条件的记录集。

这种方式下得到的 Recordset 对象实例 rs 是以只读的方式创建的。它有很多限制，比如只能向前移动访问记录集，无法跟踪数据库的变化等。所以为了能够更灵活地操作记录集，往往需要直接创建 Recordset 的记录集对象。

② 先直接创建 Recordset 对象，再用 Recordset 对象 Open 方法打开记录集。例：

```
<%
'创建一个 Connection 对象 conn
Set  conn=Server. CreateObject("ADODB.Connection")
'使用 conn 与数据源相连
conn.Open "DSN=test"
```

```
'创建一个Recordset对象rs
Set  rs=Server. CreateObject("ADODB. Recordset")
'写出SQL执行串
str = " SELECT * FROM b1"
'使用rs的Open方法打开检索的记录集
rs.Open  str, conn,3,1
'下面可以通过Recordset对象对检索到的数据进行操作
%>
```

（2）记录集对象的Open方法

【格式】Recordset对象名.Open 参数1，参数2，参数3，参数4

【说明】

- 参数1一般为SQL语句、表名或存储过程调用的字符串。
- 参数2为Connection对象的名称或包含数据库连接信息的字符串。
- 参数3指定打开记录集时的游标类型，即记录指针的类型。参数取值：0，1，2，3。
  - 0：默认值，表示记录指针只能向前移动。
  - 1：键盘指针，记录指针可以向前移动也可以向后移动，除去增加新记录之外的所有修改都可以显示。
  - 2：动态指针，记录指针可以向前移动也可以向后移动，用户对数据的所有修改都可以在客户端显示。
  - 3：静态指针，记录指针可以向前移动也可以向后移动，用户所有更新的数据都不会显示在客户端。
- 参数4指定打开记录集时的锁定类型。参数取值：1，2，3，4。
  - 1：默认值，表示只能读取记录集。
  - 2：只能有一个用户对记录集修改。
  - 3：可以由多个用户对记录集修改。
  - 4：数据可以修改，但不锁定用户。

例：rs.Open str, conn,3,1

rs指向conn所连接的数据库执行SQL语句后所返回的记录集，游标类型为3（静态指针），锁定类型为1（只读记录集）。可以使用记录集对象rs去访问操作这些记录。

注 意

参数省略时，取系统的默认值。如省略中间参数，必须为中间参数留出位置。

参数3、参数4的取值既可用常数1、2、3等表示，也可用符号常量表示，如参数3的0、1、2、3分别对应常量adOpenFowardOnly、adOpenkeyset、adOpenDynamic、adOpenStatic。这些符号常量存在于系统文件adovbs.inc中，如使用符号常量表示参数需要将adovbs.inc文件包含于网页文件中。格式为：<!- -# include file="adovbs.inc" - ->。

（3）访问记录集的字段值

每个Recordset对象都包含一个Fields集合，该集合由一些Field对象组成，每个Field对象对应于记录集内的一列（从第零列开始），也就是数据表中的一个字段。Field对象的个数也就是数据表中的列数，由Fields集合的Count属性确定。使用Field对象的Value属性可以设置或返回当前记录中的字段值，使用Field对象的Name属性可以返回字段名。

- 字段总数：rs.Fields.Count。
- 记录总数：rs.RecordCount。
- 字段名的输出：rs(i).Name、rs.Fields(i).Name。
- 字段数据值的输出：rs("字段名")、rs.Fields("字段名")或 rs(i)、rs.Fields(i)、rs(i).Value、rs.Fields(i).Value。

【例 3-7】以下代码为通过 Recordset 对象查询到 lts.mdb 数据库中数据表 chat 的所有记录，并显示输出第一条记录（3-7.asp）。

```
<%
'创建 Connection 对象 conn
set conn=server.createobject("ADODB.connection")
'使用 Connection 对象 conn 连接 lts.mdb 数据库
conn.ConnectionString="driver={Microsoft Access driver (*.mdb)};" & "DBQ="
& Server.MapPath("..\lts2\lts.mdb")
conn.open
'创建 Recordsetset 对象 rs
set rs=server.createobject("ADODB.recordset")
'使用 Recordsetset 对象 rs 查询数据表 lts 中的所有记录
s="select * from chat"
rs.open s,conn,3,1
'输出当前记录
Response.write  rs("username") & "对" & rs("sayto") & "说: " & rs("chat")
%>
```

上面代码只输出了一条记录，这是因为记录集对象 rs 只访问了符合条件的第一条记录（即当前记录）。如果想使用记录集对象访问输出整个记录集，需要使用 Recordset 对象判断和控制记录指针位置的方法和属性。

（4）控制记录指针移动

① Bof 属性：指示当前记录集指针是否指向记录集开头。

【格式】Recordset 对象. Bof

② Eof 属性：指示当前记录集指针是否指向记录集末尾。

【格式】Recordset 对象.Eof

③ MoveNext 方法：将光标移动到记录集的下一条位置。

【格式】Recordset 对象. MoveNext

【例 3-8】以下代码为通过 Recordset 对象查询到 lts.mdb 数据库中数据表 chat 的所有记录，并显示输出全部记录（3-8.asp）。

```
<%
'创建 Connection 对象 conn
set conn=server.createobject("ADODB.connection")
'使用 Connection 对象 conn 连接 lts.mdb 数据库
conn.ConnectionString="driver={Microsoft Access driver (*.mdb)};" & "DBQ="
& Server.MapPath("..\lts2\lts.mdb")
conn.open
'创建 Recordsetset 对象 rs
set rs=server.createobject("ADODB.recordset")
'使用 Recordsetset 对象 rs 查询数据表 lts 中的所有记录
s="select * from chat"
rs.open s,conn,3,1
```

```
'输出全部记录
while not rs.eof
    Response.write  rs("username") & "对" & rs("sayto") & "说: " & rs("chat")
    response.Write("<br>")
    rs.movenext
wend
rs.close
conn.close
%>
```

本任务中聊天信息显示页面 chatmsg.asp 中输出所有聊天记录的代码，users.asp 文件中在线用户列表的显示，都使用了同样的循环输出：

```
<%
set conn=server.createobject("ADODB.connection")
conn.ConnectionString="driver={Microsoft Access driver (*.mdb)};" & "DBQ="
& Server.MapPath("lts.mdb")
conn.open
set rs=server.createobject("ADODB.recordset")
'只查询用户本人所发布信息及其他聊天者给用户本人的信息(前100条)
rs.open "select top 100 *  from chat where sayto='大家' or username='"&
session("username") &"' or sayto='"&session("username")&"' order by id
desc",conn
'将信息循环输出
while not rs.eof
response.write "<img src='"&rs("userimg")&"' width=30 height=30>" & "[" &
rs("username") & "]" & rs("userface") & "对" & "[" & rs("sayto") & "]" & "
说:<font color='" & rs("usercolor")&"'>"  & rs("chat") & "["& rs("time1") &
"]" & "</font>"
response.Write("<br>")
rs.movenext
wend
rs.close
conn.close
%>
```

（5）关闭 Recordset 对象——Close 方法

语法格式：Recordset 对象.Close

例：rs.Close

拓展与提高

设置表单对象的样式

聊天室发言页面 usermsg.asp 中有两个下拉菜单，其中字体颜色后的下拉列表 usercolor 用于聊天者选择聊天文本的颜色，可以将文本设置成列表中的各种颜色，如图 3-3-5 所示。

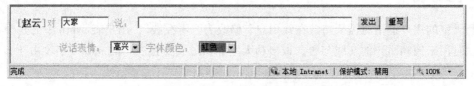

图 3-3-5　改变下拉列表各选项的背景色

此项功能由行内样式（将样式定义于标签内）来完成，其代码如下：

```
<SELECT name="usercolor">
  <OPTION value="red" style="background:red" selected>红色</OPTION>
  <OPTION value="green" style="background:green">绿色</OPTION>
  <OPTION value="blue" style="background:blue">蓝色</OPTION>
  <OPTION value="orange" style="background:orange">橙色</OPTION>
  <OPTION value="brown" style="background:brown" >棕色</OPTION>
  <OPTION value="pink" style="background:pink" >粉红色</OPTION>
  <OPTION value="lime" style="background:lime">嫩绿色</OPTION>
  <OPTION value="plum" style="background:plum" >紫红色</OPTION>
  <OPTION value="cyan" style="background:cyan">蔚蓝色</OPTION>
</SELECT>
```

除此之外，应用行内样式还可以改变各表单对象的其他属性，如背景色（background）、背景图像（background-image）、边框（border）等。

技能训练

1. 制作一个能够以表格形式显示校友录数据表中所有记录的网页。表格表头行为一种颜色，而表体使用两种颜色隔行显示。

2. 仿照本任务，制作一个带有登录注册系统的聊天室。

思考与练习

1. 如何创建记录集对象？
2. 掌握 Recordset 对象的 Open 方法所用到的参数及其含义。
3. 如何使用 Recordset 对象访问记录集的字段及字段值？
4. Recordset 对象控制记录指针有哪些属性和方法，各有什么含义？

任务四　制作聊天室退出页面

任务描述

当聊天室用户关闭当前浏览器窗口或单击"退出"图像时均应调用退出文件，以确定当前用户退出聊天室，并显示"退出"页面。

任务分析

聊天室的用户退出时需要将"在线用户"修改为"不在线"，用户表 userb 中的是否在线字段的值可用来控制用户的在线与否，退出聊天室界面时只要将表中的 online 字段由 1 修改为 0 即可。

方法与步骤

1. 设计退出页面（exit.asp）

在 Dreamweaver 设计视图设计如图 3-4-1 所示的"退出"页面。

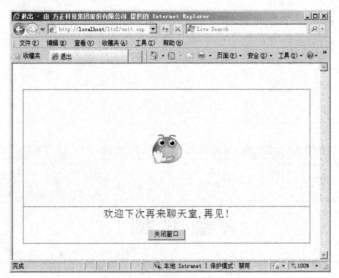

图 3-4-1 聊天室退出页面

2. 编写退出相关代码

切换到代码视图，在文档起始处输入如下代码：

```
<%
username=session("username")
if username<>"" then
  '使用 Connection 对象连接数据库
  Set conn=Server.CreateObject("ADODB.connection")
  conn.ConnectionString="driver={Microsoft Access driver (*.mdb)};" & "DBQ=
" &  Server.MapPath("lts.mdb")
  conn.Open
  '在用户数据表 userb 中查找当前要退出用户
  s="select * from userb where username='"&username&"'"
  set rs=conn.execute(s)
  if not rs.eof then
    '将查找到用户的 online 字段改为 0,即用户退出，未在线
   s1="update userb set online=0 where username='"&username &"'"
    conn.execute s1
    conn.close
  end if
end if
%>
```

3. 修改聊天室上部标题框架 usertop.asp

在\<BODY\>标签内加入代码\<BODY onUnload="javaScript:window.open('exit.asp')"\>，当退出网页时就可以打开并执行退出文件 exit.asp。

如果想使用多种的退出方式，如图 3-4-2 所示，在网页右侧还加入一个退出图像，其对应代码：

```
<IMG src="image/back.gif" width="80" height="75" onClick="closewin()">
```

单击图像时调用 closewin()函数。在网页文件起始处加入 closewin 函数脚本也可用以控制退出时窗口的关闭：

```
<SCRIPT language="javaScript">
<!--
function closewin() {
  window.open("","_top");
  window.top.close();
}
//-->
</SCRIPT>
```

图 3-4-2　聊天室标题框架

项目实训　制作校友录聊天室

一、项目描述

为了使校友录中的校友更好地进行信息的传递与交流，可以制作一个校友录的聊天室系统，也方便校友录管理员与用户的沟通与交流。

二、项目要求

1. 设计聊天室的流程，画出流程图。参考本单元。

2. 每个校友登录成功后，即可成为聊天室的成员（用户登录注册系统在单元一的项目实训中已实现），进入聊天室。聊天室系统可显示在线用户（用户离开后将不再显示），校友间可实现聊天的各种常用功能（如公共聊天、私聊；可以选择用户头像、聊天表情、心情、送礼物等），并美化修饰聊天室。

3. 发布校友录网站，在客户端进行访问和测试。验证注册、登录、聊天等功能。

三、项目提示

1. 使用框架设计聊天室主页面，分别用于显示聊天内容区，用户发言区，在线用户区等。注意对框架的命名以控制内容的显示。

2. 可使用文件访问组件显示指定文件夹中的图片用于头像的显示和选择。

3. 使用数据表中的"是否在线"字段记录用户是否在线。

4. 注意用户退出时的控制方法。

四、项目评价

项目实训评价表

能力要求	内　容		评　价		
	能力目标	评价项目	3	2	1
职业能力	数据库的连接	能够正确使用 ASP 的不同方法连接数据库			
		能够使用 Conncetion 和 Recordset 对象进行数据库的连接与操作			
	制作在线聊天室	能够掌握聊天室的基本功能与流程			
		能够完成聊天内容的显示			
		能够将聊天信息存入数据表			
		能够掌握控制用户是否在线的设计方法			
		能够完成两人私聊的设计实现			
		能够实现聊天室的常用功能			
	ASP 对象的使用	能够使用 Session 和 Application 进行数据信息的存储			
		能够认识并使用 Cookie			
		能够初步使用 Server 对象			
	文件访问组件	会创建使用文件访问组件			
		能够使用文件访问组件访问文件夹			
	使用 SQL 语句	能够进一步使用 Insert、Select 等语句进行数据表的插入与查询			
		能够使用 Update、Delete 等语句进行数据表记录的更新与删除			
通用能力	欣赏设计能力				
	独立构思能力				
	解决问题能力				
	逻辑思维能力				
	自我学习能力				
	组织能力				
	创新能力				
综合评价					

单元 四

引言

Dreamweaver 是一个优秀的网页设计工具，它不仅提供了静态网页的设计环境，还提供了对数据库访问和自动生成动态服务器网页代码的支持，这种支持使用户能非常方便、快捷地生成 Web 应用程序，比如留言板、用户注册、身份验证、新闻发布等，可以让用户省去手写代码的烦恼而生成动态网站。

留言板是互联网上最常见的一种服务，也是典型的交互式网页。通常上网者可在留言板发表一些文章或是通过留言板给网站管理者提出一些意见和看法，留言板也可以作为网友之间互通信息、相互交流的便捷渠道。本单元就是使用 Dreamweaver 来完成一个校园留言板的设计与制作。

校园留言板实现的功能有：发表新留言、显示留言、回复留言、删除留言等，后台数据库仍采用 Access 数据库。

任务一　建立留言板数据库

任务描述

留言板的主要功能是给用户提供一个交流与信息反馈的平台，要根据网站的实际需要进行合理的设计，校园留言板的设计原则应该是页面简单实用、美观大方。

任务分析

留言板的基本功能如下：

① 留言板主页(index.asp)，如图4-1-1所示。可分页显示当前的所有留言（包含第一页、上一页、下一页及最后一页按钮），也可以输入新留言。

② 主页中还包含删除留言及回复留言的功能，但只有管理员可以进行操作。

图 4-1-1　校园留言板

③ 管理员通过管理员登录表单进入主页，执行所有操作。

本任务主要使用"应用程序"面板组制作，系统流程图如图 4-1-2 所示。

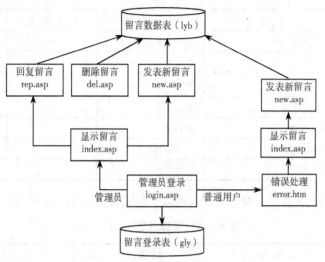

图 4-1-2 "留言板"系统流程图

方法与步骤

1. 创建本地站点

① 在 F:\ASP 文件夹下建立一个名为 lyb 的文件夹作为留言板文件夹，并在 lyb 文件夹下建立一个名为 images 的图片文件夹，将准备好的图片放在该文件夹中。

② 启动 IIS，发布建立好的文件夹 F:\ASP\lyb，设置其默认文档为 index.asp。

③ 打开网页制作软件 Dreamweaver，选择"站点"→"新建站点"命令，建立一个名为"校园留言板"的站点，其本地根文件夹为 F:\ASP\lyb。

④ 在站点根文件夹下建立动态网页文件，如表 4-1-1 所示。

表 4-1-1 留言板系统文件说明

文 件 名	文 件 说 明
index.asp	留言板主页，用于显示留言、发表新留言及管理员删除、回复留言等操作
new.asp	发表新留言
rep.asp	管理员回复留言
del.asp	管理员删除留言
login.asp	管理员登录页面
error.htm	登录错误处理页面
images	图片文件夹

2. 建立数据库和数据表

启动 Microsoft Access，在 lyb 文件夹下新建数据库 lyb.mdb，数据库内包含两个表：留言表（lyb）和管理员表（gly）。

其中留言表（lyb）用于存放用户留言。按表 4-1-2 所示结构建立留言表 lyb。

表 4-1-2　留言表（lyb）结构

字 段 名	字 段 描 述	字 段 类 型	字 段 长 度	备　　注
id	留言板 ID 号	自动编号	—	主键
xm	用户姓名	文本	20	—
ly	留言内容	备注	—	—
qq	用户 QQ 号	文本	15	—
email	用户邮箱	文本	20	—
time	留言时间	日期/时间	—	默认值：Now()
hf	站长回复	备注	—	默认值："暂无回复"

管理员表（gly）为管理员登录名及密码表。其结构如表 4-1-3 所示。

表 4-1-3　管理员表（gly）结构

字 段 名	字 段 描 述	字 段 类 型	字 段 长 度	备　　注
xm	管理员姓名	文本	20	主键
mm	管理员密码	文本	20	—

建立好管理员表（gly）结构后，在表中输入一条或几条记录，作为管理员的登录名和密码，如图 4-1-3 所示。

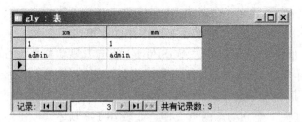

图 4-1-3　管理员表（gly）中的记录

相关知识

数据库设计

（1）关系型数据库

Access 数据库是典型的关系型数据库，关系数据模型的基本结构是表，表又称为关系，表与表之间的联系是通过记录之间的公共属性（字段）实现的。一个关系数据库是由若干相互关联的表组成的，或者说关系型数据库是以多个独立存储的表构成的一个逻辑整体。

设计关系型数据库的关键就是把数据元素分别放进相关的表里，然后依靠表之间的关系把数据以有意义的方式联系到一起。

下面是一个学生数据库（student.mdb）的 4 个表（学生信息表 xsb、学生关系表 gxb、开设课程表 kcb、学生成绩表 cjb，见表 4-1-4～表 4-1-7），通过讨论这 4 个表之间的关系来理解数据表的关系及数据库的设计方法。

表 4-1-4 学生信息表（xsb）

学 号	密码	班 级	姓 名	Email	地 址
05101001	1001	网络 0501	张晓林	1001@126.com	河北省邢台
05101002	1002	网络 0501	王强	1002@126.com	河北省沧州
05101003	1003	软件 0501	高文博	1003@126.com	河北省石家庄
05101006	1006	软件 0501	刘丽冰	1006@126.com	河北省沧州
05101007	1007	软件 0501	李雅芳	1007@126.com	河北省保定
05101008	1008	软件 0501	张立华	1008@126.com	河北省保定
05101009	1009	软件 0502	曹雨生	1009@126.com	河北省邯郸
05101010	1010	软件 0502	李芳	1010@126.com	河北省石家庄
05101011	1011	软件 0502	徐志华	1011@126.com	河北省石家庄
05101012	1012	软件 0502	李晓力	1012@126.com	河北省保定
06012003	2003	网络 0601	王刚	2003@126.com	河北省石家庄

表 4-1-5 学生关系表（gxb）

学 号 2	关系人姓名	与学生关系	工 作 单 位
05101001	张父	父子	河北省邢台
05101001	张母	母子	河北省邢台
05101003	高父	父子	河北省石家庄
05101003	高母	母子	河北省石家庄
05101007	李父	父女	河北省保定
05101007	李兄	兄妹	河北省保定
05101009	曹母	母子	河北省邯郸
05101011	徐父	父子	河北省石家庄

表 4-1-6 开设课程表（kcb）

课 程 号	课 程 名 称	授 课 教 师
001	数据库原理	赵一达
002	C 语言	钱二夫
003	VFP	刘晓兰
004	计算机基础	张文雅
005	数据结构	孙红
006	C++	李文
101	数学	周小芳
102	英语	徐云
103	大学语文	张晓丽
201	艺术设计	刘刚
202	动画设计	孙楠
203	平面设计	李晓

表 4-1-7　学生成绩表（cjb）

学　　　号 1	课　程　号 1	成　　　绩
05101001	001	100
05101001	002	98
05101001	202	64
05101002	001	67
05101002	004	78
05101003	001	86
05101008	001	80
05101018	002	82
05101018	005	98
06012003	103	90
06012003	006	90

（2）主键和外键

在表中一个属性或几个属性的组合能够唯一标识一行，这种属性称为关键属性，叫做表的主关键字（主键）。如学生信息表中的"学号"，课程表中的"课程号"，学生关系表中的"学号 2+关系人姓名"。

在关系数据库中，为了实现表与表之间的联系，将一个表的主键作为数据之间联系的纽带（公共属性）放到另一个表中，这些在另一个表中起联系作用的属性称为外部关键字（外键）。如学生信息表中的"学号"在学生关系表和学生成绩表中均为外键。

主键和外键是把多个表组织为一个有效的关系数据库的粘合剂。主键和外键的设计对数据库的性能和可用性都有着决定性的影响。

（3）数据表之间的关系

数据库表之间的关系类型有 3 种，分别是一对多关系、多对多关系、一对一关系。

① 一对多关系

一对多关系是指一个表中的一条记录关联着另一个表中的多条记录，但反之则不成立。这种关系只需要在两个表之间建立简单的外键约束来实现表关系就可以了。即将"一"表中的主键放在"多表"中，外键总是在"多"的一方。

例：学生信息表与学生关系表就是一对多关系，学生信息表为"一"表，学生关系表为"多"表，学生信息表中的主键"学号"在学生关系表中为外键，名称为"学号 2"。

② 多对多关系

多对多关系也是一种非常常见的关系类型。这类关系是指在两个有关联的表中，任何一个表中的一条记录都与另一个表中的多条记录相关联。因为关系型系统不能直接实现这种关系，多对多的关系需要引入第三个表混合这种关系。这第三个表叫关联表，与那两个表分别形成一对多关系。一般来说这个关联表只有两个字段，分别为那两个表的主键。

例：学生信息表和开设课程表就是多对多关系，一个学生可以选择多门课程，一门课程也可以有多个学生选择，所以引入了第三个表就是学生成绩表。学生成绩表包括了学生信息表中的主键"学号"（在学生成绩表中名称为学号 1）和开设课程表的课程号（在学生成绩表中名称为课程号1）。

学生信息表和学生成绩表为一对多关系，开设课程表和学生成绩表之间也形成了一对多关系。

③　一对一关系

一对一关系是指一个表中的一条记录只关联着另一个表中的一条记录，但反之则不成立。这种关系只在两个表之间建立简单的外键约束来实现表关系就可以了。将一个表的主键作为外键放在另一个表中，外键通常是放在存取操作比较频繁的表中。

数据库系统一般不支持强加这种关系，因为必须在同一时间对两个表中添加相匹配的记录。而且，两个一对一关系的表可以连接成一个表，所以可以将一对一关系看作一对多关系的一个特例。

例：学生信息表如果字段比较多的话，可以拆分成两个表，一个基本信息表，一个详细信息表，但由于两个表是一对一关系，所以较难保持两个表的同步与匹配。

理清了多个表的关系，可以很方便地使用 SQL 语句进行多表查询。

例：写出一个能够显示学生学号、班级、姓名、选修课程号、课程名称、成绩及授课教师姓名的 SQL 语句。这是一个三表查询，使用了学生信息表、开设课程表和学习成绩表。SQL 语句如下：

SELECT xsb.学号, xsb.班级, xsb.姓名, kcb.课程号, kcb.课程名称, cjb.成绩, kcb.授课教师

```
FROM xsb, kcb, cjb
Where kcb.课程号 = cjb.课程号 1 and  xsb.学号 = cjb.学号 1;
```

运行 SQL 语句产生的结果，如表 4-1-8 所示。

表 4-1-8　学生选修课程成绩表

学　号	班　　级	姓　名	课程号	课 程 名 称	成　　绩	授课教师
05101001	网络 0501	张晓林	001	数据库原理	100	赵一达
05101001	网络 0501	张晓林	002	C 语言	98	钱二夫
05101001	网络 0501	张晓林	202	动画设计	64	孙楠
05101002	网络 0501	王强	001	数据库原理	67	赵一达
05101002	网络 0501	王强	004	计算机基础	78	张文雅
05101003	软件 0501	高文博	001	数据库原理	86	赵一达
05101008	软件 0501	张立华	001	数据库原理	80	赵一达
06012003	网络 0601	王刚	103	大学语文	90	张晓丽
06012003	网络 0601	王刚	006	C++	90	李文

拓展与提高

Access 数据库安全设置

在使用 Access 做后台数据库的网站中，一旦通过其他非法手段获取了服务器的 Access 数据库的路径和名称，输入数据库文件的地址就可以直接下载 Access 数据库文件，得到网站中的重要数据，从而给网站的安全带来严重的威胁。所以数据库的安全设置是非常重要的。

（1）更换 Access 数据库名称

为数据库文件起个非常复杂的非正规名字，同时将数据库文件的扩展名.mdb 换成.asa、.asp

等其他的名称，这样即使得到该文件的路径，也无法下载原 Access 数据库文件。

将数据库的主文件名改为比较生僻的名字也可以提高数据库的安全性，如下类似的格式：

- #123data.asp。
- #&$%1*dv.asa。

> **注 意**
>
> 修改数据库名称后，需要将 ASP 代码页中字符串连接数据库中的名称一并修改。

（2）将数据库放在 Web 目录外

将数据库放在 Web 目录外或将数据库连接文件放到其他虚拟目录下可以提高数据库的安全性，例如网站的 Web 目录是 F:\ASP，但可以把数据库放到其他（如 F:\DATA）文件夹里，当然，这需要将 F:\ASP 里的数据库连接页中数据库连接地址改为 "../data/数据库名" 的形式，这样数据库可以正常调用，但是因为它不在 Web 目录里，无法下载，这个方法一般不适合购买虚拟空间的用户。

（3）尽量使用 ODBC 数据源

在 ASP 程序设计中，如果有条件，应尽量使用 ODBC 数据源（DSN 连接），不要把数据库名写在程序中，否则，数据库名将随 ASP 源代码的失密而一同失密。

即使数据库名字起得再怪异，隐藏的目录再深，ASP 源代码失密后，也有可能被下载下来。如果使用 ODBC 数据管理器，创建系统 DSN，则连接代码如：conn.open "ODBC = DSN 名"，即网页代码中只有数据源的名字而没有数据库的名称。

> **注 意**
>
> 使用 ODBC 数据源时，如果网站文件夹移动了位置，就要重新设置数据源。

（4）数据库编码

安全保护措施越多，数据库就越安全。对数据库文件加以编码，也可以防止他人使用别的工具来查看数据库文件的内容，Access 会根据用户的设置对数据库进行加密处理。

加密数据库按以下步骤进行：

① 启动 Access，关闭所有打开的数据库并保证网上所有用户不再使用该数据库。

② 选择"工具"→"安全"→"编码/解码数据库"命令，此时出现"编码/解码数据库"对话框，如图 4-1-4 所示。

图 4-1-4　"编码/解码数据库"对话框

③ 在对话框中，用户可以指定需加密的数据库，然后单击"确定"按钮。出现"数据库编码后另存为"对话框，如图 4-1-5 所示。

图 4-1-5 "数据库编码后另存为"对话框

④ 在该对话框中，用户需要指定加密后的数据库名称，以及有效数据库的位置，然后单击"确定"按钮。

如果用户新数据库存放于原来的位置，并和原来的数据库同名，那么 Access 会自动用加密后的数据库将原来的数据库替换掉。

（5）给 Access 数据库加上密码保护

① 打开 Microsoft Access，用独占方式打开要加密的数据库 student.mdb，如图 4-1-6 所示。

图 4-1-6 独占方式打开数据库

② 单击"工具"菜单，选择"安全"→"设置数据库密码"，在弹出的"设置数据库密码"对话框中输入密码，关闭文件。

这样即使获得用户的 Access 数据库文件，如果没有密码也是无法查看数据库中具体信息。

注 意

设置数据库密码后，在创建 ODBC 数据源连接时也要进行密码设置；在使用字符串连接数据库时也要设置密码参数，其连接代码如下：

```
conn.ConnectionString="driver={Microsoft Access driver (*.mdb)};" &
"DBQ=" & Server.MapPath("student.mdb")& "uid=用户名;pwd=密码"
```

如果数据库只设置了密码，无用户名，则 uid 项为空。

当然，如果多种方法联合使用，能够更有效地提高数据库的安全性，如前三种方法、后两种方法的综合运用。

 技能训练

1. 打开 Access，建立名为 student.mdb 的数据库，包括学生信息表 xsb、学生关系表 gxb、开设课程表 kcb、学生成绩表 cjb 这 4 个表，并输入相应的数据记录。
2. 为 student 数据库添加密码。
3. 设计一个"校友论坛"数据库。

思考与练习

通过互联网查阅提高 ASP 数据安全性的方法，并进行实施验证。

任务二 制作留言板主页

任务描述

数据库及数据表建立后，就要进行留言板系统的设计与制作。其中，留言板主页是一个典型的具有交互功能的网页，用户进入留言板系统后，最主要的目的就是浏览留言内容、发表自己的新留言，所以在留言板主页中就要以这两项功能为主，校园留言板主页如图 4-2-1 所示。

图 4-2-1 校园留言板主页

任务分析

留言板主页可分页显示当前的所有留言（包含"第一页"、"上一页"、"下一页"及"最后一页"按钮），包括留言者姓名、QQ、Email、留言内容、留言时间、管理员留言回复等内容，还包括管理员入口、发表新留言、删除回复留言等入口。

方法与步骤

1. 布局设计

启动 Dreamweaver，打开主页文件 index.asp，进行布局设计。

- 设置页面属性：选择"修改"→"页面属性"命令，打开"页面属性"对话框，输入页面标题——校园留言板，设定页面文字大小为 10pt。
- 输入标题行：校园留言板，设置字体字号等属性，段落居中。
- 输入一个 2 行 4 列的表格，宽 700 像素，边框、间距及边距均为 0，输入文字，按图 4-2-2 所示合并单元格。

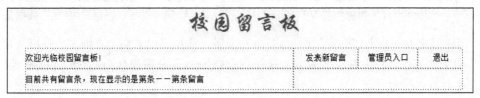

图 4-2-2 "校园留言板"布局设计

- 插入一个 3 行 5 列的表格，宽 700 像素，边框为 1，间距及边距为 0，按图 4-2-3 所示合并单元格，在第二行右侧插入一个 2 行 1 列，宽为 100%，边框为 0 的表格，并输入相应文字。
- 在表格下部再插入一个 1 行 1 列的表格，输入"暂无留言"。

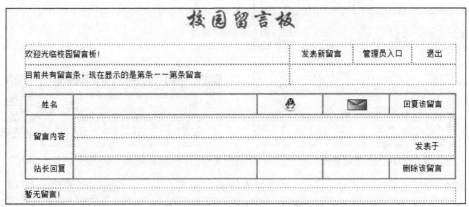

图 4-2-3 "校园留言板"主页面设计图

2. 连接数据库

- 创建数据源：选择"窗口"→"数据库"命令，打开"数据库"面板，单击"数据库"面板的"+"按钮，选择"数据源名称（DSN）"，打开"数据源名称"对话框，如图 4-2-4 所示。定义连接名称为 ly ，在"数据源名称（DSN）"下拉列表框中选择 ly（已定义好的系统 DSN，数据库即为建立好的 lyb.mdb）。也可单击"定义"按钮，在弹出的"ODBC 数据源管理器"（见图 4-2-5）对话框中直接进行系统 DSN 的设置。用户名和密码可暂不设定。

图 4-2-4　创建数据源 ly　　　　　　图 4-2-5　创建"ODBC"数据源

- 创建记录集：单击"绑定"面板的"+"按钮，选择"记录集（查询）"，弹出"记录集"对话框，定义记录集名称为 rs，连接到数据源 ly，表格选择 lyb，按 id 降序排列。如图 4-2-6 所示。

3. 显示留言

- 选中留言内容表格，打开"服务器行为"面板，单击"+"按钮，选择"显示区域"→"如果记录集不为空则显示区域"命令，在弹出的对话框中选择 rs 记录集，如图 4-2-7 所示。

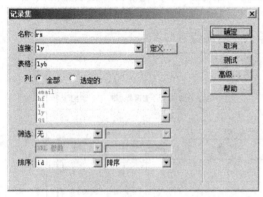

图 4-2-6　创建记录集　　　　图 4-2-7　"如果记录集不为空则显示区域"对话框

- 选中"暂无留言"表格，打开"服务器行为"面板，单击"+"按钮，选择"显示区域"→"如果记录集为空则显示区域"命令，在弹出的对话框中选择 rs 记录集，这一项用于留言表为空时的显示内容。
- 数据绑定：打开"绑定"面板，单击记录集前的"+"按钮，将记录集内的动态数据（见图 4-2-8）拖入页面中的相应位置，绑定内容如下。
  - ➤ 姓名：{rs.xm}；留言内容：{rs.ly}；站长回复：{rs.hf}；
  - ➤ {rs.xm}发表于{rs.time}；目前共有留言{rs_total}条，现在显示的是第{rs_first}条-第{rs_last}条留言；

图 4-2-8　"绑定"面板

➢ 选中 QQ 图片，在"绑定"面板中将 QQ 字段绑定到 img.alt，当鼠标指向 QQ 图片时就会显示相应的 QQ 号。

➢ 选中 Email 图片，在"属性"面板链接框中输入：mailto:<%=(rs.Fields.Item("email").Value)%>，则鼠标单击 Email 图片时就会启动邮件服务器，用于向相应的邮箱发送邮件。

完成数据绑定后的主页面如图 4-2-9 所示。

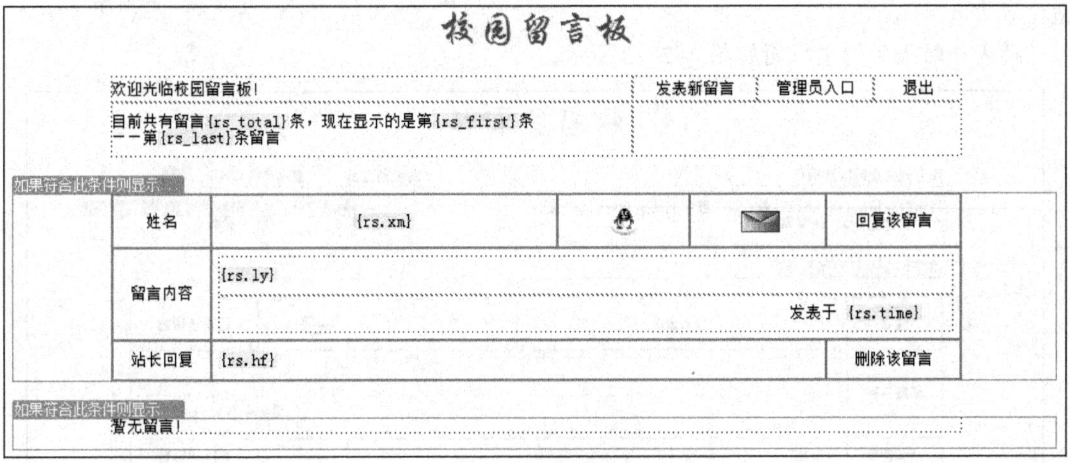

校园留言板

| | | 发表新留言 | 管理员入口 | 退出 |

欢迎光临校园留言板！

目前共有留言{rs_total}条，现在显示的是第{rs_first}条——第{rs_last}条留言

如果符合此条件则显示

姓名	{rs.xm}			回复该留言
留言内容	{rs.ly}			
			发表于 {rs.time}	
站长回复	{rs.hf}			删除该留言

如果符合此条件则显示

暂无留言！

图 4-2-9　绑定数据后的"留言板"主页

4. 分页显示留言

分页设计：选中留言内容表格，单击"服务器行为"面板的"+"按钮，选择"重复区域"，在弹出的面板中指定每页显示记录数——3 条记录，如图 4-2-10。

设定完重复区域后的主页面如图 4-2-11 所示。

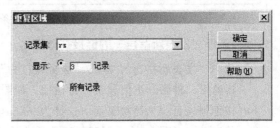

图 4-2-10　"重复区域"对话框

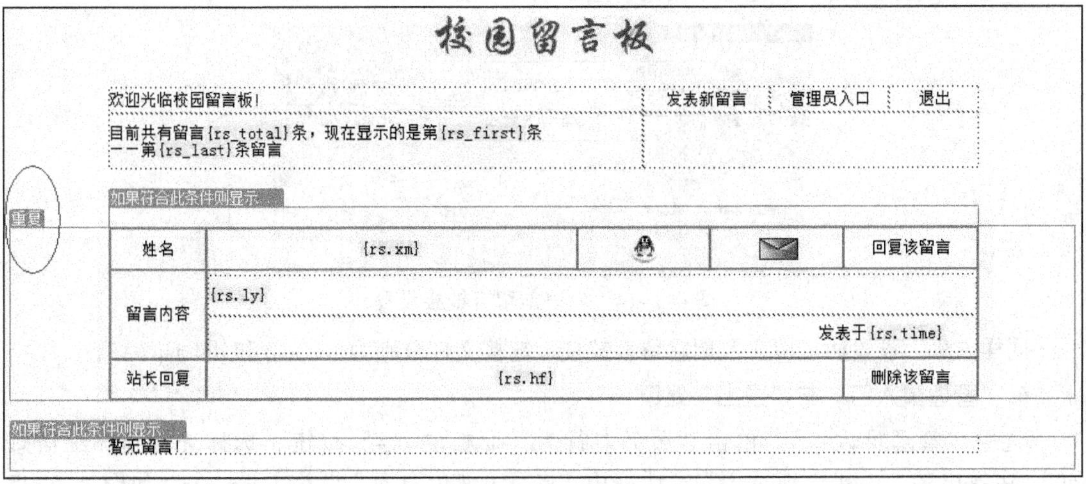

校园留言板

| | | 发表新留言 | 管理员入口 | 退出 |

欢迎光临校园留言板！

目前共有留言{rs_total}条，现在显示的是第{rs_first}条——第{rs_last}条留言

重复　如果符合此条件则显示

姓名	{rs.xm}			回复该留言
留言内容	{rs.ly}			
			发表于{rs.time}	
站长回复	{rs.hf}			删除该留言

如果符合此条件则显示

暂无留言！

图 4-2-11　设定完重复区域后的"留言板"主页

插入导航条：单击"插入"菜单，选择"应用程序对象"→"记录集分页" 命令，弹出"记录集导航条"对话框，如图 4-2-12 所示。选择"图像"显示，确定后会在页面中出现导航条，将导航条根据需要拖动到合适位置。

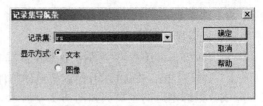

图 4-2-12 插入"记录集"导航条

插入导航条后的主页面如图 4-2-13 所示。

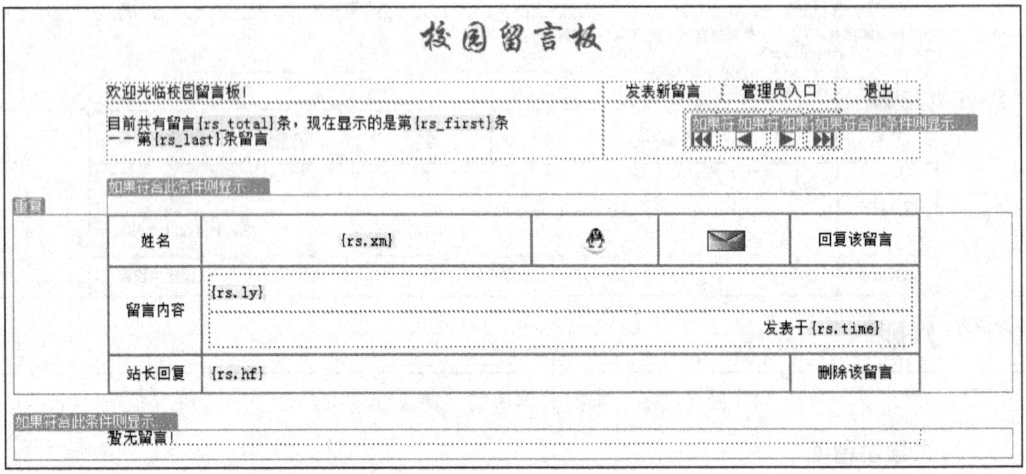

校园留言板

欢迎光临校园留言板！　　　　　　　　　　　　发表新留言　管理员入口　退出

目前共有留言{rs_total}条，现在显示的是第{rs_first}条——第{rs_last}条留言

姓名	{rs.xm}	🔥	✉	回复该留言
留言内容	{rs.ly}　　　　　　　　　　　　　　　发表于{rs.time}			
站长回复	{rs.hf}			删除该留言

图 4-2-13 插入导航条后的"留言板"主页

5. 制作"发表新留言"的链接并动态化

- 选中"发表新留言"，单击"服务器行为"面板的"+"按钮，选择"转到详细信息页"，将弹出"转到详细信息页"对话框，如图 4-2-14 所示。
- 详细信息页：为链接页面，选择为 new.asp。
- 传递 URL 参数：输入用于传递的参数的名称。
- 记录集与列：选择相应记录集的传递字段，一般为表的主键 id。

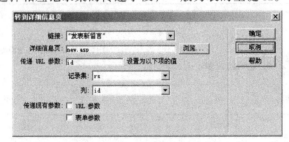

图 4-2-14 发表新留言链接设置

同样方法，设置回复留言及删除留言链接，链接文件分别为 reg.asp 和 del.asp。

6. "管理员入口"与"退出"处理

选中"管理员入口"，单击"服务器行为"面板的"+"按钮，选择"转到详细信息页"，在弹出的"转到详细页面"对话框中，将"详细信息页"设为 login.asp，如图 4-2-15 所示。

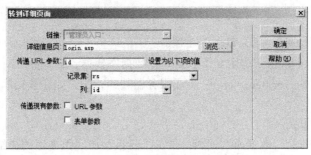

图 4-2-15 "管理员入口"设置

选中"退出",单击"服务器行为"面板的"+"按钮,选择"用户身份验证"→"注销用户"命令,设置完成后,转到 index.asp,如图 4-2-16 所示。

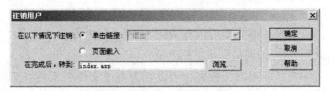

图 4-2-16 注销用户

至此,"校园留言板"主页设计完毕,设计后的主页如图 4-2-17 所示。

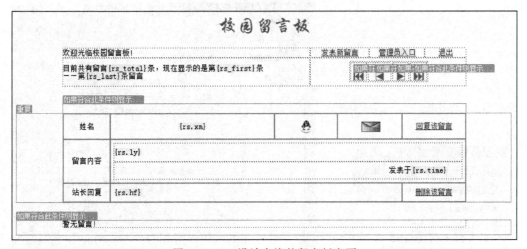

图 4-2-17 设计完毕的留言板主页

相关知识

使用应用程序面板组创建数据库连接

Dreamweaver 是一个优秀的网页设计工具,它不仅提供了静态网页的设计环境,还提供了对数据库访问和自动生成动态服务器网页代码的支持,这种支持使用户能非常简单、快速地生成 Web 应用程序,比如留言板、用户注册、身份验证、新闻发布等,可以让我们省却手写代码的烦恼而生成动态网站。它主要是通过应用程序(Application)面板组来实现的。

(1)应用程序(Application)面板组

应用程序面板组主要包括 4 个面板(见图 4-2-18),其中,"组件"面板对于 ASP VBScript

是不活动的。

- 数据库（Database）：定义数据库连接。
- 绑定（Bindings）：用于绑定动态数据，如数据库数据、Session、Application 变量等。
- 服务器行为（Server Behaviors）：生成服务器端的行为，如在数据库中插入、修改、重复显示记录等。

（2）"数据库"面板

图 4-2-18 显示的是"数据库"面板，显示了连接和访问数据库的详细步骤。

① 在 Dreamweaver 中建立一个站点，发布这个站点。

② 选择站点的文档类型。如 ASP VBScript、ASP JavaScript、JSP 等。

③ 设置站点的测试服务器。即配置如图 4-2-19 所示的定义站点窗口中的"测试服务器"选项，其中：

- 服务器模型，应用服务器类型可以有 ASP、JSP、PHP 等多个选项。
- 访问，一般设为"本地/网络"或"FTP"。
- 测试服务器文件夹，即远端文件夹，可设置为本地文件夹或网络文件夹。

④ 最后一步是定义一个到数据库的连接，是否进行连接取决于网页是否需要访问数据库。正确的数据库连接是建立动态数据库网站的基础。

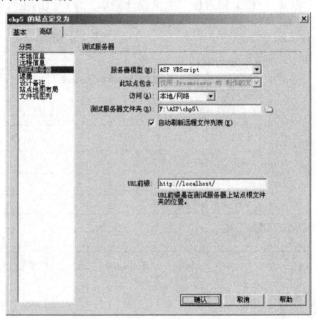

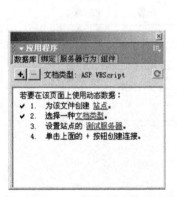

图 4-2-18 "应用程序"面板组　　　　图 4-2-19 "测试服务器"配置窗口

（3）添加数据库连接

① 建立数据库：使用创建好的数据库 sjk.mdb。

② 连接数据源：打开"数据库"面板，单击"+"按钮，选择"数据源名称（DSN）"，在弹出的"数据源名称"对话框中（见图 4-2-20）进行设置后，数据源 cn 出现于"数据库"面板中。

- 连接名称：用于设置这个数据库连接的名字，即 Connection 对象名，如 cn。

● 数据源名称：指设置好的 ODBC 连接。如果已经设置了 ODBC 数据库源，直接在下拉列表中选择，否则单击右侧的"定义"按钮可打开 ODBC 以创建新的数据源。

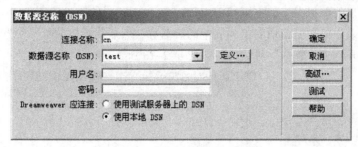

图 4-2-20 "数据源名称"对话框

注 意

"自定义连接字符串"的方式不需要定义 ODBC 数据源。设计者可根据需要选择使用"数据源"或"自定义字符串"连接数据库。

自定义连接字符串步骤如下：

打开"数据库"面板，单击"+"按钮，选择"自定义连接字符串"，在弹出的"自定义连接字符串"对话框中（见图 4-2-21）进行设置后，数据源 cn1 出现于"数据库"面板中。

● 连接名称：用于设置这个数据库连接的名字，即 Connection 对象名，如 cn1。
● 连接字符串：即使用代码进行数据库连接，如：

"PROVIDER=Microsoft.Jet.OLEDB.4.0;DATA SOURCE=" & Server.MapPath("../student.mdb")

图 4-2-21 "自定义连接字符串"对话框

数据库连接成功后，Dreamweaver 会将连接信息存储到站点本地根文件夹下 Connections 子文件夹中，并且以连接名称命名（本例中为 cn.asp 和 cn1.asp）。

拓展与提高

数据库连接的查看、编辑与删除

（1）查看数据库连接

Dreamweaver 中的数据库连接可以显示数据库的结构和数据。要查看数据库连接，需执行以下操作：

① 打开"数据库"面板。

② 在列表中选择要查看的数据库连接，单击连接旁的"加号"图标⊞，数据库中的表、预存过程和视图等对象就会以树状显示在列表框中，如图 4-2-22 所示。

- 若要显示数据库中所有的表，请单击图中表旁的"加号"图标田。
- 若要显示表中的列，请单击该表旁的"加号"图标田。
- 列图标可反映数据类型，也可指示主键。
- 若要查看表中的数据，请右击列表中的表名称，然后从弹出的菜单中选择"查看数据"命令，打开"查看数据"对话框，如图 4-2-23 所示。

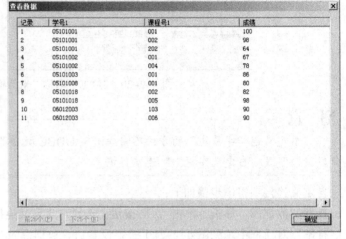

图 4-2-22 "数据库"面板   图 4-2-23 "查看数据"对话框

（2）编辑数据库连接

创建数据库连接后，Connections 子文件夹中虽然生成了连接文件。但只是定义了连接，而没有在应用程序中为页面绑定记录集，网页文件中并没有写入用来建立连接的代码。只有在定义记录集后才会在页面中插入 include 指令，用来引入该连接文件。并且只有在最终程序运行时，服务器才会在文档中插入连接代码。

若要编辑更新数据库连接，需执行以下操作：

① 打开"数据库"面板，显示所有的连接列表。

② 在列表中右击要编辑的连接，从弹出式菜单中选择"编辑连接"命令，弹出"数据源名称（DSN）"对话框，如图 4-2-24 所示。其中"连接名称"文本框为只读。

③ 更改该数据连接的相关参数，然后单击"确定"按钮。Dreamweaver 会自动更新该 include（包含）文件，并将更新该站点中所有使用此连接的网页。也可以先单击"测试"按钮测试数据库连接是否有效。

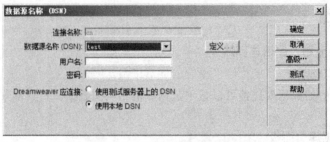

图 4-2-24 编辑数据库连接

（3）删除数据库连接

① 打开"数据库"面板，连接列表出现在该面板上。

② 在列表框中右击要删除的连接，从弹出式菜单中选择"删除连接"命令，弹出警告对话框，提示用户确认是否确实删除。单击"是"即可删除该连接。

技能训练

1. 为 student 数据库建立 ODBC 数据源，名称为 test。
2. 利用"数据库"面板，连接 test 数据源。
3. 利用"数据库"面板，使用"自定义字符串"连接 student 数据库。

思考与练习

1. "应用程序"面板组由哪几部分组成？"数据库"面板的作用是什么？
2. "数据库"面板中，"自定义连接字符串"的具体代码是什么？使用"自定义连接字符串"与"数据源名称"有何不同？
3. 写出利用"数据库"面板如何添加数据库连接？如何查看、更新、删除已设置好的数据库连接？

任务三 制作发表新留言页面

任务描述

实现用户留言是留言板的一个主要功能，本系统中用户不需要注册就可以直接留言，在留言板主页上已经设计了"发表新留言"的链接，在主页面上单击此链接，就可进入发表留言页面 new.asp，如图 4-3-1 所示。

图 4-3-1 "发表新留言"页面

任务分析

发表新留言的页面主要由表单组成，用户通过表单对象输入各项信息后，单击"提交留言"按钮，检验用户输入的信息齐全、符合要求后，就会将所发表新留言写入留言表（lyb）中，然后返回主页面，显示留言，否则会提示错误信息。

方法与步骤

发表新留言页面（new.asp）的制作步骤如下。

① 新建动态网页 new.asp。

② 设计表单。在页面上插入一个表单，在表单内建立一个 5 行 2 列的表格，如图 4-3-2。按图合并单元格，提供让用户输入数据的区域，为各个表单对象命名，如 xm、QQ、Email、ly 等。

图 4-3-2 "发表新留言"表单

③ 向数据表中插入记录。选中表单，单击"服务器行为"面板的"+"按钮，选择"插入记录"命令，弹出"插入记录"对话框（见图 4-3-3）。在对话框中可进行如下设置。

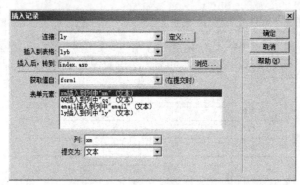

图 4-3-3 "插入记录"对话框

- 连接：在下拉列表中选择所使用的数据库连接，这里可选已经建好的 ly。
- 插入到表格：选择要插入记录的数据表（lyb）。
- 插入后，转到：定义插入完成后重定向的页面，即留言输入成功保存后的留言板主页 index.asp。

- 获取值自：设置要输入数据的表单，有多个表单时可从下拉列表中选择。
- 表单元素：列出表单中的所有文本域，将这些文本域分别与数据表中的字段相对应。如果文本域的名字与表单字段名相同，Dreamweaver 会自动一一对应。否则则需要从"列"中进行选择。
- 列和提交为：所在文本域提交时的数据类型，一般会自动选择。也可以根据需要自己设定为对应数据类型。

④ 检查表单数据。选择"提交留言"按钮，单击"行为"面板的"+"按钮，选择"检查表单"命令，弹出"检查表单"对话框（见图 4-3-4）。设定各表单对象的值为"必需的"，其中 xm 及 ly 项可接受为"任何东西"，QQ 为数字，Email 为电子邮件地址。

运行 new.asp 文件，按要求输入数据后提交留言返回主页，即可显示刚输入的记录。

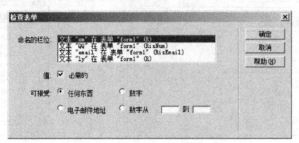

图 4-3-4 "检查表单"行为

相关知识

数据绑定

（1）"绑定"面板

定义了数据库连接后，还需要使用"绑定"面板中的功能，将网页中的元素属性同动态内容绑定起来，这样才能实现真正的动态网页。

"绑定"面板用来定义和编辑动态内容源、记录集和各服务器对象变量，并将这些动态数据绑定或插入到页面上。动态数据包括记录集、阶段变量（Session）、应用程序变量（Application）、请求变量等。

（2）定义记录集

记录集是数据库查询返回的数据结果，可以包括完整的数据库表格，也可以包括表格的行和列的子集。这些行和列通过在记录集中定义的数据库查询进行检索。

定义记录集的具体步骤如下。

① 新建或打开动态网页文件。

② 选择"绑定"面板，单击"+"按钮，选择"记录集（查询）"命令，在弹出的"记录集"对话框（见图 4-3-5）中进行详细设置：

- 名称，记录集（Recordset 对象）的名字，用于操作数据记录。
- 连接，在下拉列表中选择所使用的数据库连接，这里可选已经建好的 cn。
- 表格，选择要用于操作的数据表（xsb）。
- 列，用于指明要选择的字段。

● 筛选，设置查询条件，即 SQL 语句中的 WHERE。本例为"班级"="软件 0501"。

● 排序，设置记录集的排序条件，即 SQL 语句中的 ORDER BY。本例为"学号"、"升序"。

如果要建立更为复杂的查询，比如同时查询多个表，可以单击右边的"高级"按钮，在弹出的高级设置窗口中进行设置。

单击"测试"按钮，如果打开的"测试 SQL 指令"对话框中内容正确，则说明连接成功。

③ 单击"确定"按钮返回页面，"绑定"面板中出现了返回的名为"rs"的记录集，单击"+"号展开记录集，记录集中的所有字段都出现在面板中，如图 4-3-6 所示。

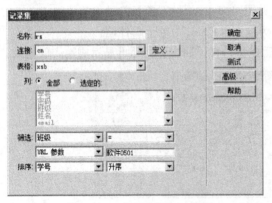
图 4-3-5 "记录集"对话框

图 4-3-6 "绑定"面板中的记录集

在定义了记录集之后，如果要在页面中使用记录集，就可以在"绑定"面板中选定该字段，然后直接拖到页面上即可。

（3）定义阶段变量（Session）

在用户登录网站时，服务器会为每个用户创建不同的对象，用来存储和显示在用户访问（或会话）期间保持的信息，该对象就是阶段变量（Session）。

创建阶段变量的具体步骤如下：

① 在源代码中，已创建一个阶段变量并为其指定值。例：<% Session("username")="user"%>。

② 选择"绑定"面板，单击"+"按钮，选择"阶段变量"命令，在弹出的"阶段变量"对话框（见图 4-3-7）中输入变量名称"username"，单击"确定"按钮。

阶段变量 username 出现在"绑定"面板中，如图 4-3-8 所示。阶段变量定义完成后，就可以在页面中使用了。

图 4-3-7 "阶段变量"对话框

图 4-3-8 创建的"阶段变量"

（4）定义应用程序变量（Application）

在 ASP 中可以使用应用程序变量存储和显示某些信息，这些信息在应用程序的生存期内被保持并且在用户改变时仍持续存在。与阶段变量类似，还可以用同样的方法定义应用程序变量，步骤如下：

① 在源代码中，已创建一个应用程序变量并为其指定值。例：<% Application("times") ="100"%>。

② 选择"绑定"面板，单击"+"按钮，选择"应用程序变量"，在弹出的"应用程序变量"对话框中输入变量名称"times"，单击"确定"按钮。

应用程序变量 times 出现在"绑定"面板中。在定义了应用程序变量后，就可以在页面中使用了。

（5）定义请求变量

要定义请求变量，可按下面的步骤来进行。

① 新建或打开动态网页文件。

② 选择"绑定"面板，单击"+"按钮，选择"请求变量"，在弹出的"请求变量"对话框（图 4-3-9）中进行设置：在"类型"下拉列表框中选择"Request.QueryString"选项。表 4-3-1 列出了该下拉列表框中各对象的基本属性。

图 4-3-9 "请求变量"对话框

表 4-3-1 各请求变量的含义

变　　　量	含　　　义
Request.Cookie	存储 Cookie 数据
Request.QueryString	获取用户使用 get 方式提交的表单数据或 URL 参数
Request.Form	获取 post 方式提交的表单数据
Request.ServerVariables	获取客户端环境变量
Request.ClientCertificates	客户端证书

在"名称"文本框中输入请求变量的名称。单击"确定"按钮，刚定义的请求变量就会出现在"绑定"面板中，可以直接在页面中使用。

拓展与提高

HTML 属性绑定

可以使用"绑定"面板或属性检查器绑定 HTML 属性，实现 HTML 属性的动态化。

（1）使用"绑定"面板将 HTML 属性动态化

【例 4-1】将一个图片的 HTML 属性动态化（4-1.asp）。

操作步骤如下：

① 新建动态网页文件（4-1.asp）。

② 打开"绑定"面板（见图 4-3-10），定义合适的数据源（记录集、请求变量等），例：记录集。

③ 在"设计"视图中选择 HTML 对象，例：选择一个图像。

④ 在"绑定"面板中，从列表中选择一种内容源。例：email。

⑤ 在"绑定到"下拉列表框中，选择一种 HTML 属性。例：img.alt。

⑥ 单击"绑定"按钮，将 HTML 属性动态化。

当该页面在应用程序服务器中运行时，数据源的值将会赋给该 HTML 属性。本例中鼠标指向图片时显示当前学生记录的 email，效果如图 4-3-11 所示。

图 4-3-10 "绑定" HTML 属性   图 4-3-11 图像的动态属性

（2）使用属性检查器将 HTML 属性动态化

【例 4-2】在网页的一个下拉菜单中显示 student 数据库中 xsb 的所有学号（4-2.asp）。

操作步骤如下：

① 新建动态网页文件（4-2.asp）。

② 打开"绑定"面板，定义合适的数据源（记录集、请求变量等），例：记录集。

③ 在"设计"视图中插入或选择选择 HTML 对象，本例中可以插入一个下拉菜单。

④ 选中下拉菜单，在"属性检查器"中，单击"动态"按钮，弹出"动态列表/菜单"对话框。如图 4-3-12。

● 菜单：选择要使之成为动态对象的"列表/菜单"表单对象。

● 静态选项：允许在列表或菜单中输入默认项。

● 来自记录集的选项：选择要用作内容源的记录集，本例为记录集 rs。

● 值：选择包含菜单项值的域。

● 标签：选择包含菜单项标签文字的域。

● 选取值等于：设置在浏览器中打开页面或者在表单中显示记录时，处于选定状态的菜单项。可以输入静态值，或者可通过单击该框旁边的闪电图标，然后从数据源列表中选择动态值。

当该页面在应用程序服务器中运行时，数据源的值将会赋给该 HTML 属性，即单击"下拉菜单"显示数据表中的所有学号，如图 4-3-13 所示。

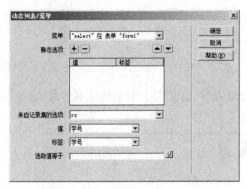

图 4-3-12　"动态列表/菜单"对话框

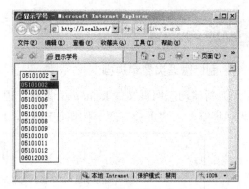

图 4-3-13　下拉菜单的动态显示

技能训练

1. 设计一个动态页面，显示"学生信息表"的所有记录。

2. 利用 Dreamweaver 的数据库功能，设计一个动态页面，显示学生成绩表（cjb）中所有"80"分以上的记录的学生学号、姓名、所选课程名称、授课教师和成绩，并按"成绩"降序排列。

3. 设计一个动态页面，能够通过表单向学生信息表（xsb）任意输入一条记录，输入成功后返回主页面。

思考与练习

1. "绑定"面板的作用是什么？

2. "绑定"面板可以定义哪些动态变量？

3. 如何使用"绑定"面板将 HTML 属性动态化？你能够想到将此项功能应用到何处？

任务四　制作管理员登录和删除、回复页面

任务描述

留言板除了能够显示留言、发布新留言外，还应该具有回复留言和删除留言的功能，但是这些功能只有管理员才具有相应权限，所以除了回复留言和删除留言页面之外，还需要制作一个管理员登录页面。

任务分析

管理员登录页面包括一个管理员登录表单，用户通过表单输入管理员的用户密码等信息后，单击"登录"按钮，检验输入的信息齐全、符合要求后，就会进入能够操作回复和删除留言的主页面，否则，提示错误信息，返回普通用户页面。

只有管理员正确登录后才能够进入回复留言和删除留言的页面。

方法与步骤

1. 制作管理员登录页面

① 新建动态网页文件 login.asp，设计管理员登录表单，定义两个文本域分别名为 xm 和 mm。插入"提交"和"重置"两个按钮如图 4-4-1 所示。

图 4-4-1　管理员登录表单

② 单击"服务器行为"面板的"+"按钮，选择"应用程序"→"用户鉴定"→"用户登录"命令，弹出"登录用户"对话框（见图 4-4-2），如图进行设置，将 xm 和 mm 文本域与 ly 连接中 gly 表中的 xm 和 mm 字段相对应，使用用户名和密码进行验证。

如果登录成功，转到 index.asp 主页文件，如果登录失败，转到 error.asp 错误页面。

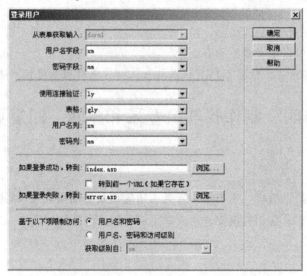

图 4-4-2　"登录用户"对话框

③ 选中"留言板"，链接到留言板首页。

④ 运行"管理员登录"文件，如图 4-4-3 所示，登录错误页面如图 4-4-4 所示。

2. 制作回复留言页面

（1）新建动态网页 reg.asp 并插入表单

图 4-4-3 管理员登录页面   图 4-4-4 错误页面

在页面上插入一个表单，在表单内建立一个 4 行 4 列的表格，按图合并单元格，提供让用户输入数据的区域。定义站长回复多行文本域为 ly，如图 4-4-5 所示。

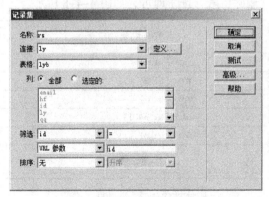

图 4-4-5 "回复留言"表单

（2）创建记录集

单击"绑定"面板的"+"按钮，选择"记录集（查询）"，在弹出的对话框中，定义记录集名称为 rs，连接到数据源 ly，表格选择 lyb，根据 id 筛选显示当前记录。如图 4-4-6 所示。

图 4-4-6 创建"记录集"

（3）数据绑定

使用"绑定"面板向页面中的相应位置插入动态数据（见图 4-4-5），绑定内容如下。

- 姓名：{rs.xm}；留言内容：{rs.ly}；站长回复文本域的初始值<%=rs("hf")%>；
- 选中 QQ 图片，在"绑定"面板中将 QQ 字段绑定到到 img.alt，当鼠标指向 QQ 图片时就会显示相应的 QQ 号。
- 选中 Email 图片，在"属性"面板的链接框中输入：

mailto:<%=(rs.Fields.Item("email").Value)%>，则鼠标单击 Eamil 图片时就会启动邮件服务器，用于向相应的邮箱发送邮件。

（4）更新记录

单击"绑定"面板的"+"按钮，选择"更新记录"命令，在"更新记录"对话框（见图 4-4-7）中选择各选项，连接到数据源 ly，表格选择 lyb，唯一键列为 id，更新后转到留言板主页 index.asp。

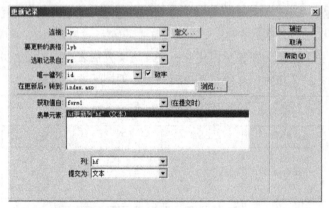

图 4-4-7 "更新记录"对话框

保存文件，管理员登录后进入 rep.asp 页，即可进行留言回复。

3. 制作删除留言页面

与回复留言类似，如果在第三步"服务器行为"面板中不是选择"更新记录"而是"删除记录"就可以完成对留言板数据库记录的删除。

（1）新建动态网页 del.asp 并插入表单

在页面上插入一个表单，在表单内建立一个 6 行 2 列的表格，与上面操作类似，进行单元格的合并，只插入一个"删除留言"按钮即可，如图 4-4-8 所示。

删除留言

ID：	{rs.id}
姓名：	{rs.xm}
QQ号：	{rs.qq}
Email：	{rs.email}
留言：	{rs.ly}

删除留言

图 4-4-8 "删除留言"表单

（2）创建记录集

单击"绑定"面板的"+"按钮，选择"记录集（查询）"，在弹出的对话框中定义记录集名称为 rs，连接到数据源 ly，表格选择 lyb，根据 id 筛选显示当前记录，如图 4-4-6 所示。

（3）数据绑定

使用"绑定"面板向页面中的相应位置插入动态数据，依次将 id、姓名、QQ、Email、留言与相应记录集的各字段进行绑定，如图 4-4-8 所示。

（4）删除记录

单击"绑定"面板的"+"按钮，选择"删除记录"，在弹出的"删除记录"对话框中选择各选项，连接到数据源 ly，表格选择 lyb，唯一键列为 id，更新后转到留言板主页 index.asp，如图 4-4-9 所示。

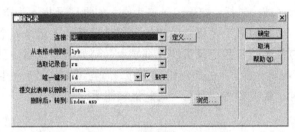

图 4-4-9　"删除记录"对话框

保存文件，管理员登录后运行 del.asp，即可进行留言删除。

4. 页面保护

由于删除及回复留言都是只有管理员才能够进行的操作，所以需要为这两个文件设置页面保护。

分别打开 rep.asp 和 del.asp 文件，单击"服务器行为"面板的"+"按钮，选择"用户身份验证"→"限制对页的访问"命令，弹出"限制对页的访问"对话框（见图 4-4-10），根据需要选择"用户名和密码"单选项，并设置错误时的转向页面（error.asp）。

图 4-4-10　"限制对页的访问"对话框

打开 IE 浏览器，测试一下吧！一个不用输入一行代码的留言板就设置好了！不过，这样设置步骤太为繁琐，而且由于代码均为自动生成，代码很多，不太容易看懂，修改及扩充网站时就会有一定的困难。所以 ASP 代码的掌握还是非常必要的。

相关知识

使用服务器行为

服务器行为是在设计时插入到动态页中的指令组，这些指令在运行时于服务器上执行。

单击面板上的"+"按钮，可以添加服务器行为；单击"−"按钮，可以删除服务器行为。

Dreamweaver 内嵌的服务器行为包括重复区域、显示区域、记录集分页、转到详细页面、转到相关页面、插入记录、更新记录、删除记录和用户验证等。

（1）重复区域

"重复区域"服务器行为用来定义一段网页区域，这段区域中的代码可以重复执行，并最终构成完整的网页。因为是重复执行的，所以重复区域的外观或表现方式都一样。重复区域常常用来循环显示数据库记录集，用表格显示可以使页面记录更加整齐。

（2）显示区域

在制作网页时，常常需要根据某特定的条件值来选择是否显示某些对象。这时候，就可以将这些对象定义为显示区域。包括：如果记录集为空、如果记录集不为空、如果为第一条记录、如果不是第一条记录、如果为最后一条记录、如果不是最后一条记录 6 个选项。

显示区域使用最为普遍的就是记录集的分页显示，例如当浏览第一页或第一条记录（如果为第一条记录）时，需要将"首页"的超级链接隐藏；而当浏览到最后一页或最后一条记录（如果为最后一条记录）时，就需要将"尾页"的超链接隐藏。

（3）记录集分页

对于记录数很多的记录集，如果一次性全部显示在网页上，不仅网页响应速度很慢，而且网页也因为很长，导致上下拉动和查看信息较为麻烦，这时就需要应用到"记录集分页"服务器行为。

"记录集分页"分为移至第一条记录、移至上一条记录、移至下一条记录、移至最后一条记录、移至特定记录 5 个选项。

也可以选择"插入"→"应用程序对象"→"记录集分页"→"记录集导航条"命令，通过记录集导航条可一次向网页中加入第一条、上一条、下一条、最后一条的导航条。

（4）转到详细页面

"转到详细页面"服务器行为用来在两个页面之间传递参数，而且这两个页面之间是类似父子的关系。如果要从大量的数据当中筛选出有用的数据，最简单的方法就是：首先查看这些记录的概要信息（如留言板主页对留言的浏览），基本确定为对自己有用的数据，然后就可以查看该记录的详细信息（如回复或删除留言）。

"转到详细页面"服务器行为就可以实现上述从记录的概要信息转到详细页面的过程。

（5）转到相关页面

"转到相关页面"服务器行为同"转到详细页面"服务器行为类似，都能将参数从一个页面传递到另一个页面，不同的是两个页面之间并不是父子关系，而是更为普遍的对等关系。

（6）插入记录

"插入记录"服务器行为在 Dreamweaver 中用来完成数据录入的功能，这也是所有动态网站中必不可少的一项功能。使用该项行为，可以将自动表单的元素和记录集的字段进行绑定，从而完成表单提交后写数据库的过程。

（7）更新记录

"更新记录"服务器行为用来完成数据修改的功能。在数据查看修改页面，用户修改了某些字段之后，单击"提交"按钮，"更新记录"服务器行为会自动将表单的值提交到数据库中。

（8）删除记录

"删除记录"服务器行为用来自动完成数据删除的功能。

（9）用户验证

"用户身份验证"服务器行为又分为"登录用户"、"限制对页的访问"和"注销用户"、"检查新用户名"等，主要用来完成从限制用户访问、限制关键词重复的记录、入库到用户注销等整个安全环节。

技能训练

参考实例，利用 Dreamweaver 实现一个留言板制作的全过程。如有可能，对留言板进行适当的扩充和美化。如对留言板的内容进行合法性检查（QQ 只能输入数字）以防止空的或非法的内容进入；加入留言查询可以查询出某个留言者的所有留言；用户注册与登录等。

思考与练习

1. 如何使用"应用程序面板组"在网页中通过表单为数据表插入一条新记录？
2. 如何使用"应用程序面板组"在网页中通过表单更新数据表的一条指定记录？
3. 如何使用"应用程序面板组"在网页中通过下拉菜单选择一个学号，删除该记录？
4. 如何使用"应用程序面板组"在网页中进行用户身份验证？
5. 如何使用"应用程序面板组"在网页中加入一个动态导航条？

项目实训　制作校友论坛

一、项目描述

在校友录中创建一个校友论坛，校友可在此进行在线交流，发表不同的观点。也可发起讨论主题，建立主题论坛，校友可以选择自己感兴趣的内容参与讨论、发表意见、结交朋友。

二、项目要求

1. 设计校友论坛的流程，画出流程图。
2. 能够根据网站要求进行论坛数据库和数据表的设计，利用表之间的关系同时访问多个表（如论坛主题由某个校友发起，可以通过另一个校友信息表查询发起校友的详细信息等）。
3. 能够提高数据库的安全性，通过不同方法进行数据库的安全设置。
4. 使用 Dreamweaver 中的"应用程序面板组"完成论坛的主要设计。
5. 校友论坛要有主题页面、主题讨论显示页面、发表意见页面等组成。还可显示本主题的浏览次数及回复次数等信息。

三、项目提示

1. 要完成论坛首先要进行论坛数据库及数据表的设计，可以设计一个主题表，包括各项主题的 ID、名称、内容、发起人等信息，再设计一个回复表，包括回复 ID、主题 ID、回复人、回复内容等信息，通过数据表之间的一对多联系在页面中显示主题及回复的内容。
2. 使用"应用程序面板组"与代码设计相结合进行数据库连接、创建记录集、进行数据绑定、使用服务器行为完成 ASP 动态论坛的制作。

四、项目评价

项目实训评价表

能 力 要求	内 容		评 价		
	能 力 目 标	评 价 项 目	3	2	1
职 业 能 力	数据库与数据表的设计	能够根据要求合理设计数据库与数据表			
		能够保护数据库，进行数据库的安全设置			
	制作校友论坛	能够掌握论坛的基本功能与流程			
		能够完成论坛主题及内容的显示			
		能够显示各主题的内容及回复			
		能够显示各主题的浏览次数及回复次数			
		能够创建新主题			
		能够使用"应用程序"面板组完成主要功能			
	应用程序面板组	能够使用"数据库"面板完成数据库的连接、编辑及删除			
		能够使用"绑定"面板定义记录集、阶段变量、应用程序变量、请求变量，进行数据绑定			
		能够使用"服务器行为"面板进行插入记录、更新记录、删除记录、转到详细页等操作			
通 用 能 力	独立构思能力				
	解决问题能力				
	逻辑思维能力				
	自我学习能力				
	组织能力				
	创新能力				
综合评价					

单元 ⑤

制作校园新闻系统

引言

新闻发布系统是一个新闻网站不可缺少的部分，它的内容对于决策者和管理者来说都是至关重要的。在网站中放置新闻，更新的频率一般很大，纯静态页面的新闻系统必然带来很大的工作量，这时使用动态网站的数据库功能一方面可以快速地发布信息，另一方面可以很容易地存储以前的新闻，便于浏览者或管理者查阅，还可以使页面风格更加完整统一，更重要的是避免重复直接修改主要页面，保持网站的稳定性。

任务一　建立网站数据库

任务描述

校园新闻系统是一个典型的新闻信息管理系统，其开发主要包括后台数据库的建立、维护及前端应用程序的开发两个方面。

校园新闻系统主页面如图 5-1-1 所示。

图 5-1-1　校园新闻系统主页面

"校园新闻系统"的基本功能如下。

① 新闻标题显示：可根据需要显示最新的部分或全部新闻标题。

② 动态生成新闻页面：单击任意新闻标题可动态生成风格完全统一的新闻页面（并配插图），采用如图 5-1-2 所示的统一风格。

③ 新闻标题分页显示：新闻较多时可分页显示，并设计相应页码链接。

④ 新闻添加、更新及删除功能：管理员可随时登录进入新闻管理页面，进行新闻录入、更新及删除等管理。

图 5-1-2　新闻显示页面

任务分析

校园新闻系统最主要的功能是动态新闻发布、显示与管理功能，该系统采用 Access 后台数据库，主要包含管理员表（用于管理员登录）和新闻表（存储新闻标题和内容等信息）。

通过对前台应用程序的操作实现对动态新闻发布系统数据库各个表中记录的查询、添加、修改、删除等操作。这使后台数据库与前台应用程序相对独立，从而提高了整个系统的稳定性和安全性。

系统流程图如图 5-1-3 所示。

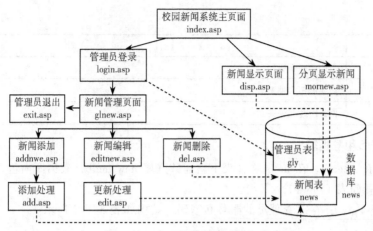

图 5-1-3 "校园新闻系统"流程图

方法与步骤

1. 创建本地站点

① 在 F:\ASP 文件夹下建立一个名为 news 的文件夹作为"校园新闻系统"文件夹,并在 news 文件夹下建立一个名为 images 的图片文件夹,专门用于存入新闻发布时上传的新闻图片,另建一个 image 的文件夹用于存放其他网站所需要图片。

② 启动 IIS,发布建立好的文件夹 F:\ASP\news,设置其默认文档为 index.asp。

③ 打开网页制作软件 Dreamweaver,选择"站点"→"新建站点"命令,建立一个名为"校园新闻系统"的站点,其本地根文件夹为 F:\ASP\news。

④ 在站点根文件夹下建立动态网页文件,如表 5-1-1 所示。

表 5-1-1 校园新闻系统文件说明

文 件 名	文 件 说 明
news.mdb	校园新闻系统数据库,包括一个管理员表 gly 和一个新闻表 news
index.asp	新闻系统主页面
disp.asp	新闻显示页面
morenew.asp	新闻分页显示页面
login.asp	管理员登录处理页面
glnew.asp	新闻管理页面
exit.asp	管理员退出处理
gl.inc	登录校验文件
addnew.asp	新闻增加页面
add.asp	新闻增加处理页面
htmlenc.inc	新闻代码转化文件
editnew.asp	新闻编辑页面
edit.asp	新闻更新页面

续表

文 件 名	文 件 说 明
del.asp	新闻删除页面
images	新闻配图文件夹
image	网站图片文件夹

2. 建立数据库和数据表

启动 Microsoft Access，在 news 文件夹下新建数据库 news.mdb，数据库内包含两个表：管理员表（gly）和新闻表（news）。

① 管理员表（gly）：存放管理员的账号和密码，结构如表 5-1-2 所示。

表 5-1-2　管理员表结构（gly）

字 段 名	字 段 描 述	字 段 类 型	字 段 长 度	备 注
zh	管理员的账号	文本	20	主键
mm	管理员的密码	文本	20	—

② 新闻表（news）：保存所有新闻信息，结构如表 5-1-3 所示。

表 5-1-3　新闻表结构（news）

字 段 名	字 段 描 述	字 段 类 型	字 段 长 度	备 注
ID	新闻 ID 号	自动编号	—	主键
title	新闻标题	文本	50	—
author	新闻作者	文本	20	—
images	新闻配图文件路径	文本	50	—
content	新闻内容	备注	—	—

任务二　制作校园新闻显示页面

任务描述

校园新闻系统的主页面可显示数据库中新闻表最新的部分或全部新闻标题，单击任意新闻标题可由程序自动生成风格统一的新闻页面，并可显示上一篇、下一篇的新闻标题及链接。为使新闻页面更加灵活，同时使用滚动字幕显示最新新闻标题。

主页面中还包含管理员登录表单，用于管理员对新闻进行添加、修改、删除等管理。

任务分析

主页面中的管理员登录系统与以前的用户登录系统相类似。新闻显示页面则通过前台应用程序实现对新闻系统数据库新闻表中记录的查询、浏览等操作来完成。

本任务通过 OLE DB 驱动程序连接数据库中的新闻表。

方法与步骤

1. 制作新闻系统主页面（index.asp）

（1）制作管理员登录表单

打开 news 下的网页文件 index.asp，输入网页标题"新闻页面"，然后再设计如下页面，在左侧单元格"管理员入口"下部设计如下表单，如图 5-2-1 所示。

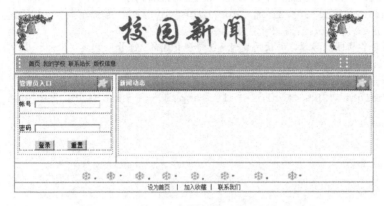

图 5-2-1　主页面中的"管理员登录"表单

按表 5-2-1 所示设置表单元素的属性。

设置表单属性：方法——POST、动作——login.asp（管理员登录文件）。

表 5-2-1　主页面表单元素属性设置表

标　签	名　称	类　型	属　性　设　置
账号	Zh	文本域	—
密码	mm	密码域	—
—	b1	提交表单按钮	值为"登录"
—	b2	重设表单按钮	值为"重置"

（2）新闻标题的显示（最新 8 条新闻）

在页面右侧单元格（"新闻动态"下部）加入一个 2 行 1 列的表格，如图 5-2-2 所示。

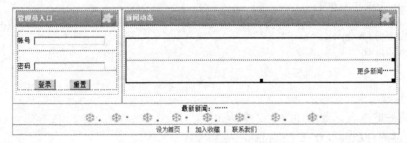

图 5-2-2　"新闻动态"中的表格

打开"代码"视图，在表格的相应位置输入脚本代码，输入后的表格完整代码如下：

```
<TABLE width="100%" height="89" border="0" cellpadding="0" cellspacing="0"
class="text1">
```

```
<%
  set myconn=server.createobject("ADODB.Connection")
  '使用 OLE DB 连接数据库
   myconn.ConnectionString = "PROVIDER=Microsoft.Jet.OLEDB.4.0;DATA SOURCE
   =" &  Server.MapPath("news.mdb")
  myconn.Open
  Set rs=Server.CreateObject("ADODB.Recordset")
  '执行 select 语句，获得一个记录集，按 id 降序排列
  sql="select top 8 * from news order by id Desc"
  rs.Open sql,myconn,3,2
  '循环显示各新闻的标题，并使用变量 id 传递新闻的 id 号
  Do While not rs.eof %>
  <TR>
    <TD height="28"><A href="disp.asp?id=<%= rs("id") %>"><%= rs("title")
%>></A></TD>
  </TR>
<%
  rs.MoveNext
  Loop
%>
  <TR>
    <TD height="28"><DIV align="right"><A href="morenew.asp">更多新闻</A>……
</DIV></TD>
  </TR>
</TABLE>
```

"更多新闻"链接到分页显示新闻的 morenew.asp 文件。

3）使用滚动字幕显示最新 5 条新闻标题

在网页表格下部"最新新闻……"处输入如下代码用于滚动显示最新 5 条新闻的标题：

```
<MARQUEE id="asp" onMouseOver="asp.stop()" onMouseOut="asp.start()">
最新新闻：
<%
rs.Close
sql="select top 5 * from news order by id Desc"
rs.Open sql,myconn,3,2
Do While not rs.eof
  Response.Write("<A href='disp.asp?id="& rs("id") & "'>" & rs("title")&
"</A>   ")
  rs.MoveNext
Loop
%>……
</MARQUEE>
```

运行完成后的主页，效果如图 5-2-3 所示。

2. 制作新闻代码转化文件（htmlenc.inc）

由于新闻内容中可能会存在一些 HTML 字符，所以如果想正确显示新闻内容，需要先将内容进行代码转化，即将新闻内容中可能存在的 HTML 字符转化为能够直接显示的字符，如，将">"转化为">"，将"回车符 chr(32)"转化为" "等。

图 5-2-3　完成后的校园新闻系统主页面

将常见的字符转化编写为一个函数以供显示新闻时调用，函数存放于一个 inc 文件中，所有用到代码转化的文件可直接使用 include 包含此文件。

htmlenc.inc 文件代码如下：

```
<%
function HTMLEncode(fString)
    fString = Replace(fString, ">", "&gt;")
    fString = Replace(fString, "<", "&lt;")
    fString = Replace(fString, CHR(32), " ")
    fString = Replace(fString, CHR(13), "")
    fString = Replace(fString, CHR(10) & CHR(10), "</P><P>")
    fString = Replace(fString, CHR(10), "<BR>")
    HTMLEncode = fString
end function
%>
```

提　示

Chr(32)为空格符，chr(13)表示回车符，chr(10)则为换行符。

3. 制作新闻显示页面（disp.asp）

（1）页面设计

打开新闻显示页面 disp.asp，设计如图 5-2-4 所示页面，在"新闻动态"下的单元格内插入一个 4 行 1 列，宽 90% 的表格。

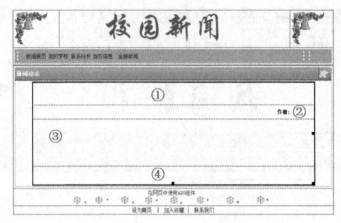

图 5-2-4　新闻显示页面布局

（2）连接数据表

切换到代码视图,在文档起始处加入如下代码,进行 OLE DB 数据库连接并包含 htmlenc.inc 文件:

```
<!--#include file="htmlenc.inc"-->
<%
  dim uid
  '接收传递过来的相应新闻的 id 号并转化为数值型
  uid=clng(request("id"))
  if uid<1 then uid=1
  set myconn=server.createobject("ADODB.Connection")
  set rs=server.CreateObject("ADODB.recordset")
myconn.ConnectionString="PROVIDER=Microsoft.Jet.OLEDB.4.0;DATA SOURCE="
  & Server.MapPath("news.mdb")
    myconn.Open
  '执行 select 语句，获得一个记录集
  rs.open "news",myconn,3,1
  for i=1 to rs.recordcount
  if rs("id")=uid then
%>
<TITLE><%=rs("title")%></TITLE>
```

在<TITLE></TITLE>之间加入代码：<%=rs("title")%>使网页文件的标题即为新闻标题。

技 巧

如果在<TITLE></TITLE>标记前已经进行了数据库操作，在<TITLE></TITLE>间可加入数据库的动态数据，显示动态标题。

（3）新闻内容的显示

在表格的第一行单元格（图 5-2-4 中①处），在代码视图相应位置输入<%=rs("title")%>，即在表格第一行显示新闻标题。

在表格的第二行单元格（图 5-2-4 中②处），在"作者"后面，代码视图相应位置输入<%=rs("author") %>，即在表格第二行显示新闻作者。

在表格的第三行单元格（图 5-2-4 中③处），在代码视图相应位置输入如下代码：

```
<IMG src="<%=rs("images")%>" align="left" width=150 height=120><%=HtmlEncode
(rs("context"))%>
```

即在表格第三行显示新闻内容并使用 htmlenc.inc 文件中的 HtmlEncode 函数进行了字符转化。

在表格的第四行单元格（图 5-2-4 中④处），在代码视图相应位置输入如下代码，结束本篇新闻的显示并通过移动数据表中的记录指针分别显示上一篇及下一篇新闻的标题：

```
<%
exit for
end if
rs.movenext
next
rs.moveprevious
if not rs.Bof then
  Response.Write "上一篇: "&"<a href=disp.asp?id="&rs("id")&">"&rs("title")
&"</a>"
else
    Response.write "上一篇: 没有了!"
end If
Response.Write "<BR><BR>"
rs.movenext
rs.movenext
if not rs.Eof then
  Response.Write "下一篇: "&"<a href=disp.asp?id="&rs("id")&">"&rs("title")
&"</a>"
else
    Response.write "下一篇: 没有了!"
end If
rs.Close
myconn.Close
%>
```

运行主页，打开各新闻标题的链接，效果如图 5-2-5 所示。

图 5-2-5　完成后的"新闻显示"页面

相关知识

使用 Recordset 对象定位记录指针

（1）控制记录指针移动的方法

- MoveNext：将光标移动到记录集的下一条位置。

【格式】`Recordset 对象. MoveNext`

- MovePrevious：将光标移动到记录集的上一条位置。

【格式】`Recordset 对象. MovePrevious`

- MoveFirst：将光标移动到记录集的第一条位置。

【格式】`Recordset 对象. MoveFirst`

- MoveLast：将光标移动到记录集的最后一条位置。

【格式】`Recordset 对象. MoveLast`

- Move n：将光标移动到记录集的指定位置，n 为正，向下移动，为负，则向上移动。

【格式】`Recordset 对象. Move n`

（2）判断和控制记录指针位置的属性

- Bof：指示当前记录集指针是否指向记录集开头。

【格式】`Recordset 对象. Bof`

- Eof：指示当前记录集指针是否指向记录集末尾。

【格式】`Recordset 对象.Eof`

- AbsolutePosition：用于设置当前记录指针所在的记录行的绝对值。

【格式】`Recordset 对象. AbsolutePosition=n`

拓展与提高

Include 语句

使用 ASP 的 #include 包含指令，可以在.asp 文件中插入一个文件。就是把 include 包含的文件的内容，调到当前文档里来使用。

【语法】`<!--#include virtual | file ="filename"-->`

【功能】读取被包含文件的全部内容并插入到该页中，替代`<!-- #include.. -->`行。

【参数】

- virtual 和 file：指示用来包含该文件的路径的类型。

- filename：包含文件的路径和名称。

【说明】

- 被包含文件不要求专门的文件扩展名，但一般的编程习惯是为包含文件赋予 .inc 扩展名以便和其他类型文件相区分。

- Virtual 关键字表示使用虚拟路径,例:`<!--#include virtual ="/myasp/gl.inc"-->`

- File 关键字表示使用相对路径，相对路径开始于含有该包含文件的目录。

例: `<!--#include file="Connections/ly.asp" -->`

　　`<!--#include file="htmlenc.inc"-->`

被包含文件可以在 Web 站点内的某个目录中，也可以在 Web 站点之外。如果被包含文件位于 Web 站点之外，当被包含文件被修改时，需要将 ASP 应用程序重新启动或 Web 服务器重新启动时，这种改变才能体现出来。所以一般将被包含文件置于 Web 站点中。

例：在当前网站根文件夹下有两个文件 admin.asp 和 gl.inc，要在 admin.asp 文件里导入 gl.inc 文件，可使用 include 语句包含 gl.inc 文件。

gl.inc 文件代码：

```
<%
if session("gly")="" then Response.Redirect("index.asp")
%>
```

admin.asp 文件代码：

```
<%@LANGUAGE="VBSCRIPT">
<html>
<head>
<title>管理员主页</title>
</head>
<body>
<!--#include file="gl.inc"-->
<%
这是管理员主页面
%>
</body>
</html>
```

导入后，admin.asp 文件就成了如下代码：

```
<%@LANGUAGE="VBSCRIPT">
<html>
<head>
<title>管理员主页</title>
</head>
<body>
<%
if session("gly")="" then Response.Redirect("index.asp")
%>
<%
这是管理员主页面
%>
</body>
</html>
```

导入后的结果就是如上代码，所以一般在被包含文件中，文件里不再需要 http 头或 body 之类的代码了，在被包含文件里定义的变量，在主文件 admin.asp 文件里也不需要再定义，再定义就是出现变量重复定义的错误了。

例：如果有一个包含几个脚本函数（或者只是单行脚本代码）的文件同时在几个页面中使用，则可以使用 #include 指令将其插入到需要它的每个网页中。

通过把脚本和内容分开的方法，给页面提供了一个组成层次。这意味着如果对脚本进行了修改，在客户端再次打开该页面时，脚本的修改情况自动地反映到使用包含文件的每个页面中。包含文件也是一种插入服务器特定信息的简单方法，所以把站点转移到另一个服务器不意味着必须编辑涉及原来服务器的所有页面（明显的例子是数据库连接字符串或指定一个完整的 URL 或服务器名字的链接），这可以极大地减少维护费用。

🌐 技能训练

设计网页中的记录导航（5-1.asp），如图 5-2-6 所示：

当表中一个记录的内容比较多时，每页只适合显示一条记录。利用指针定位的属性和方法制作记录导航（第一条、上一条、下一条、最后一条），即每个网页只显示当前记录，但可通过记录导航链接查看不同记录。

在网页 5-1.asp 中显示学生基本信息表（xsb）中的一个记录（以表格显示并适当加以美化），并设置记录导航条（第一条、上一条、下一条、最后一条）。

设计提示：

① 首先查询数据表并输出第一条记录的数据。

② 使用一个 Session 变量来保存当前记录指针的位置。并将变量值赋值给 rs.AbsolutePosition，以便定位当前记录指针。第一次调用程序时，Session 变量为空（此时 rs.AbsolutePosition 默认指向第一条记录），如果赋值给 rs.AbsolutePosition 则会出现错误。可使用如下代码：

```
If Session("pt") < > "" Then  rs.AbsolutePosition = Session("pt")
```

③ 导航条的设计使用"递归调用"，即由程序本身调用自己的处理方式。

④ 要进行错误处理。例：单击"上一条"链接时，指针要上移一条记录，但是当前记录是第一条记录时，指针上移一条则程序会出现错误。所以指针上移之前需要进行检查，使用了代码 `If pp= "previous" And rs.AbsolutePosition<>1 Then rs.Move -1`。

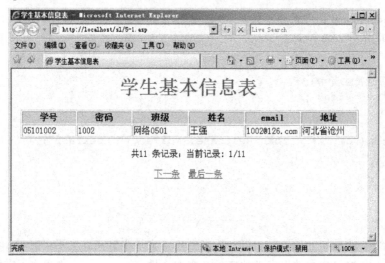

图 5-2-6　记录导航网页

✍ 思考与练习

1. Recordset 对象控制记录指针有哪些属性和方法，各有什么含义？

2. Include 语句中的 Virtual 关键字与 File 关键字有什么区别？举例说明。

3. 分析本任务中包含文件 htmlenc.inc 的作用。

4. 分析考虑哪些情况可以使用 include 语句？

任务三 制作新闻分页显示页面

任务描述

对于数据量较小的新闻表而言，一次显示所有的新闻是可行的，但是往往新闻表的数据量很大，要将所有的新闻一次显示在网页上，可能会因数据量太大，发生 TimeOut（超时）而不能正确显示结果。要解决这一问题，就需要网页上进行分页显示，即在一个页面中显示一组指定数目的记录，并提供上、下页链接或指定页数的查询方式。

大家熟悉的百度网站就将查询结果进行了分页显示。这也是网站中显示数据记录的一种常用方法。校园新闻系统主页面上只显示了 8 条最新新闻，其他新闻内容可以通过"更多新闻"中的分页方式进行显示。

任务分析

分页显示数据库记录时，需要用到 Recordset 对象的 3 个分页属性：PageSize、PageCount、AbsolutePage。

设计分页显示页面时，首先需要指定每页记录数（PageSize），根据每页记录数得到记录总页数（PageCount），然后确定当前页（AbsolutePage），再显示当前页中的所有记录。并在网页中显示当前页数、总页数及文字或图片的页面导航（第一页、上一页、下一页、最后一页）。也可以显示所有页号，并直接链接到相应页面，如图 5-3-1 所示。

图 5-3-1　新闻分页显示页面

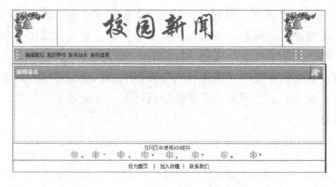

方法与步骤

1. 制作新闻分页显示页面（morenew.asp）

打开 news 下的网页文件 morenews.asp，输入网页标题"新闻显示页面"，然后再进行页面设计，如图 5-3-2。

图 5-3-2　新闻分页显示页面设计

在"新闻动态"下空白单元格内输入如下脚本即可完成新闻分页显示页面：

```asp
<%
' 子程序用于输出当前页面的所有记录
Sub showpage(rs,page)
  Response.Write "<center><table class='text1'  width=600>"
' 将页面指针定位于 Page 所指向的页
  rs.Absolutepage=page
  For i=1 to rs.PageSize
    rcount=rcount+1
    ' 使用不同颜色的表格行进行交叉显示
   If rcount Mod 2=0 Then
     bcolor="#ffffff"
   Else
     bcolor="#d9f2ff"
   End If
    Response.Write "<tr height=20 bgcolor=" & bcolor & ">"
   Response.Write "<td><A href=disp.asp?id="&rs("id")&">"& rs("title")&"</A>"
   Response.Write "</tr>"
   rs.MoveNext
  If rs.Eof then Exit For
  Next
  Response.Write "</table></center>"
End Sub
%>
<%
' 进行数据库连接
Set conn=Server.CreateObject("ADODB.connection")
conn.ConnectionString = "PROVIDER=Microsoft.Jet.OLEDB.4.0;DATA SOURCE=" &
Server.MapPath("news.mdb")
conn.Open
```

```
Set rs=Server.CreateObject("ADODB.recordSet")
rs.Open "select * from news order by id desc",conn,3
' 每页显示 10 条记录
rs.PageSize=10
' 接收传递过来的 pagetext 的参数值
page=Clng(Request.QueryString("pagetext"))
'页数小于 1 时一律定义其为 1
If page<1 then page=1
'页数大于总页数时定义其为总页数(最大值)
If page>rs.PageCount then page=rs.PageCount
' 调用子程序输出当前页记录
showpage rs,page
'用图片显示第一页、上一页、下一页、最后一页
If page<>1 then
  Response.Write "<a href=morenew.asp?pagetext=1><IMG src='image/First.
gif' width='14' height='13' border=0></a>  "
  Response.Write "<a href=morenew.asp?pagetext=" & (page-1) & "><IMG src='
image/Previous.gif' width='14' height='13' border=0></a>  "
End If
If page<>rs.PageCount then
  Response.Write "<a href=morenew.asp?pagetext=" & (page+1) & "><IMG src='
image/Next.gif' width='14' height='13' border=0></a>  "
  Response.Write "<a href=morenew.asp?pagetext=" & rs.PageCount & "><IMG
src='image/Last.gif' width='14' height='13' border=0></a>  "
End If
'使用 rs.PageCount 求出总页数,显示全部页数且均进行了链接设置
Response.Write("<P aling=center>")
for i=1 to rs.PageCount
  Response.Write("<A href=morenew.asp?pagetext="&i&">" &i&"</A> ")
Next
'使用 rs.PageCount 显示总页数
Response.Write("<FONT color=red>第"& page &"页/共" & rs.PageCount & "页
</FONT>")
Response.Write("</P>")
%>
```

运行程序，效果如图 5-3-1 所示。

2. 程序思路分析

① 首先使用 Pagesize 属性确定每页新闻总数。然后连接数据库查找当前页所有记录。

② 以 Page 变量来记录当前的页数，其处理规则为：

• 先接收传递的 pagetext 的值，再赋值给 rs.Absolutepage（当前页数）。

• 页数为 0 的处理：当 Page<1 时，设置 Page=1（If page<1 Then page=1）。

• 页数大于总页数的处理：当 Page 大于总页数 PageCount 时，设置 Page 为总页数（If page>rs.PageCount Then page=rs.PageCount）。

③ 调用子程序 showpage，同时将当前页数传递给子程序，以在子程序中显示当前页的所有记录。为使页面美观，子程序中的新闻在表格中使用不同颜色的表格行进行交叉显示。

④ 导航条的设计使用"递归调用"，即由程序本身调用自己的处理方式。

例：<a href=morenew.asp?pagetext=1><IMG src='image/First.gif' width='14' height='13' border=0></a>，单击"图片 image/First.gif（第一页）"则调用 morenew.asp 文件自身且将 pagetext 变量及其值 1 随链接进行了传递。

⑤ 不可用控制：如当前页为第一页时，第一页和上一页的图片不显示。这项操作使用分支语句来进行控制。

⑥ 页号链接控制：使用 rs.PageCount 求出总页数，通过循环显示全部页数，并进行链接设置。

这是一个比较复杂的综合实例，用到了 ASP 的多个知识点，如果仔细分析弄清弄懂，对 ASP 学习一定会有较大的帮助。

相关知识

使用 Recordset 对象进行分页

分页显示数据库记录时，需要用到 Recordset 对象的分页属性。

- PageSize：用于设置记录分页显示时每一页的记录数。

  【格式】Recordset 对象.PageSize=整数

- PageCount：返回分页显示记录时数据页的总数。

  【格式】变量=Recordset 对象.PageCount

- AbsolutePage：用于设置当前记录指针位于哪一页，该整数应该小于数据页的总数。

  【格式】Recordset 对象.AbsolutePage=整数

拓展与提高

使用 Command 对象操作数据库

ADO 的另一大对象——Command 对象是专为处理各种类型的命令而设计的，特别是那些需要参数的命令。这个对象通过命令的方式来完成对数据库的操作，它和 Connection、Recordset 这两个对象结合使用，除了能对数据表进行增删改等操作之外，更强大的功能在于支持批量操作和存储过程。利用它可以简化操作，提高效率。

前面已经分别使用 Connection 对象和 Recordset 对象进行了数据表的浏览，如果使用 Command 对象来进行同样的操作需要如下代码：

```
<%
Set mycomm=Server.CreateObject("ADODB.Command")        '创建 Command 对象
mycomm.ActiveConnection="DRIVER={Microsoft Access Driver (*.mdb)};" & "DBQ=" & Server.MapPath("sjk.mdb")        '连接数据库
mycomm.CommandType=1        '指定命令类型
'定义命令的可执行文本
mycomm.CommandText="SELECT * FROM xsb ORDER BY 学号"
Set rs=mycomm.Execute        '执行 SQL 命令
%>
```

从这个例子可以看到用 Command 对象来操作数据库的步骤：

① 首先创建一个 Command 对象。

② 设置 ActiveConnection 属性连接一个数据库。

③ 使用 CommandType 属性指定命令类型。

④ 使用 CommandText 属性定义命令（例如，SQL 语句）的可执行文本。

⑤ 最后调用 Command 的 Execute 方法执行查询并将结果返回给一个记录集对象实例。

（1）创建 Command 对象

【格式】`Set Command对象名=Server.CreateObject（"ADODB.Command"）`

（2）连接数据库——ActiveConnection 属性

【格式】`Command对象名.ActiveConnection="连接字符串"`

Command 对象可以通过设置 ActiveConnection 属性指定与 Connection 对象连接，可以直接设置为有效的连接字符串，也可以与打开的 Connection 对象相关联。

（3）设置命令类型——CommandType 属性

【格式】`Command对象名.CommandType=值`

CommandType 属性用于指定命令类型以优化性能，它的值可以设置或返回以下某个值。

- 1：CommandText 的类型为 SQL 语句。
- 2：CommandText 的类型为数据表名称。
- 4：CommandText 的类型为存储过程名称。
- 8：默认值，CommandText 属性中的命令类型是未知。

如果知道正在使用的命令类型，可以通过设置 CommandType 属性直接执行相关代码，如果采用默认值 8，系统的性能将会降低。

（4）定义命令的可执行文本——CommandText 属性

【格式】`Command对象名.CommandText="字符串"`

使用 CommandType 属性定义命令类型后，还需要使用 CommandText 属性定义命令的可执行文本，即要发送给程序的命令文本。例如：SQL 查询语句、表名称或存储的过程调用。

（5）执行命令——Execute 方法

【格式】

① 有返回结果：

`Set RecordSet对象名 = Command对象名.Execute（[记录数[，参数值[，选项]]]）`

② 无返回结果：

`Command对象名.Execute [记录数[，参数值[，选项]]]`

- 记录数，指定程序返回操作的记录数目。
- 参数值，用于向需要参数的存储过程传递参数值，两个以上参数用数组传递参数值。如果 CommandType 属性为 1 和 2（SQL 和表），不需参数，此项可省略。
- 选项，未设 CommandType 属性时在此处设置命令类型，一般省略。

如果使用 Command 对象执行查询命令，要求返回一个记录集对象实例，可以使用有返回结果的语法结构，将返回结果使用 RecordSet 对象来输出。如果执行的命令是插入、删除或者更新，直接调用 Execute 方法执行就可以了。

【例 5-1】使用 Command 对象将学生信息表（xsb）中"张晓林"同学的班级修改为"软件 0501"（5-2.asp）。

```
<%
Set mycomm=Server.CreateObject("ADODB.Command")
' 定义连接字符串
```

```
mycomm.ActiveConnection="DRIVER={Microsoft Access Driver (*.mdb)};" &
"DBQ=" & Server.MapPath("student.mdb")
' 定义命令类型
mycomm.CommandType=1
' 定义命令的可执行文本
mycomm.CommandText="UPDATE xsb SET 班级='软件0501' WHERE 姓名='张晓林'"
' 执行命令
mycomm.Execute
Response.Write("记录已修改")
%>
```

（6）设定命令执行的超时时间——CommandTimeOut 属性

【格式】`Command 对象名.CommandTimeOut=seconds`

使用 CommandTimeout 属性设置提供用户等待命令执行的最长时间，即程序等命令执行的秒数。该属性设置或返回长整型值，默认值为 30 秒。

技能训练

1. 分页显示学生基本信息表（xsb）中的所有记录，每页显示 5 条记录（5-3.asp），如图 5-3-3 所示。

要求：

① 在每页的下方提供目前页数、总页数及页面导航（第一页、上一页、下一页、最后一页）。如果当前页为第一页，"第一页"和"上一页"显示灰色且不可用；如果当前页为最后一页，"下一页"和"最后一页"显示灰色且不可用。

② 加入文本框，可以直接输入要显示的页号，如果输入页号小于第一页则显示第一页，如果输入页号大于最后一页则显示最后一页。

③ 显示所有页号，并且直接链接到相应页面。

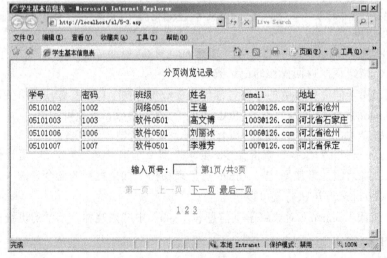

图 5-3-3　分页效果图

2. 设计一个网页，能够分页（每页 5 个）、显示学生学号、班级、姓名、选修课程号、课程名称、成绩及授课教师姓名（5-4.asp），并按分数高低升序排列，如图 5-3-4 所示。

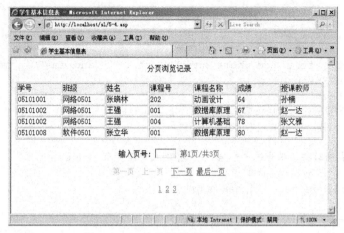

图 5-3-4 按分数排序的分页页面

思考与练习

1. 使用 Recordset 对象对记录集进行分页的属性有哪些？
2. 认识理解使用 Command 对象操作数据库的步骤。
3. 如何使用 Command 对象对数据表中的记录进行更新和删除？

任务四 管理员的登录与退出

任务描述

与留言板、聊天室不同，新闻管理系统可以不要求用户进行登录注册，但是必须有一个管理员的登录系统以用于新闻的发布与管理。

任务分析

本任务是一个简单的登录系统，管理员的信息保存于数据表（gly）中，管理员不需要注册（其注册信息可先保存于数据表中），只要登录直接进入新闻管理页面即可进行新闻管理。

方法与步骤

1. 设计管理员登录处理文件（login.asp）

在"校园新闻系统"的主页面 index.asp 设计了一个管理员登录的表单，表单中包含账号（zh）和密码（mm）用于管理员的输入，表单的动作为 login.asp。

为 login.asp 编写代码，进行管理员登录信息验证处理。

```
<%
Set conn=Server.Createobject("ADODB.Connection")
conn.ConnectionString = "PROVIDER=Microsoft.Jet.OLEDB.4.0;DATA SOURCE=" &
Server.MapPath("news.mdb")
```

```
conn.open
zh=Request.Form("zh")
mm=Request.Form("mm")
sql="select * from gly where zh='" & zh & "' and mm='" & mm & "'"
Set rs=conn.Execute(sql)
If rs.Eof then
'管理员账号或密码输入错误返回主页面
    Response.Redirect ("index.asp")
Else
'管理员登录成功后将其账号记入 Session 并进入管理页面 glnew.asp
    session("gly")=true
    Response.Redirect("glnew.asp")
End If
conn.Close
Set conn=Nothing
%>
```

2. 编写管理员登录校验文件（gl.inc）

当管理员登录成功后即将其账号写入了 Session 变量，为了防止不登录直接输入新闻管理文件或以直接输入文件名的方式进入网站管理页面，可在管理页面中通过判断 Session 来进行登录校验，相应代码可写入一个文件（gl.inc）。

文件代码如下：

```
<%
if session("gly")="" then Response.Redirect("index.asp")
%>
```

使用 include 语句，在所有管理页面中包含此文件即可，语句代码：<!--#include file= "gl.inc"-->。

3. 设计管理员退出页面（exit.asp）

管理员登录时其账号写入了 Session 变量，当其退出时，只要清空 Session 变量并将页面重定向至新闻系统首页即可，打开 exit.asp 文件，输入如下代码：

```
<%
Session("gly")=""
Response.Redirect("index.asp")
%>
```

4. 设计新闻管理页面（glnew.asp）

新闻管理页面（见图 5-4-1）主要包含了 3 个部分。

- 新闻添加发布功能：通过链接到新闻添加的 addnew.asp 文件进行新闻添加与发布。
- 新闻编辑、删除功能：右侧的新闻标题显示区与任务三的分页页面基本相同，只是在显示的标题后还包含了新闻的删除与编辑，直接链接到其删除（delnew.asp）和编辑（editnew.asp）页面。
- 管理员退出："退出管理"链接到管理员退出页面 exit.asp。

（1）页面设计

打开 glnew.asp 文件，设计如图 5-4-2 所示的页面。

其中，"新闻添加"链接 addnew.asp 文件；"新闻编辑、删除"链接文件 glnew.asp 文件本身；"退出管理"链接 exit.asp 文件。

图 5-4-1　新闻管理页面

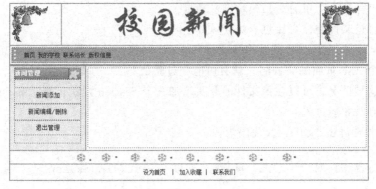

图 5-4-2　新闻管理页面设计

（2）输入脚本

切换到页面视图，在页面右侧的空白单元格内输入代码，代码与任务三中分页显示页面的代码相类似，只需要把显示新闻的子程序 Sub showpage(rs,page)修改成如下代码即可：

```
<%
' 子程序用于输出当前页面的所有记录，包含编辑和删除链接
Sub showpage(rs,page)
  Response.Write "<center><table class='text1'  width=600>"
' 将页面指针定位于 Page 所指向的页
  rs.Absolutepage=page
  For i=1 to rs.PageSize
    rcount=rcount+1
   If rcount Mod 2=0 Then
     bcolor="#ffffff"
   Else
     bcolor="#d9f2ff"
   End If
Response.Write "<tr height=20 bgcolor=" & bcolor & ">"
```

```
   Response.Write "<td width=480><A target='_blank' href=disp.asp?id="&rs
.("id")&">"& rs("title")&"</A>"
   Response.Write "<td width=60><A href=del.asp?id="&rs("id")&">"& "&nb-
sp; 删除</A>"
   Response.Write  "<td  width=60><A  href=editnew.asp?id="&rs("id")&">"&
"  编辑</A>"
   Response.Write "</tr>"
   rs.MoveNext
   If rs.Eof then Exit For
   Next
   Response.Write "</table></center>"
End Sub
%>
```

 相关知识

ASP 的安全对策

尽管 ASP 是开发网站应用最快速有效的工具，但是 ASP 从开始应用到现在一直受到多个漏洞、后门的困扰，其安全问题不容忽视。因此在 ASP 开发网站的过程中，需要不断地提高自己的安全意识和设计能力，更有效地保护网站数据。

（1）防止绕过文件验证直接进入 ASP 页面

如果用户知道了一个 ASP 页面的路径和文件名，而该文件需要密码验证才能进去，但是用户直接输入这个 ASP 页面的文件名，就有可能绕过验证。

为了防止这种情况，可以在该文件的开头增加一个 Session 判断，判断 Session 变量是否为空，只有不为空时才能进入。

例：任务中的 gl.inc 文件，其代码为：

```
<%
if session("gly")="" then Response.Redirect("index.asp")
%>
```

将此文件用 include 语句包含于每一个需要验证的文件中。

当然，还可以用其他方法进行保护，如跟踪上一个页面的文件名，只有从上一页面转进来的会话才能读取这个页面，也可以防止直接输入文件名进入绕过验证的情况发生。也可以多种方法联合使用，以保证数据的安全性。

（2）防止非法的用户名和密码进入 ASP 页面

很多网站把密码放到数据库中，在登录验证中用如下 SQL 语句进行验证：

```
<%
Set conn=Server.Createobject("ADODB.Connection")
conn.ConnectionString = "PROVIDER=Microsoft.Jet.OLEDB.4.0;DATA SOURCE=" &
Server.MapPath("news.mdb")
conn.open
zh=Request.Form("zh")            '获取表单中的用户名
mm=Request.Form("mm")             '获取表单中的密码
'将用户名和密码与数据表中的管理员用户名和密码进行验证
sql="select * from gly where zh='" & zh & "' and mm='" & mm & "'"
'通过验证进入管理员页面，否则进入错误页面
%>
```

本任务中"校园新闻系统"的主页面 index.asp 文件中的管理员的登录也采用了这种方法。但是这种方式有一个漏洞，如果根据 SQL 语句构造一个特殊的用户名或密码，例："A' or '1'='1，那么程序执行时将通过验证，直接进入管理员页面。

解决这个问题，可以通过对输入的内容进行验证，如检测并屏蔽单引号"'"等符号，或验证程序中，添加验证从表单提交的数据是否与数据库中取出的记录一致的程序等方法来解决。

在此介绍使用客户端 VBScript 脚本检测并屏蔽单引号"'"的方法，对"校园新闻系统"的主页面 index.asp 进行修改（修改后的文件保存为 index1.asp）。

① 在 Dreamweaver 中打开 index.asp 文件。

② 切换到代码视图，在<HTML>前加入如下代码：

```
<SCRIPT language="VBScript" type="text/VBScript">
sub check()
<!--  检查必须添写的项目是否准确的填写-->
if instr(form1.zh.value, "'")<>0 then
  msgbox "请输入正确用户名！"
  focusto(1)
  exit sub
end if
if instr(form1.mm.value, "'")<>0 then
  msgbox "请输入正确密码！"
  focusto(2)
  exit sub
end if
form1.submit
end sub
<!--  焦点返回指定表单元素-->
Sub focusto(x)
        document.form1.elements(x).focus()
end sub
</SCRIPT>
```

③ 将"管理员登录"表单中的"登录"按钮由"提交按钮（ Submit ）"改为"普通按钮（ Button ）"，并加入 OnClick 属性，代码如下：

```
<INPUT type="button" name="Submit4" value="登录" onClick="check">
```

运行文件，尝试非法密码进入则出现错误提示。

拓展与提高

控制 ASP 文件的转向

（1）调用指定的 ASP 文件——使用 Server 对象的 Execute 方法

① Server.Execute 的功能：Server.Execute 方法调用一个 ASP 文件并且执行它，执行完毕后再返回主文件，类似于许多语言中的类或子程序的调用。

② Server.Execute 的语法：`Server.Execute ( Path )`

【参数】Path 为指定执行的那个 ASP 文件的路径。

【执行过程】执行主文件遇到 Server.Execute 语句后，程序调用并执行子文件，子文件执行完后返回主文件继续执行。

当调用 Execute 方法时，停止当前页面的执行，并将控制转到 Path 指定的页面。用户的当前环境也传递到新的页面。在该页面执行完成后，控制传递回原来的页面，并继续执行 Execute 方法后面的语句。有了 Server.Execute 方法，就可以将一个复杂的应用程序分成各个模块，可以将那些经常使用的模块写在另一个.asp 文件中，需要时通过 Execute 方法来调用。

（2）将控制权转移给其他 ASP 文件——使用 Server 对象的 Transfer 方法

① Server.Transfer 方法的功能：Server.Transfer 方法会把一个正在执行的 ASP 文件的所有信息传给另外一个 ASP 文件。

② Server.Transfer 方法的语法：Server.Transfer (Path)

【参数】Path 将要接收信息的 ASP 文件的位置。

【执行过程】执行主文件遇到 Server.Transfer 语句后，程序转向子文件执行，执行后不返回主文件。

当调用 Transfer 方法时，把控制转到 Path 参数所指定的页面，用户的会话状态和当前事务状态也传递到新的页面，所有保存在 Session 或 Application 中的信息都会被传送。Request 集合的所有内容在新的页面中也都是可用的，即所有当前请求的信息都会被接收信息的 ASP 文件所接受。

注 意

Server.Execute、Server.Transfer 与 Response.Redirect 的异同：

Server.Execute 方法相当于子程序的调用，它执行完被调用程序后会返回调用它的程序，这是它与其他两种方法的最根本区别。

使用 Server.Transfer 方法调用另一个文件，会进行控制权的转移，所有内置对象的值都将一起"转移"并保留至重新导向后的网页，例如 Session 变量的值等。而 Redirect 方法则仅转移控制权，而不会保留内置对象的值。

Response.Redirect 方法可转移至任一网站的任一网页，而 Server 的 Transfer 方法和 Execute 方法则只能调用本网站的其他网页而不能对其他网站进行转移和调用。

技能训练

1. 制作一个校友录的新闻浏览页面。
2. 制作完成校友录的管理员登录系统。

思考与练习

1. 思考：如何更好地保护 ASP 文件登录注册系统？查阅网上相关资料，写出一篇小论文。
2. Server.Execute、Server.Transfer 与 Response.Redirect 有何异同？考虑一下它们分别在什么情况下适用。

任务五　新闻的添加、更新与删除

任务描述

新闻系统需要不断地添加发布最新的新闻信息，同时也需要不断进行过期新闻的删除或对已发布的新闻进行修改更新，本任务就是进一步完善新闻管理系统，进行新闻的添加、更新与删除。

任务分析

在新闻管理页面中分别设计了到新闻添加、新闻编辑、新闻删除页面的链接，以完成新闻管理。

新闻添加可使用表单将新闻标题、作者和内容等添加到新闻数据表中，比较难以实现的是新闻配图的添加与上传，本任务可使用 lyfupload.dll 组件进行新闻图片的上传并根据上传时间动态生成文件名。新闻的删除和编辑比较简单，只要直接将数据表中的指定新闻进行删除（delete）及更新（update）即可。

为了防止文件名直接登录进入新闻管理，在所有的新闻管理相关页面包含登录校验文件gl.inc。

方法与步骤

1. 完成新闻的添加

（1）制作添加新闻表单页面（addnew.asp）

打开 news 下的网页文件 addnew.asp，输入网页标题"新闻添加"，在网页中插入一个表单，如图 5-5-1 所示。

图 5-5-1　添加新闻表单

表单中各对象的属性设置如表 5-5-1 所示。

表 5-5-1 "添加新闻"表单元素属性设置表

标 签	名 称	类 型	属 性 设 置	说 明
新闻标题	newtitle	文本域	—	—
作者	newauthor	文本域	—	—
新闻内容	newtext	菜单	—	—
配图文件	newimage	菜单	—	—
—	b1	普通按钮	值为"新闻添加"	调用 check 函数，进行表单验证
—	b2	重设表单按钮	值为"重新输入"	—

定义表单的动作为 add.asp（新闻添加处理显示页面），方法为 POST，其 MIME 类型为 multipart/form-data（因为配图文件要进行上传，所以表单的 MIME 类型一定要定义为这一项）。

切换到代码视图，在文章的起始处输入如下代码：

```
<!--#include file="gl.inc"-->
<SCRIPT Language="VBScript">
sub check()
<!--  检查必须添写的项目是否准确的填写-->
if myform.newtitle.value=empty then
  msgbox "新闻标题不能为空！"
  focusto(0)
  exit sub
end if
if myform.newauthor.value=empty then
  msgbox "作者不能为空！"
  focusto(1)
  exit sub
end if
if myform.newtext.value=empty then
  msgbox "新闻内容不能为空！"
  focusto(2)
  exit sub
end if
if myform.newimage.value=empty then
  msgbox "请选择新闻配图！"
  focusto(3)
  exit sub
end if
myform.submit
end sub
Sub focusto(x)
        document.myform.elements(x).focus()
end sub
</SCRIPT>
```

（2）制作新闻添加显示页面（add.asp）

打开 news 下的网页文件 add.asp，输入网页标题"新闻添加显示页面"，设计如图 5-5-2 所示页面。

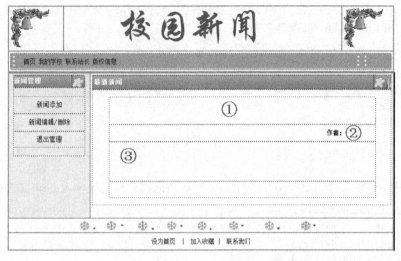

图 5-5-2　新闻添加显示页面

完成左侧的相应链接，切换到代码视图，在图示相应位置输入代码以完成输入新闻的显示。
在网页代码起始处输入如下代码：

```
<!--#include file="htmlenc.inc"-->
<!--#include file="gl.inc"-->
<%
    '建立上传组件 LyfUpload 组件对象，接收配图文件
    Set obj = Server.CreateObject("LyfUpload.UploadFile")
    filename="newimage"
    '指定配图文件所在的文件夹
    path=request.ServerVariables("APPL_PHYSICAL_PATH") & "news\images"
    '取得上传文件的扩展名
    filetype=obj.filetype("newimage")
  If Trim(filetype)="image/gif" Then
    extname=".gif"
  ElseIf Trim(filetype)="image/pjpeg" Then
    extname=".jpg"
  End If
    '根据当前时间重新命名新闻配图文件
 varfname=Year(Date()) & Right("0" & Month(Date()),2) & Right("0" &
Day(Date()),2) &Right("0" & Hour(Time()),2) & Right("0" & Minute(Time()),2)
& Right("0" & Second(Time()),2) &extname
    '上传配图文件到服务器
    ss=obj.SaveFile(filename, path, false,varfname)
    '接收新闻标题、作者及新闻内容
  dim v(3)
  v(0)=obj.Request("newtitle")
  v(1)=obj.Request("newauthor")
  v(2)=Server.HTMLencode(obj.Request("newtext"))
  v(3)="images/" & varfname
  set cn=server.createobject("ADODB.Connection")
    set rs=Server.CreateObject("ADODB.Recordset")
```

```
cn.ConnectionString = "PROVIDER=Microsoft.Jet.OLEDB.4.0;DATA SOURCE=" &
Server.MapPath("news.mdb")
   cn.Open
rs.Open "news",cn,3,2
   '添加新记录
rs.Addnew Array("title","author","context","images"),v
   rs.Update
   '查找新记录并显示
s2="select * from news order by id desc"
set rs=cn.execute (s2)
%>
```

在图示的①处输入代码<%=rs("title")%>显示新闻标题；在②处输入<%= rs("author") %>显示作者；在③处输入如下代码：

```
<IMG src="<%=rs("images")%>" align="left" width=150 height="120"> <%=Html
Encode(rs("context"))%>
```

用于显示新闻配图和新闻内容。

（3）运行及调试

打开"校园新闻管理系统"主页 index.asp，输入管理员的账号及密码进入新闻管理页面 glnew.asp，单击"新闻添加"链接进入"新闻添加"页面 addnew.asp，如图 5-5-3 所示。

输入新闻标题、作者、新闻内容并选择合适的新闻配图文件后，单击"新闻添加"按钮进入"新闻添加显示页面"add.asp，如图 5-5-4 所示，显示添加成功的新闻。

单击"退出管理"按钮退出新闻管理页面进入"校园新闻系统"主页面，观察主页内的新闻标题，最新闻添加的新闻出现在新闻的最上部最醒目位置，如图 5-5-5 所示。

图 5-5-3　添加新闻

图 5-5-4　新闻添加成功

图 5-5-5　添加的新闻出现在最醒目位置

2．完成新闻的更新

（1）制作新闻编辑表单页面（editnew.asp）

打开 news 下的网页文件 editnew.asp，输入网页标题"新闻编辑"，在网页中插入一个表单，如图 5-5-6 所示。

表单的属性设置如表 5-5-2 所示。

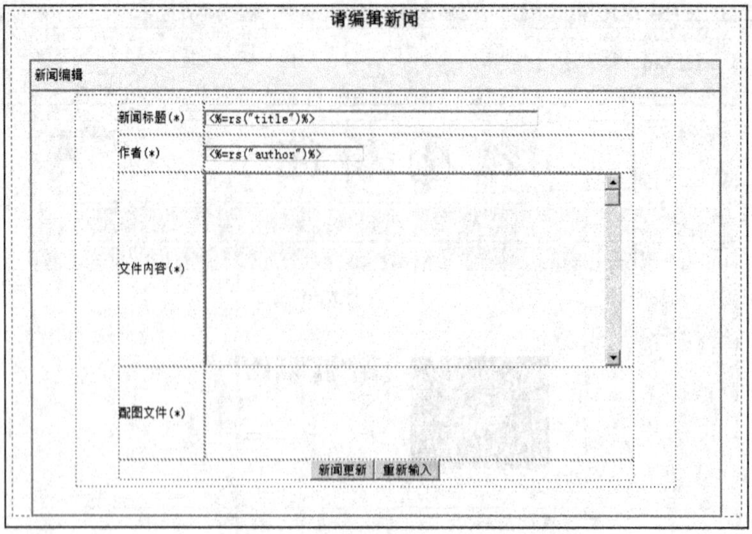

图 5-5-6 "新闻编辑"表单

表 5-5-2 "新闻编辑"表单元素属性设置表

标　签	名　称	类　型	属性设置	说　　明
新闻标题	newtitle	文本域	—	初始值为：<%=rs("title")%>
作者	newauthor	文本域	—	初始值为：<%=rs("author")%>
新闻内容	newtext	菜单	—	初始值为：<%=rs("context")%>
—	b1	普通按钮	值为"新闻更新"	调用 check 函数，进行表单验证
—	b2	重设表单按钮	值为"重新输入"	—

　　在"配图文件"右侧单元格内输入：<IMG src=<%=rs("images")%> width="156" height="53" align="middle">显示编辑新闻的配图文件（不允许修改）。

　　定义表单的动作为 edit.asp（新闻更新显示页面），方法为 POST。

　　切换到代码视图，在文章的起始处输入如下代码：

```
<!--#include file="gl.inc"-->
<%
'获得要编辑新闻的 ID 号
id=request.querystring("id")
'如果 id 为空，则重定向到新闻管理网页
if id="" then
  response.redirect "glnew.asp"
end if
'使用 Connection 对象连接数据库并显示编辑新闻
Set conn=Server.CreateObject("ADODB.connection")
conn.ConnectionString = "PROVIDER=Microsoft.Jet.OLEDB.4.0;DATA SOURCE=" &
Server.MapPath("news.mdb")
conn.Open
set rs=conn.execute("select * from news where id=" & id)
%>
<SCRIPT Language="VBScript">
sub check()
```

```
<!--   检查必须添写的项目是否准确的填写-->
if myform.newtitle.value=empty then
  msgbox "新闻标题不能为空！"
  focusto(0)
  exit sub
end if
if myform.newauthor.value=empty then
  msgbox "作者不能为空！"
  focusto(1)
  exit sub
end if
if myform.newtext.value=empty then
  msgbox "新闻内容不能为空！"
  focusto(2)
  exit sub
end if
myform.submit
end sub
Sub focusto(x)
      document.myform.elements(x).focus()
end sub
</SCRIPT>
```

（2）制作新闻更新显示页面（edit.asp）

打开 news 下的网页文件 edit.asp，输入网页标题"新闻更新显示页面"，设计如图 5-5-7 所示页面。

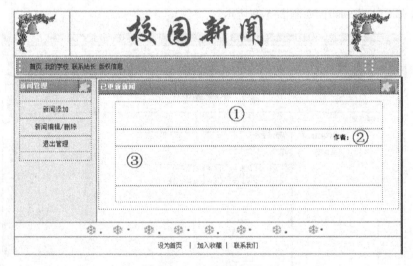

图 5-5-7　新闻更新页面

完成左侧的相应链接，切换到代码视图，在图示相应位置输入代码以完成输入新闻的显示。

在网页代码起始处输入如下代码：

```
<!--#include file="htmlenc.inc"-->
<!--#include file="gl.inc"-->
<%
'获得要编辑新闻的 ID 号
```

```
id=request.querystring("id")
'如果 id 为空，则重定向到新闻管理网页
if id="" then
    response.redirect "glnew.asp"
end if
'使用 Connection 对象连接数据库并显示编辑新闻
Set conn=Server.CreateObject("ADODB.connection")
conn.ConnectionString = "PROVIDER=Microsoft.Jet.OLEDB.4.0;DATA SOURCE=" &
Server.MapPath("news.mdb")
conn.Open
Set rs=Server.CreateObject("ADODB.Recordset")
rs.open "select * from news where id=" & id,conn,3,2
    dim v(2)
    v(0)=Request("newtitle")
    v(1)=Request("newauthor")
    v(2)=Server.HTMLencode(Request("newtext"))
    rs.Update Array("title","author","context"),v
%>
```

同样，在图示的①、②、③处分别输入相应代码以显示新闻标题、作者、新闻配图和新闻内容。

（3）运行及调试

打开"校园新闻管理系统"主页 index.asp，输入管理员的账号及密码进入新闻管理页面 glnew.asp，单击最新新闻后链接进入"新闻编辑"页面 editnew.asp，如图 5-5-8 所示。

修改新闻标题、作者、新闻内容（配图文件不允许修改），单击"新闻更新"按钮进入"新闻更新显示页面"edit.asp，如图 5-5-9 所示。

图 5-5-8　更新新闻

图 5-5-9　新闻更新成功

3. 完成新闻的删除（del.asp）

打开 news 下的网页文件 del.asp，输入如下代码即可完成指定新闻的删除：

```
<%@ language="vbScript"%>
<!--#include file="gl.inc"-->
<%
'获得删除新闻 ID 号
id=request.querystring("id")
'如果 id 为空，则不删除记录，重定向到新闻管理网页
if id="" then
  response.redirect "glnew.asp"
end if
'使用 Connection 对象连接数据库并删除过期新闻
Set conn=Server.CreateObject("ADODB.connection")
conn.ConnectionString = "PROVIDER=Microsoft.Jet.OLEDB.4.0;DATA SOURCE=" &
Server.MapPath("news.mdb")
conn.Open
Set rs=Server.CreateObject("ADODB.Recordset")
rs.open "select * from news where id=" & id,conn,3,2
rs.delete
'回到显示页面
response.Redirect("glnew.asp")
%>
```

相关知识

使用 Recordset 对象操作数据记录

（1）添加记录——Addnew

【功能】在数据库表中添加一行新记录。

【语法】Recordset 对象.Addnew [字段名数组，字段值数组]

【说明】参数省略时为增加一条空记录。

例：
```
<%
    Dim f(1) : Dim v(1)
    f(0)="学号" : f(1)="姓名"
    v(0)="06012014" : v(1)="王一峰"
    rs.Addnew f, v
%>
```

以上代码也可用如下语句表示：

```
<% rs.Addnew Array("学号","姓名") , Array("06012014" , "王一峰") %>
```

代码含义：向当前连接的数据库表中添加一行新记录，学号="06012014"，姓名="王一峰"，其中学号和姓名都是当前数据表中的字段。

在新闻添加显示页面（add.asp）中使用了如下添加记录代码，将接收来的数据放入 v(3)数组中，添加到当前数据库表的末尾。

```
<%
dim v(3)
v(0)=obj.Request("newtitle")
v(1)=obj.Request("newauthor")
v(2)=Server.HTMLencode(obj.Request("newtext"))
v(3)="images/" & varfname
rs.Addnew Array("title","author","context","images"),v
rs.Update
%>
```

（2）更新记录——Update

【功能】对记录集中的记录进行更新。

【语法】Recordset 对象.Update [字段名数组，字段值数组]

【说明】参数作用与 Addnew 相同，不同之处在于 Update 方法为更新当前记录而不是追加新记录。省略参数时，将自动更新以前的操作（如插入），并将数据存入数据库。

例：
```
<%
    rs.Addnew
    rs.Update Array("学号","姓名","英语"),Array("06014008","吕林", 100)
%>
```

代码含义：先插入一个空记录，再将这个记录的学号、姓名、英语三个字段的值分别更新为"06014008"，"吕林"，"100"。

在新闻更新显示页面（edit.asp）中使用了如下更新代码，将接收来的数据放入 v(2)数组中，对数据库表的当前记录进行了更新：

```
<%
dim v(2)
```

```
v(0)=Request("newtitle")
v(1)=Request("newauthor")
v(2)=Server.HTMLencode(Request("newtext"))
rs.Update Array("title","author","context"),v
%>
```

（3）取消数据更新——CancelUpdate

【功能】取消刚才所做的对记录集的操作。

【语法】Recordset 对象.CancelUpdate

（4）删除当前记录——Delete

【功能】对记录集中的记录进行删除。

【语法】Recordset 对象.Delete

在新闻删除文件（del.asp）中使用了如下代码，删除了查找到的指定 id 的记录。

```
<%
rs.open "select * from news where id=" & id,conn,3,2
rs.delete
%>
```

拓展与提高

1. 认识 ASP 组件

组件是包含在动态链接库（.dll）或可执行文件（.exe）中的可执行代码，可以提供一个或多个对象以及对象的方法和属性。

组件是可以重复使用的。在服务器上安装了某个组件后，就可以从 ASP 脚本、服务器上的其他组件或由另一种 COM 兼容语言编写的程序中调用该组件。

每一个组件（包括 ADO 组件）都与内置对象不同，在 ASP 中使用由组件提供的对象之前应首先创建这些对象的实例并为这个新的实例分配变量名，然后再使用对象的属性和方法进行相关操作。创建对象实例时，必须提供实例的注册名称。

有两种方法可以用于创建对象的实例：一种是使用 Server 对象的 CreateObject 方法，另一种是使用 HTML 中的 OBJECT 标记。

（1）使用 Server.CreateObject 方法创建服务器组件实例

【格式】<% Set　组件实例名 = Server.CreateObject（"组件注册名"）%>

例：<% Set　AD= Server.CreateObject("MSWC.AdRotator") %>

创建一个广告轮显组件的对象实例并将该对象引用赋给变量 AD。

在 ASP 页面中，一般都使用本方法创建实例，实例的作用范围就在本网页内。

（2）使用 OBJECT 标记创建服务器组件实例

【格式】<OBJECT RUNAT = "Server" SCOPE = "组件作用域" ID = "组件实例名" PROGID = "组件注册名"></OBJECT>

- RUNAT 属性：设为 Server，说明是服务器端脚本。
- SCOPE 属性：组件对象的作用范围，如 Session、Application 或 Page。

  如果在普通 ASP 文件中使用 OBJECT 标记，必须将 SCOPE 属性设置为 Page 属性，此时所创建的对象只能在本页面中使用。

如果在 global.asa 文件中使用 OBJECT 标记，SCOPE 属性可设置为 Session 或 Application，此时所创建的对象可以在当前会话或整个应用程序中使用。

例：创建一个具有页面作用域的 AdRotator 对象 AD。

```
<OBJECT RUNAT = "Server" SCOPE = "Page" ID = "AD" PROGID= "MSWC.AdRotator">
</OBJECT>
```

2. 文件上传组件

ADO 组件是最常见的组件，本任务中使用了一个文件上传组件——LyfUpload 完成新闻配图文件的上传。LyfUpload 是一个免费的 ASP 组件（lyfupload.dll），它可以在 ASP 页面中接收客户端浏览器使用 encType="multipart/form-data"表单（Form）上传的文件。

（1）LyfUpload 组件的注册

组件文件：Lyfupload.dll

组件功能：LyfUpload 组件支持单文件上传、多文件上传、限制文件大小上传、限制某一类型文件上传、文件上传到数据库、数据库中读取文件及文件上传重命名等功能。

组件注册：选择"开始"→"运行"命令，输入"regsvr32 F:\lyfupload.dll"后按回车键，注册成功弹出如图 5-5-10 所示对话框。

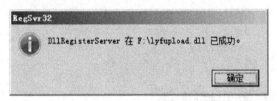

图 5-5-10　组件注册成功

> **注 意**
>
> 注册组件时，一定要写清组件文件所在的路径及名称并保证这个文件的存在，如 F:\lyfupload.dll。

（2）LyfUpload 组件的创建

创建上传组件代码如下：

```
<% Set obj = Server.CreateObject("LyfUpload.UploadFile") %>
```

> **注 意**
>
> 以下 LyfUpload 组件的方法和属性介绍中均使用其创建的组件实例 obj。

（3）LyfUpload 组件的方法

① Request 方法：得到上一个页面中表单元素的值。

例：v(0)=obj.Request("newtitle")，newtitle 为表单元素名。

返回值为表单元素的值，字符串类型。

② FileType 方法：得到上传文件的 Content-Type。

例：obj. FileType("filename")，filename 为表单中上传文件元素名。

返回值：文件上传成功，返回文件的 Content-Type，不成功，返回为 """"。

如 gif 文件的返回值（即 Content-Type）为 image/gif；jpg 文件的 Content-Type 为 image/pjpeg。如下代码可确定上传文件是这两类图片文件的哪一种并得到其扩展名。

```
<%
'取得上传文件的 Content-Type 类型，newimage 为表单中要上传文件元素名
filetype=obj.filetype("newimage")
```

```
'根据上传文件 Content-Type 类型，得到其扩展名 extname
If  Trim(filetype)="image/gif" Then
    extname=".gif"
Else Trim(filetype)="image/pjpeg" Then
    extname=".jpg"
End If
%>
```

③ SaveFile 方法：上传客户端选择的文件。

例：ss=obj.SaveFile(filename, path, false,varfname)

【说明】

● filename 为 Form 中文件元素的名字。

● path 为要文件保存在服务器上的目录。

● false 表明上传文件方式为不覆盖上传，如覆盖方式上传则为 true。

● Varfname（可选参数）为文件上传后重命名保存的名字，无此参数以原文件名命名。

【返回值】

● 成功，返回上传文件的名字。

● 不成功，如果上传失败，返回为 """"。

● 不成功，如果上传文件后缀不对，返回为 0（当设置了 extName 属性时有效）。

● 不成功，如果上传文件的大小太大，返回为 1（当设置了 MaxSize 属性时有效）。

● 不成功，如果上传文件同服务器上已有文件相同，返回为 2（当设置了参数 strway 为 false 时有效）。

④ SaveFileToDb 方法：上传各类文件到数据库中（同 savefile 方法不同的是直接保存文件到数据库中而不保存为盘文件）。

例：obj.SaveFile("filename")，filename 为 Form 中文件元素的名字。

【返回值】

● 成功，返回上传的文件的名字。

● 不成功，如果上传失败，返回为 """"。

● 不成功，如果上传文件后缀不对，返回为 0（当设置了 extName 属性时有效）。

● 不成功，如果上传文件的大小太大，返回为 1（当设置了 MaxSize 属性时有效）。

⑤ About 方法：显示 LyfUpload 组件的作者及版本号等信息。

例：
```
<%
    dim ss
    Set ss = Server.CreateObject("LyfUpload.UploadFile")'创建 LyfUpload 组件对象
    ss.about                              '显示 LyfUpload 组件相关信息
%>
```

（4）LyfUpload 组件的属性

① ExtName 属性：限制上传文件的类型。

例：obj.extname="gif"，设置文件上传只能是 gif 文件。

obj.extname="gif,jpg,bmp"，多文件类型设置，扩展名间用","隔开。

② MaxSize 属性：限制上传文件的大小。

例：obj.maxsize=2048，设置上传的文件最大为 2048 个字节（2KB）。

③ FileSize 属性：得到上传文件的大小。

例：response.write obj.filesize，输出上传文件的大小。

（5）LyfUpload 组件实例

【例5-2】完成一个普通文件的上传，如图5-5-11、图5-5-12所示。

① 设计表单页面（5-5.htm），代码如下：

```
<HEAD>
<META http-equiv="Content-Type" content="text/html; charset=gb2312" />
<TITLE>文件上传组件</TITLE>
</HEAD>
<BODY>
<FORM method="POST" enctype="multipart/form-data" action="5-5.asp">
<P>文本框1: <INPUT type="text" name="text1" size="20"><BR>
选择文件: <INPUT type="file" name="file1"><BR>
<INPUT type="submit" value="上传"></P>
</FORM>
</BODY>
</HTML>
```

② 后台处理程序（5-5.asp）中加入下面代码：

```
<%
Set obj=Server.CreateObject("LyfUpload.UploadFile")
txt=obj.request("text1")                           '得到form元素的值
Response.Write("文本框1的输入值是: "&txt)
Response.Write"<br>"
ss=obj.SaveFile("file1","C:\temp",true)            '保存文件到服务器
aa=obj.filetype("file1")
if ss<>""then
Response.Write"选择的文件已经上载到服务器! <br>"
Response.Write("文件名: "&ss)
Response.Write("<br>Content-Type: "&aa)'得到 Content-Type
end if
%>
```

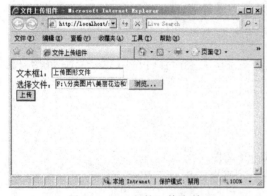

图 5-5-11　文件上传表单

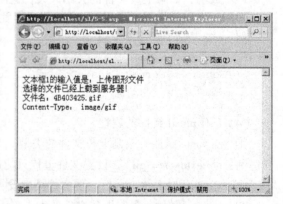

图 5-5-12　文件上传成功

技能训练

1. 通过一个管理员登录系统进入新闻管理页面，制作一个具有新闻添加、更新、删除功能的校友录新闻系统。

2. 尝试完成一个作业提交系统，学生用自己的学号和密码登录进入作业提交系统，将自己的作业文件（文件名为自己的学号）通过表单提交给老师，存入指定的服务器位置（如 D:\练习），文件名不变。

思考与练习

1. Recordset 对象如何添加、更新、删除记录？
2. 在网上查找任意一个文件上传组件，认识其属性和方法，并用其来完成一个普通文件的上传。

项目实训　制作校友录新闻系统

一、项目描述

在校友录中，新闻系统是网站的一个重要组成部分，动态新闻系统的及时添加及更新，可以体现新闻的及时性，提高网站的访问量。

二、项目要求

1. 设计新闻系统的流程，画出流程图。
2. 使用 OLEDB 的方式进行数据库的连接。
3. 在数据库中对新闻进行分类，能够在新闻主页面中进行新闻的分类显示。
4. 能够进行新闻的分页显示与新闻间的链接。
5. 能够使用文件上传组件进行文件的上传。
6. 设计管理员登录表单及管理员页面。
7. 管理员能够进行新闻的添加、更新与删除
8. 发布自己的网站，在客户端进行访问和测试。

三、项目提示

1. 在数据库的新闻表中可以设计一个分类字段，以方便进行新闻的分类显示。

2. 新闻的分页显示要考虑到各种特殊情况，进行错误处理，如果新闻 ID 使用自动编号，当新闻删除后 ID 不连续时新闻间的链接仍然要正确。

3. 尽可能地控制文件上传组件上传文件的类型，如类型错要进行错误处理。

4. 管理员的登录进入要考虑到 ASP 及数据库的安全，如不登录直接访问文件处理、非法用户名和密码的处理等。

5. 使用 Include 文件包含可简化一些常用文件模块的使用。

四、项目评价

项目实训评价表

能力要求	内容		评价		
	能力目标	评价项目	3	2	1
职业能力	数据库的连接	能够正确使用 OLE DB 的方式连接数据库			
	制作校友录新闻系统	能够掌握新闻系统的基本功能与流程			
		能够完成新闻内容的显示			
		能够进行新闻的分类显示			
		能够进行新闻的分页显示			
		能够以管理员的身份进行新闻的添加、更新与删除			
		能够控制新闻内容的 HTML 字符的显示			
	ASP 安全	能够使用不同方法控制用户不登录直接访问网页文件			
		能够防止非法的用户名和密码进入 ASP 页面			
	文件上传组件	能够注册、使用文件上传组件			
		能够使用文件上传组件进行文件上传，并对文件进行重命名，存入数据库			
通用能力	欣赏设计能力				
	独立构思能力				
	解决问题能力				
	逻辑思维能力				
	自我学习能力				
	组织能力				
	创新能力				
综合评价					

单元 六

制作校园人才网系统

引言

随着 Internet 的发展，网络在人们生活中的应用越来越广泛。校园人才网为学生找工作提供了方便、快捷的途径。对招聘单位来说，校园人才网为他们提供了查询、检索学生信息库的条件，使招聘工作人员的初选工作变得轻松易行。系统的开发为学生及招聘单位带来了很大的方便，使他们足不出户就可以轻松地完成求职和招聘。

本系统主要由企业招聘、个人求职、招聘信息和求职信息查询、人才快讯、政策法规、网站调查以及推荐企业广告组成。其中涉及广告组件、链接组件以及模糊查询、分页显示等知识。后台数据库采用 SQL Server 2000 数据库，使用 ODBC 进行数据库的连接。

任务一　建立系统数据库

任务描述

数据库的建立是校园人才网开发过程中非常重要的一个环节。一个良好的数据库，它的存储结构必须经过严格的设计，必须经过调查研究，分析系统中用到哪些数据，这些数据分配到哪些数据表中，还必须清楚每一模块要使用的数据以及数据间的相互关系，然后建立数据表。数据库是整个系统的核心之一。整个系统以 SQL Server 为后台数据库，它功能强大，安全性高，适合大中型数据库应用。

校园人才网首页如图 6-1-1 所示。

图 6-1-1　校园人才网首页

任务分析

校园人才网的基本功能如下：

① 企业招聘与个人求职信息发布。

② 求职、招聘信息查询与显示。

③ 人才快讯信息显示。

④ 政策法规信息显示。

⑤ 企业推荐广告。

⑥ 网站调查与结果显示。

校园人才网涉及求职人员信息、企业招聘信息、人才快讯信息以及网站调查等数据，对应这些信息的数据表有个人求职信息表（gr 表）、企业招聘信息表（qy 表）、人才快讯表（news 表）和网站调查表（dc 表）。政策法规使用单独页面，不存放在数据库中。

方法与步骤

1. 创建本地站点

① 在 F:\ASP 文件夹下建立一个名为 job 的文件夹作为校园人才网文件夹，并在 job 文件夹下建立一个名为 images 的图片文件夹，将准备好的图片放在该文件夹中。

② 启动 IIS，发布建立好的文件夹 F:\ASP\job，虚拟目录名为 job，设置其默认文档为 index.asp。

③ 打开网页制作软件 Dreamweaver，选择"站点"→"新建站点"命令，建立一个名为"校园人才网"的站点，其本地根文件夹为 F:\ASP\job。

④ 在站点根文件夹下建立动态网页文件，如表 6-1-1 所示。

表 6-1-1　校园人才网系统文件说明

文　件　名	文　　件　　说　　明
index.asp	校园人才网首页
style.css	CSS 样式表
conn.asp	数据库连接包含文件
top.asp	网页顶部导航包含文件
bottom.asp	版权信息包含文件
zhpxx.asp	招聘信息列表
zhpxq.asp	招聘信息详情显示
zhaopin.asp	添加招聘信息
zhaopinok.asp	招聘信息添加处理
qzhxx.asp	求职信息列表
qzhxq.asp	求职信息详情显示
qiuzhi.asp	添加求职信息
qiuzhiok.asp	求职信息添加处理
xinwen.asp	新闻列表
xwxq.asp	新闻详情

续表

文　件　名	文　件　说　明
zhengce.asp	政策列表
zhc1.asp～zhc8.asp	政策法规详情
zhclb.txt	政策列表文本文件
dh.inc	政策法规导航包含文件
zhrc.asp	人才信息查询结果显示
zhzw.asp	职位信息查询结果显示
dch.asp	网站调查结果显示
pop.asp	企业推荐弹出窗口
adrot.txt	企业推荐轮显列表文件
adredir.asp	企业推荐转向文件
jobdb_data.mdf	数据库文件
jobdb_log.ldf	数据库日志文件

2. 建立数据库和数据表

根据系统要求设计数据库和数据表，数据库名为 jobdb，数据库的存放位置为 F:\ASP\job\。

① 依次选择"开始"→"程序"→"Microsoft SQL Server"→"企业管理器"命令，打开"SQL Server Enterprise Manager"窗口，然后在"控制台根目录"窗格中，依次展开"Microsoft SQL Servers"→"SQL Server 组"→（LOCAL）（Windows NT），右击"数据库"文件夹，在弹出的快捷菜单中选择"新建数据库"命令，如图 6-1-2 所示。

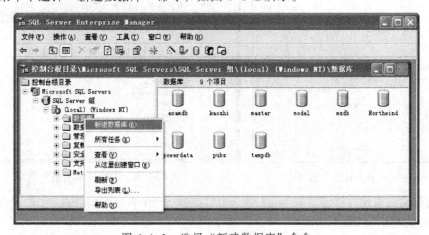

图 6-1-2　选择"新建数据库"命令

② 弹出"数据库属性"对话框，在"常规"选项卡的"名称"文本框中输入要新建的数据库名 jobdb，如图 6-1-3 所示。

③ 切换到"数据文件"选项卡，在此选项卡中可设置数据库文件的名称、位置、大小，单击"位置"栏中的▨按钮，将文件的位置改为 F:\ASP\job\，其余保持默认，如图 6-1-4 所示。

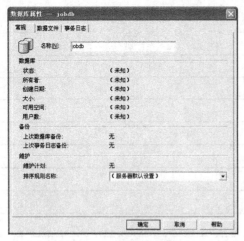

图 6-1-3 "常规"选项卡

图 6-1-4 "数据文件"选项卡

④ 切换到"事务日志"选项卡，在此选项卡中设置事务日志文件的名称、位置和大小，单击"位置"栏中的█按钮，将文件的位置改为 F:\ASP\job\，其余保持默认，如图 6-1-5 所示。单击"确定"按钮，创建 jobdb 数据库完成。

根据数据库需求分析，本系统需要创建 4 个表，下面以个人求职信息表为例说明。

① 在"控制台根目录"窗格中选中 jobdb 数据库，将其展开，右击"表"选项，选择"新建表"命令，如图 6-1-6 所示。

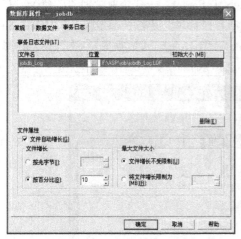

图 6-1-5 "事务日志"选项卡

图 6-1-6 选择"新建表"命令

② 在打开的表设计器窗口中，建立第一个数据表——个人求职信息表 gr，用来存放求职信息，表结构如表 6-1-2 所示。

表 6-1-2 个人求职信息表（gr）结构

字 段 名	字 段 描 述	字 段 类 型	字 段 长 度	备 注
id	求职者 ID	int	4	不能为空，标识
xm	姓名	nvarchar	8	—
xb	性别	nvarchar	2	—

续表

字 段 名	字 段 描 述	字 段 类 型	字 段 长 度	备 注
nl	年龄	int	4	—
zy	所学专业	nvarchar	50	—
xl	学历	nvarchar	10	—
byxx	毕业学校	nvarchar	50	—
dz	通信地址	nvarchar	100	—
dh	电话	nvarchar	50	—
zw	求职职位	nvarchar	50	—
yx	月薪	int	4	—
rq	求职日期	smalldatetime	4	—

③ 按表 6-1-2 所示结构在表设计器中分别输入列名、数据类型、长度和允许空等内容,其中求职者 ID 在属性中将标识设为"是",标识种子设为"1",标识增长量设为"1",如图 6-1-7 所示。

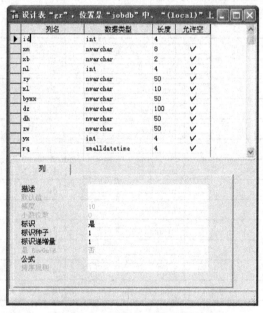

图 6-1-7　创建个人求职信息表

注 意

　　SQL Server 中的标识列和 Access 中的"自动编号"相似,都是插入记录的时候自动生成,一般不允许也不需要去手动修改它。SQL Server 中的标识列又称标识符列,习惯上又叫自增列。该种列具有以下 3 种特点:

- 列的数据类型为不带小数的数值类型。
- 在进行插入(Insert)操作时,该列的值是由系统按一定规律生成,不允许空值。
- 列值不重复,具有标识表中每一行的作用,每个表只能有一个标识列。

创建一个标识列，通常要指定 3 个内容：

- 类型（type），在 SQL Server 2000 中，标识列类型必须是数值类型，如 decimal、int、numeric、smallint、bigint、tinyint，其中要注意的是，当选择 decimal 和 numeric 时，小数位数必须为零，另外还要注意每种数据类型所表示的数值范围。
- 种子（seed），是指派给表中第一行的值，默认为 1。
- 递增量（increment），相邻两个标识值之间的增量，默认为 1。

④ 单击工具栏上的 ![按钮] 按钮，在弹出的"选择名称"对话框中输入数据表名 gr，然后单击"确定"按钮保存数据表，如图 6-1-8 所示。

图 6-1-8　"选择名称"对话框

用同样的方法在 jobdb 数据库中创建其他 3 个表。

招聘信息表（qy）存放企业的招聘信息，其结构如表 6-1-3 所示。

表 6-1-3　招聘信息表（qy）结构

字 段 名	字段描述	字段类型	字段长度	备　注
id	企业 ID	int	4	不能为空，标识
mc	企业名称	nvarchar	50	—
xz	企业性质	nvarchar	20	—
gm	企业规模	nvarchar	20	—
lxr	联系人	nvarchar	10	—
dz	企业地址	nvarchar	100	—
dh	联系电话	nvarchar	50	—
zw	招聘职位	nvarchar	50	—
xl	最低学历	nvarchar	10	—
rs	招聘人数	int	4	—
yx	月薪	int	4	—
rq	招聘日期	smalldatetime	4	—

企业 ID 的设置和求职者 ID 设置相同。

新闻表（news）存放人才快讯的标题与内容，其结构如表 6-1-4 所示。

表 6-1-4　新闻表（news）结构

字 段 名	字段描述	字段类型	字段长度	备　注
id	新闻 ID	int	4	不能为空，标识
title	新闻标题	nvarchar	100	—
content	新闻内容	ntext	16	—

新闻表中 content 字段存储的是带 HTML 格式的新闻内容。本系统中由于没有涉及新闻的添加操作，所以需要将新闻直接插入表中或从外部导入，也可自己编写新闻管理部分。

网站调查结果表（dc）存放网站调查结果信息。其结构如表 6-1-5 所示。

表 6-1-5　网站调查结果表（dc）结构

字　段　名	字段描述	字段类型	字段长度	备　　注
id	调查 ID	int	4	不能为空，标识
selecta	选项 1 得票数	int	4	—
selectb	选项 2 得票数	int	4	—
selectc	选项 3 得票数	int	4	—
selectd	选项 4 得票数	int	4	—

数据库及数据表创建完成后，将 SQL Server 2000 关闭。

相关知识

1. SQL Server 数据库管理系统

SQL Server 是一个关系型数据库管理系统，常用的版本为 SQL Server 2000。它具有使用方便、可伸缩性好、与相关软件集成程度高等优点，一般在运行 Microsoft Windows 2000 以上版本的大型多处理器的服务器平台上使用。

2．SQL Server 2000 的特性

① Internet 集成。SQL Server 2000 数据库引擎提供完整的 XML 支持。它还具有构成最大的 Web 站点的数据存储组件所需的可伸缩性、可用性和安全功能。SQL Server 2000 程序设计模型与 Windows DNA 构架集成，用以开发 Web 应用程序，并且 SQL Server 2000 支持 English Query 和 Microsoft 搜索服务等功能，在 Web 应用程序中包含了友好的查询和强大的搜索功能。

② 可伸缩性和可用性。同一个数据库引擎可以在不同的平台上使用。SQL Server 2000 企业版支持联合服务器、索引视图和大型内存支持等功能，使其得以升级到最大 Web 站点所需的性能级别。

③ 企业级数据库功能。SQL Server 2000 关系数据库引擎支持当今苛刻的数据处理环境所需的功能。数据库引擎充分保护数据完整性，同时将管理上千个并发修改数据库的用户的开销减到最小。SQL Server 2000 分布式查询使您得以引用来自不同数据源的数据，就好像这些数据是 SQL Server 2000 数据库的一部分，同时分布式事务支持充分保护任何分布式数据更新的完整性。复制同样使您得以维护多个数据副本，同时确保单独的数据副本保持同步。可将一组数据复制到多个移动的脱机用户，使这些用户自主地工作，然后将他们所做的修改合并回发布服务器。

④ 易于安装、部署和使用。 SQL Server 2000 中包括一系列管理和开发工具，这些工具可改进在多个站点上安装、部署、管理和使用 SQL Server 的过程。SQL Server 2000 还支持基于标准的、与 Windows DNA 集成的程序设计模型。这些功能使您得以快速交付 SQL Server 应用

程序，使客户只需最少的安装和管理开销即可实现这些应用程序。

⑤ 数据仓库。SQL Server 2000 中包括析取和分析汇总数据以进行联机分析处理（OLAP）的工具。SQL Server 中还包括一些工具，可用来直观地设计数据库并通过 English Query 来分析数据。

SQL Server 2000 共有 4 个版本：个人版、标准版、企业版和开发版。

3．SQL Server 中的数据类型

数据类型是数据的一种属性，代表数据所表示信息的类型。任何一种计算机语言都定义了自己的数据类型。当然，不同的程序语言都具有不同的特点，所定义的数据类型的种类和名称都或多或少有些不同。SQL Server 提供了 24 种数据类型，如表 6-1-6 所示。

表 6-1-6　SQL Server 的数据类型

数据类型	类　型	描　　　　述
char	字符型	用来存储定长非统一编码型的数据
varchar	字符型	用来存储变长非统一编码型字符数据。它与 char 数据类型最大的区别是，存储的长度不是列长，而是数据的长度
text	字符型	用来存储大量的非统一编码型字符数据。这种数据类型最多可以有 $2^{31}-1$ 或 20 亿个字符
nchar	统一编码字符型	用来存储定长统一编码字符型数据。统一编码用双字节结构来存储每个字符，而不是用单字节。此数据类型能存储 4000 种字符，使用的字节空间增加了一倍
nvarchar	统一编码字符型	用作变长的统一编码字符型数据。与 nchar 一样，此数据类型能存储 4000 种字符，使用的字节空间增加了一倍
ntext	统一编码字符型	用来存储大量的统一编码字符型数据。这种数据类型能存储 $2^{30}-1$ 或将近 10 亿个字符，字节空间增加了一倍
bit	整型	1 字节，其值只能是 0、1 或空值。用于存储只有两种可能值的数据，如 Yes 或 No、True 或 False
int	整型	4 字节，可存储从 $-2^{31} \sim 2^{31}$ 之间的整数。几乎所有数值型的数据都可以用这种数据类型
smallint	整型	2 字节，可存储从 $-2^{15} \sim 2^{15}$ 之间的整数
tinyint	整型	1 字节，能存储从 0 到 255 之间的整数
decimal	精确数值型	一般用来存储小数数据。使用这种数据类型时，必须指定范围和精度。范围是数据所能存储的数字总位数。精度是小数点右边存储的数字位数
numeric	精确数值型	numeric 数据类型与 decimal 型相同
float	近似数值型	近似数值类型，供浮点数使用。浮点数可以是从 $-1.79E+308 \sim 1.79E+308$ 之间的任意数
real	近似数值型	与浮点数一样，是近似数值类型。可以表示数值在 $-3.40E+38 \sim 3.40E+38$ 之间的浮点数
binary	二进制数据类型	用来存储达 8000 字节长的定长二进制数据

续表

数据类型	类　型	描　　　　述
varbinary	二进制数据类型	用来存储达 8000 字节长的变长二进制数据
image	二进制数据类型	image 数据类型用来存储变长的二进制数据，最大可达 $2^{31}-1$ 或大约 20 亿字节
datetime	日期时间型	表示日期和时间。用于存储从 1753 年 1 月 1 日～9999 年 12 月 31 日间所有的日期和时间数据。
Smalldatetime	日期时间型	表示从 1900 年 1 月 1 日～2079 年 6 月 6 日间的日期和时间，精确到 1min
money	货币型	8 字节，用来表示钱和货币值。存储范围是 –9220 亿～9220 亿之间的数据，精确到货币单位的万分之一
smallmoney	货币型	4 字节，用来表示钱和货币值。这种数据类型能存储从 –214748.3648～214748.3647 之间的数据，精确到货币单位的万分之一
cursor	特殊数据型	一种特殊的数据类型，它包含一个对游标的引用。这种数据类型用在存储过程中，而且创建表时不能用
timestamp	特殊数据型	一种特殊的数据类型，用来创建一个数据库范围内的唯一数码。一个表中只能有一个 timestamp 列。每次插入或修改一行时，timestamp 列的值都会改变。在一个数据库里，timestamp 值是唯一的
Uniqueidentifier	特殊数据型	用来存储一个全局唯一标识符，即 GUID

拓展与提高

在 SQL Server 数据库中导入 Access 数据库

SQL Server 数据库可以导入的数据源有 Microsoft Access、Microsoft Excel、Visual Foxpro、ODBC Database 等，同样也可以导出 SQL Server 数据库。

例：将建好的 Access 数据表 job.mdb 导入 SQL Server 数据库，数据库名称为 zhaopin。

在导入数据之前，必须创建或打开 SQL Server 数据库，以放置导入的数据表。

① 首先打开 SQL Server 2000，展开左侧树形列表，右击"数据库"文件夹，在弹出的快捷菜单中选择"新建数据库"命令，如图 6-1-9 所示。

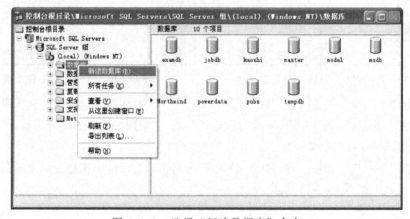

图 6-1-9　选择"新建数据库"命令

② 在弹出的"数据库属性"对话框中选择"常规"选项卡，在"名称"文本框中输入数据库名 zhaopin，如图 6-1-10 所示。"数据文件"和"事务日志"选项卡的内容为默认。

③ 数据库名称输入后，单击"确定"按钮，在展开的树形列表数据库下就会多出一个 zhaopin 数据库名，右击"zhaopin"，在弹出的快捷菜单中选择"所有任务"→"导入数据"命令，如图 6-1-11 所示。SQL Server 会弹出"DTS 导入/导出向导"对话框，如图 6-1-12 所示。

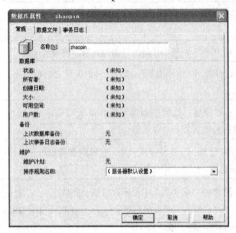
图 6-1-10　选择"数据库属性"对话框

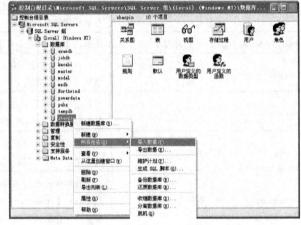
图 6-1-11　选择"导入数据"命令

④ 单击"下一步"按钮，在"数据源"下拉列表框中选择"Microsoft Access"，选择要导入的 Access 文件 job.mdb，在"文件名"文本框中就会显示要导入的文件的完整路径，如图 6-1-13 所示。如果有用户名和密码，则在此输入用户名和密码。

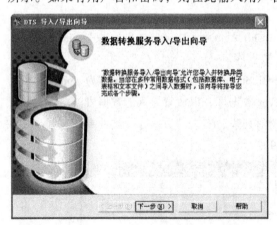
图 6-1-12　"DTS 导入/导出向导"对话框

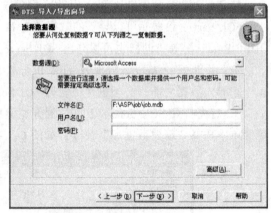
图 6-1-13　选择数据源和数据库文件

⑤ 单击"下一步"按钮，在"DTS 导入/导出向导"对话框中选择目的数据库，即要将数据复制到何处，并选择"使用 Windows 身份验证"或"使用 SQL Server 身份验证"，在此保持默认设置，如图 6-1-14 所示。

⑥ 单击"下一步"按钮，在"DTS 导入/导出向导"对话框中选择复制表还是复制查询。在此选择复制表，如图 6-1-15 所示。

图 6-1-14 选择目的数据库

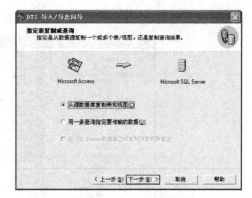

图 6-1-15 选择复制表

⑦ 单击"下一步"按钮，在"DTS 导入/导出向导"对话框中选择所有表，如图 6-1-16 所示。

⑧ 单击"下一步"按钮，在"DTS 导入/导出向导"对话框中选择"立即运行"复选框，如图 6-1-17 所示。

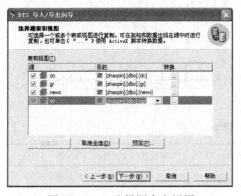

图 6-1-16 选择源表和视图

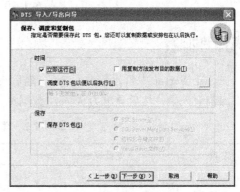

图 6-1-17 保存、调度和复制包

⑨ 单击"下一步"按钮，在"DTS 导入/导出向导"对话框中单击"完成"按钮即可，如图 6-1-18 所示。

⑩ 数据导入执行完成后弹出如图 6-1-19 所示的提示对话框，单击"确定"按钮即可。

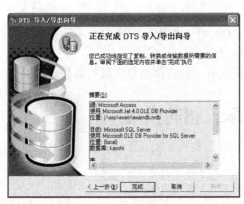

图 6-1-18 正在完成 DTS 导入/导出向导

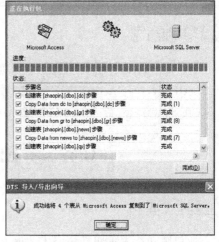

图 6-1-19 DTS 数据导入/导出完成

刷新后在 SQL Server 企业管理器中即可看到导入的所有表，如图 6-1-20 所示。

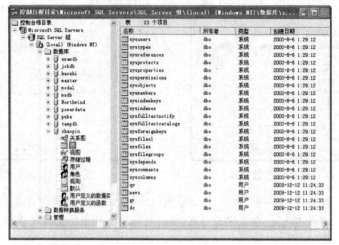

图 6-1-20　显示导入的表

技能训练

在 SQL Server 中新建数据库 Stu，然后在此数据库中创建如表 6-1-7 所示结构的表，并自行添加若干记录，然后导出为 Access 数据库。

表 6-1-7　学生表（stu）结构

字　段　名	字段描述	字段类型	字段长度	备　　注
Stno	学号	char	8	不能为空
Stname	姓名	char	8	不能为空
Birthday	出生年月	datetime	—	—
Sex	性别	char	2	—
From	籍贯	char	50	—
Major	专业	char	30	—

思考与练习

1. 在 SQL server 中如何创建一个类似于 Access 中"自动编号"的 ID 字段？
2. SQL server 与 Access 中所支持的数据类型有何异同？
3. 在 SQL Server 与 Access 之间导入/导出数据表时，如何调整各字段的数据类型？

任务二　创建求职、招聘模块

任务描述

企业招聘和个人求职是校园人才网必不可少的部分，通过该模块，企业可以将招聘信息发布出去，供求职者查阅，个人将求职信息发布出来供企业查阅。实现企业和个人之间的信息交流。

模块系统流程图如图 6-2-1 所示。

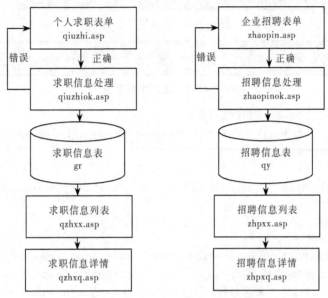

图 6-2-1　招聘、求职模块系统流程图

任务分析

求职招聘模块分求职和招聘两部分。求职时，通过一个求职信息表单填写个人求职信息，经过表单验证无误后，写入数据库，若填写信息有误，需更正后再次提交。使用专门的求职信息列表页面显示简要的求职信息，招聘者对感兴趣的求职信息，点击进入查看详情。招聘和求职信息的处理过程类似。

方法与步骤

1. 创建数据库连接包含文件 conn.asp

由于在每一个页面中都需要和数据库连接，需要创建一个数据库连接文件 conn.asp。然后通过文件包含语句将该数据库连接包含进相应网页。

```
<%
Set conn = Server.CreateObject("ADODB.Connection")
conn.Open "Driver={SQL Server};server=(local);uid=sa;pwd=;database=jobdb;"
Set rs = Server.CreateObject("ADODB.Recordset")
%>
```

2. 创建网页导航文件和版权信息文件

在每一个网页中都有校园人才网的顶部导航信息和底部版权信息，为了方便使用和修改，也做成包含文件。顶部导航信息（top.asp）如图 6-2-2 所示，底部版权信息（bottom.asp）如图 6-2-3 所示。

图 6-2-2 顶部导航信息

版权所有©CZVTC.cn Power by Ronghe

图 6-2-3 底部版权信息

其中顶部导航信息 top.asp 的代码如下：

```
<table width="760" height="170" border="0" align="center" cellpadding="0"
cellspacing="0">
  <tr>
    <td width="760" height="127"><img src="images/top.jpg" width="760"
height="125" /></td>
  </tr>
  <tr bgcolor="#6BBE31">
    <td height="34" bgcolor="#a0c484"> <a href="index.asp">首 页</a> | <a
href="zhpxx.asp">招聘信息</a> | <a href="qzhxx.asp" >求职信息</a>| <a
href="zhaopin.asp" >企业招聘</a> | <a href="qiuzhi.asp">个人求职</a> | <a
href="xinwen.asp" >人才快讯</a> | <a href="zhengce.asp" >政策法规</a></td>
  </tr>
</table>
```

3. 创建个人求职表单

个人求职表单（qiuzhi.asp）是将个人的基本信息和求职信息输入校园人才网的交互页面，在此页面中包含有顶部导航信息和底部版权信息，中间是表单，表单元素属性如表 6-2-1 所示，效果图如图 6-2-4 所示。

表 6-2-1 主页面表单元素属性设置表

标　签	名　称	类　型	属　性　设　置
姓名	xm	文本域	—
性别	xb	单选按钮	2 个单选按钮，名称均为 usersex，选定值分别为"男"、"女"
年龄	nl	文本域	—
所学专业	zy	文本域	—
学历	xl	下拉菜单	其列表名称与值分别为高中及以下、大专、本科等
毕业学校	byxx	文本域	—
通信地址	dz	文本域	—
联系电话	dh	文本域	—
拟定职位	zw	文本域	—
月薪标准	yx	文本域	—
—	Submit	提交表单按钮	值为"发布"
—	Submit2	重设表单按钮	值为"重置"

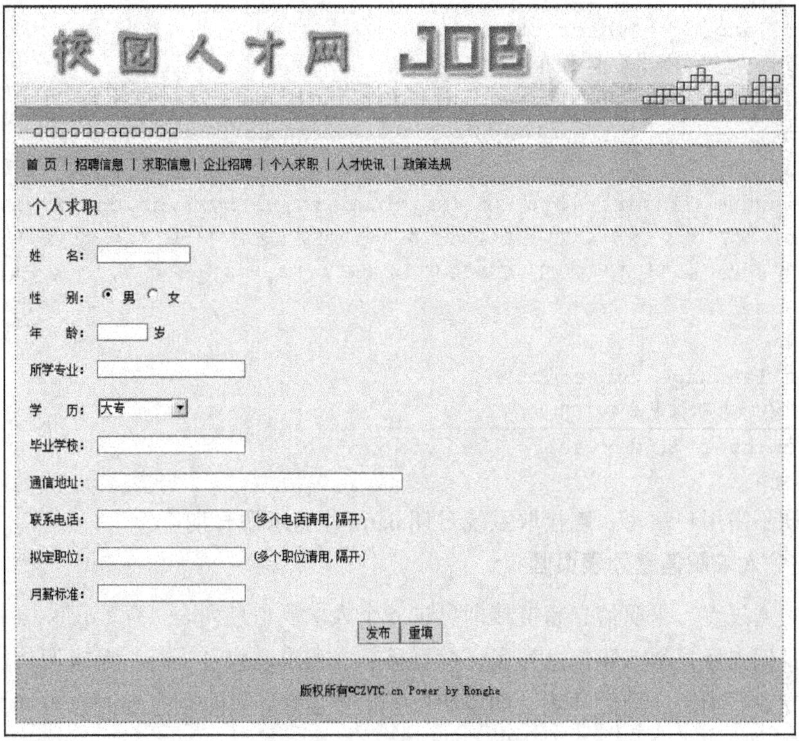

图 6-2-4 个人求职页面

设置表单属性：方法——POST、动作——qiuzhiok.asp（求职信息处理页面）。

在文件开始处（<body>标识后）加入<!--#include file="top.asp"-->；在文件结束处（</body>标识前）加入<!--#include file="bottom.asp"-->。

4. 创建个人求职信息处理页面

本页面（qiuzhiok.asp）将来自 qiuzhi.asp 页面提交的个人求职信息进行检查，若符合填写要求，就将这些数据写入数据库，否则给出错误信息，并返回 qiuzhi.asp 页面。主要代码如下：

```
<!-- #include file="conn.asp" -->
<%xm=request.Form("xm")
xb=request.Form("xb")
nl=request.Form("nl")
zy=request.Form("zy")
xl=request.Form("xl")
byxx=request.Form("byxx")
dz=request.Form("dz")
dh=request.Form("dh")
zw=request.Form("zw")
yx=request.Form("yx")
if xm="" or nl="" or zy="" or byxx="" or dz="" or dh="" or zw="" or yx=""
then
  %>
```

```
<script language="vbscript">
    msgbox "请将求职信息填写完整！"
    location.href = "javascript:history.back()"
</script>
<% else
conn.execute "insert into gr (xm,xb,nl,zy,xl,byxx,dz,dh,zw,yx,rq) values
('"& xm &"','" & xb & "' ,"  & nl & " ,'" & zy & "' ,'" & xl & "' ,'" & byxx
& "','" & dz & "','" & dh & "','" & zw & "'," & yx & ",'" & date() & "')"
conn.close
end if%>
<script language="vbscript">
msgbox"添加求职信息成功！"
location.href="index.asp"
</script>
```

求职日期不需用户填写，直接取系统日期 date()作为求职日期。

5. 创建个人求职信息列表页面

在首页中通过点击求职信息超链接即可进入个人求职信息列表页面（qzhxx.asp），在本页面中将按求职日期先后显示求职信息列表，一页显示 8 条求职信息，每一条求职信息包括姓名、性别、所学专业、学历、最低月薪、期望职位等主要信息，其余信息通过点击详情链接查看，如图 6-2-5 所示。

图 6-2-5　求职信息列表页面

关键代码如下：

```
<!-- #include file="conn.asp" -->
<%on error resume next
set rs=server.createobject("ADODB.Recordset")
sql="select * from gr order by rq desc"
rs.open sql,conn,1,1
```

```
if not isempty(request("page")) then
pagecount=cint(request("page"))
else
pagecount=1
end if
rs.pagesize=10
rs.AbsolutePage=pagecount%>
<table    width="760"    border="0"    align="center"    cellpadding="15"
cellspacing="0" bgcolor="#E8EEE7">
  <tr><td><div align="left" class="biao">求职信息</div></td></tr>
  <tr><td valign="top">
<table width="95%" border="0" cellspacing="1" cellpadding="0" bgcolor=
"#C8C8C8" align="center">
      <tr bgcolor="#aaaaaa">
        <td height="23" width="15%" align="center"><b>姓名</b></td>
        <td height="23" width="8%" align="center"><b>性别</b></td>
        <td height="23" width="21%"><div align="center"><b>所学专业</b>
</div></td>
        <td  height="23"  width="11%"><div  align="center"><b>学 历</b>
</div></td>
        <td height="23" width="12%"><div align="center"><b>最低月薪</b>
</div></td>
        <td height="23" width="22%"><div align="center"><b>期望职位</b>
</div></td>
        <td height="23" width="11%"><div align="center"><b>详情</b></div>
</td>
      </tr>
      <%if rs.eof or rs.bof then%>
      <tr bgcolor="#F0F1E6">
        <td height="25" colspan="7" align="center"><div align="center">对
不起，没有符合查询条件的资料.</div></td></tr>
      <%else do while not rs.eof%>
      <tr bgcolor="#F0F1E6">
        <td  height="25"  align="center"  bgcolor="#F0F1E6"><%=rs("xm")%>
</td>
        <td  height="25"  bgcolor="#F0F1E6"  align="center"><%=rs("xb")%>
</td>
        <td height="25"><div align="center"><%=rs("zy")%></div></td>
        <td height="25"><div align="center"><%=rs("xl")%></div></td>
        <td height="25"><div align="center"><%=rs("yx")%></div></td>
        <td height="25"><div align="center"><%=rs("zw")%></div></td>
        <td  height="25"><div  align="center">&lt;<a  href="qzhxq.asp?id=
<%=rs("id")%>" target="_blank">详情</a>&gt;</div></td>
      </tr>
      <%rs.movenext if rs.eof or rs.bof then exit do%>
      <tr bgcolor="#eeeeee">
      <td height="25" align="center" bgcolor="#EEEEEE"><%=rs("xm")%></td>
        <td height="25" bgcolor="#EEEEEE" align="center"><%=rs("xb")%></td>
        <td height="25" bgcolor="#EEEEEE"><div align="center"><%=rs("z y")%>
</div></td>
```

```
        <td height="25" bgcolor="#EEEEEE"><div align="center"><%=rs("x l")%>
</div></td>
        <td height="25" bgcolor="#EEEEEE"><div align="center"><%=rs("yx ")%>
</div></td>
        <td height="25" bgcolor="#EEEEEE"><div align="center"><%=rs("zw")%>
</div></td>
        <td  height="25"  bgcolor="#EEEEEE"><div  align="center">&lt;<a
href="qzhxq.asp?id= <%=rs("id")%>"  target="_blank"> 详情 </a>&gt;</div>
</td>
        </tr>
        <%rs.movenext
i=i+2
if i>=rs.pagesize then exit do
loop
end if%>
        <tr bgcolor="#F0F1E6">
        <td height="25" colspan="7"><div align="center">页次： <b><font
color=red> <%=pagecount%></font>/<%=rs.pagecount%></b>
<a href="qzhxx.asp"><font color="#000000">首页</font></a>
<% if pagecount=1 and rs.pagecount<>pagecount and rs.pagecount<>0 then%>
<a href="qzhxx.asp?page=<%=cstr(pagecount+1)%>"><font color="#000000">下一
页</font></a>
 <% end if %>
 <% if rs.pagecount>1 and rs.pagecount=pagecount then %>
<a href="qzhxx.asp?page=<%=cstr(pagecount-1)%>"><font color="#000000">上一
页</font></a>
<%end if%>
<% if pagecount<>1 and rs.pagecount<>pagecount then%>
<a href="qzhxx.asp?page=<%=cstr(pagecount-1)%>"><font color="#000000">上一
页</font></a>
<a href="qzhxx.asp?page=<%=cstr(pagecount+1)%>"><font color="#000000">下一
页</font></a>
<%end if%>
<a  href="qzhxx.asp?page=<%=rs.pagecount%>"><font  color="#000000"> 尾 页
</font></a></div></td>
        </tr>
 <%rs.close set rs=nothing%>
</table>
```

由于求职信息记录较多，要将所有信息一次显示在网页上，可能会因为数据量太大而不能正确显示，并且用户也不容易阅读。要解决这一问题，可以在网页上分页显示记录集，即在一个页面中显示一组指定数目的记录，并提供上、下页链接的查询方式。

6. 创建个人求职完整信息显示页面

由于求职者的信息项目较多，因此在求职信息列表页面只显示主要信息，完整信息可以通过该页面的详情链接进入个人求职完整信息显示页面（qzhxq.asp）查看，在点击详情链接时，通过求职信息的 ID 数据传递，依据此 ID 从个人求职信息表（gr）中读取完整信息并显示出来，如图 6-2-6 所示。

本页设计较为简单，在此不再列出所有代码，只将意向职位的显示加以说明。

```
<%
zhiwei=split(rs("zw"),",")
for i=0 to 2
response.write "拟定职位" & i+1 &": " & zhiwei(i) & "<br>"
next
%>
```

图 6-2-6 个人求职完整信息显示页面

技巧

在用户填写求职信息时，如果意向职位有多个，是将多个职位用逗号隔开填写在文本域中，在数据库中也是以一个字段的方式存储的，显示时需将其分开，分别显示。可使用VBScript 的内部函数 split()。

split()返回基于 0 的一维数组，其中包含指定数目的子字符串。调用格式如下：

`Split(expression[, delimiter[, count[, start]]])`

- expression 为必选项。字符串表达式，包含子字符串和分隔符。如果 expression 为零长度字符串，Split 返回空数组，即不包含元素和数据的数组。
- delimiter 为可选项。用于标识子字符串界限的字符。如果省略，使用空格 (" ") 作为分隔符。如果 delimiter 为零长度字符串，则返回包含整个 expression 字符串的单元素数组。
- count 为可选项。是被返回的子字符串数目，-1 指示返回所有子字符串。
- start 为可选项。指示在计算子字符串时使用的比较类型的数值。

7. 创建企业招聘模块

企业招聘模块与个人求职模块基本相同。企业招聘表单页面（zhaopin.asp）如图 6-2-7 所示，企业招聘信息列表页面（zhpxx.asp）如图 6-2-8 所示，企业招聘完整信息显示页面（zhpxq.asp）如图 6-2-9 所示。

图 6-2-7 企业招聘表单页面

图 6-2-8 企业招聘信息列表页面

图 6-2-9 企业招聘完整信息显示页面

相关知识

ASP 错误处理与数据安全

（1）错误处理

在系统开发过程中，对错误信息的处理在代码中占有大量的篇幅，因此错误处理是非常重要的，它使系统的健壮性得到提高。对于用户的输入，有两种处理方式，一是客户端验证，另一种是服务器端验证。在客户端验证可以减轻服务器的压力，同时减少服务器与客户端的互动时间，对于用户输入的内容，在提交时进行检查，如果不符合要求直接给出相应提示信息，当验证通过后，再提交给服务器端。例如在个人求职页面（qiuzhi.asp）中，当用户有部分信息没有填写就单击了"提交"按钮时，可以通过客户端脚本给出提示。也可以通过服务器端进行验证，当用户提交信息后，qiuzhiok.asp 就会对提交信息检查，并设置错误标志 founderr，当某一项信息不符合要求时，将 founderr 设置为 true，并把相应的提示放在字符串变量 errormsg 中，在检查完毕后一次输出所有错误信息。以减少服务器和客户端的通信量。

（2）防止表单被多次提交

在 ASP 应用中防止用户多次提交表单有一个简单方法，它主要由 4 个子程序组成，在较为简单的应用场合，只要将这些代码放在包含文件中直接引用即可，对于较为复杂的环境，就要做一些改进。它的基本工作原理如下所述。

① 初始化

这里要在 Session 对象中保存两个变量，其中每一个表单对应一个 fid 唯一标识，为保证该值唯一，要用到一个计数器。每当一个表单提交成功，必须在一个 Dictionary 对象（组件）中储存它的 fid。

用一个专用的过程来初始化上述数据。虽然以后各个子程序都要调用它，但实际上每一个会话期间只执行一次：

```
<%
Sub initializeFID ( )
If  Not Isobject(Session("FIDList")) then
    Set Session("FIDList")=server.CreateObject("Scripting.Dictionary")
Session("FID")=0
End if
End sub
%>
```

② 生成表单的唯一标识符

下面的函数 GenerateFID()用于生成表单的唯一标识。该函数首先将 FID 值加 1，然后返回它：

```
<%
Function GenerateFID()
InitializeFID
Session("FID")=Session("FID")+1
GenerateFID=Session("FID")
End Function
%>
```

③ 登记已提交表单

当表单成功地提交时，在 Dictionary 对象中登记的唯一标识：

```
<%
Sub RegisterFID()
Dim strFIS
InitializeFID
strFID=request("FID")
Session("FIDList").Add strFID,now()
End sub
%>
```

④ 检查表单是否重复提交

在正式处理客户端提交的表单之前，应该在 Dictionary 对象中检查他的 FID 是否已经登记，下面的 CheckFID()函数用来完成这个工作，如已经登记，返回 False，否则返回 True：

```
<%
Function CheckFID()
Dim strFIS
InitializeFID
strFID=request("FID")
CheckFID=not Session("FIDList").Exists(strFID)
End Function
%>
```

有两个地方要用到上述过程,即表单生成时和结果处理时。将上述四个过程放入包含文件 forms.asp，下面的代码根据 FID 值来决定生成表单还是处理表单结果，这种方法适合于大多数 ASP 应用。

```
<%Option Explicit%>
<!--#include file="forms.asp"-->
<html>
<head>
<title>提交表单测试</title>
</head>
<body>
<%if request("FID")="" then
    GenerateForm
else
    ProcessForm
end if%>
</body>
</html>
```

GenerateForm 负责生成表单，表单中应该含有一个隐藏的 FID，如：

```
<%Sub GenerateForm()%>
<form action="<%=request.serverVariables("path_info")%>" method="get">
<input name="FID" type="hidden" value="<%=GenerateFID%>" />
<input name="p1" type="text" />
<input name="" type="submit" value="提交">
</form>
<% End Sub%>
```

ProcessForm()函数负责处理通过表单提交的内容，CheckFID()函数检查当前表单是否已经提交，代码如下：

```
<%
Sub ProcessForm()
If CheckFID() then
    Response.Write"你输入的内容是"&Request("p1")
    RegisterFID
Else
    Response.Write "此表单只能提交一次"
End if
End sub
%>
```

上面介绍了在当前会话期限制同一表单被多次提交的一种方法。在实际应用中可能需要从多方面加以改进，例如，在登记表单 ID 之前检查用户输入数据的合法性，使得数据不合法时用户可以单击"后退"按钮返回，在修正后再次提交同一表单。这种对表单的提交限制最多只能在当前会话期有效。如果要求这种限制能够跨越多个会话，就要用到 Cookies 或数据库来保存相关数据。

这种方法不是很安全。它仅用于防范误操作，不能防止熟练用户的恶意多次提交同一表单。

拓展与提高

SQL 注入与防范

SQL 注入是从正常的 WWW 端口访问，而且表面看起来跟一般的 Web 页面访问没什么区别，所以目前市面的防火墙都不会对 SQL 注入发出警报，如果管理员没查看 IIS 日志的习惯，可能被入侵很长时间都不会发觉。SQL 注入的手法相当灵活，在注入的时候需要根据具体情况进行分析，构造巧妙的 SQL 语句，从而成功获取想要的数据。

SQL 注入攻击的总体思路是：

① 发现 SQL 注入位置。

② 判断后台数据库类型。

③ 确定 XP_CMDSHELL 可执行情况。

④ 发现 Web 虚拟目录。

⑤ 上传 ASP 木马。

⑥ 得到管理员权限。

一般来说，SQL 注入一般存在于形如 HTTP://xxx.xxx.xxx/abc.asp?id=XX 等带有参数的 ASP 动态网页中，有时一个动态网页中可能只有一个参数，有时可能有 N 个参数，有时是整型参数，有时是字符串型参数，不能一概而论。总之只要是带有参数的动态网页且此网页访问了数据库，那么就有可能存在 SQL 注入。如果 ASP 程序员没有安全意识，不进行必要的字符过滤，存在 SQL 注入的可能性就非常大。

为了全面了解动态网页回答的信息，首先请调整 IE 的配置。打开 IE 浏览器，选择"工具"→"Internet 选项"命令，在弹出的对话框中选择"高级"选项卡，将"显示友好 HTTP 错误信息"前面的勾去掉。

如果网站存在注入漏洞，黑客即可使用正常 URL 后面跟随入侵代码的方式执行任何操作，比如以下列出系统盘目录的命令：

```
HTTP://xxx.xxx.xxx/abc.asp?p=YY;insert into temp(id)&nbs ... cmdshell 'dir
c:\';
```

为了防止注入攻击，最基本的方法是进行关键字过滤，如以下典型代码，可以全局调用或加在每个动态网页之中。

```
<%
Dim GetFlag Rem(提交方式)
Dim ErrorSql Rem(非法字符)
Dim RequestKey Rem(提交数据)
Dim ForI Rem(循环标记)
ErrorSql = "'~;~and~(~)~exec~update~count~*~%~chr~mid
~master~truncate~char~declare" Rem(每个敏感字符或者词语请使用半角 "~" 格开)
ErrorSql = split(ErrorSql,"~")
If Request.ServerVariables("REQUEST_METHOD")="GET" Then
GetFlag=True
Else
```

```
GetFlag=False
End If
If GetFlag Then
For Each RequestKey In Request.QueryString
ForI=0 To Ubound(ErrorSql)
If Instr(LCase(Request.QueryString(RequestKey)),ErrorSql(ForI))<>0 Then
response.write "<script>alert(""警告:\n 请不要使用敏感字符""); location.href
=""Sql.asp"";</script>"
Response.End
End If
Next
Next
Else
For Each RequestKey In Request.Form
ForI=0 To Ubound(ErrorSql)
If Instr(LCase(Request.Form(RequestKey)),ErrorSql(ForI))<>0 Then
response.write "<script>alert(""警告:\n 请不要使用敏感字符""); location.href
=""Sql.asp"";</script>"
Response.End
End If
Next
Next
End If
%>
```

技能训练

模仿个人求职模块，制作企业招聘模块。

思考与练习

1. 制作一个防止多次提交同一求职信息的系统。
2. 使用 Recordset 对象对记录集分页的属性有哪些？

任务三 制作政策法规和人才快讯模块

任务描述

关于就业的政策法规是指导毕业生就业的政策性文件，这是毕业生在就业时的依据。人才快讯主要提供一些招聘会信息、各地关于毕业生就业的新闻等。毕业生通过了解这些信息，有利于他们的就业。

任务分析

政策法规模块使用内容链接组件实现，由内容链接组件生成政策法规列表和政策法规导航栏，并将导航栏嵌入在各政策法规详细内容页面中。

人才快讯模块由人才快讯列表和人才快讯详细内容页面组成。人才快讯内容是带有 HTML 格式的文本。本任务使用了内容链接组件（NextLink）来完成。

方法与步骤

1. 制作导航包含文件

导航包含文件（dh.inc）通过读取内容链接列表文件，显示上一篇文章、下一篇文章的标题和链接，并且显示第一篇、上一篇、下一篇、最后一篇以及返回首页的图标链接。其主要代码如下：

```
<%
Response.write ("<hr>")
Set Nextlink = Server.CreateObject ("MSWC.NextLink")
count = NextLink.GetListCount("zhclb.txt")
pr=NextLink.GetPreviousUrl("zhclb.txt")
ne=NextLink.GetNextUrl("zhclb.txt")
Response.write "上一文章的标题: <a href="""&pr&""">" & NextLink.GetPrevious
Description("zhclb.txt") & "</a><br>"
Response.write "下一文章的标题: <a href="""&ne&""">" & NextLink.GetNext
Description("zhclb.txt")&"</a><br><br>"
Response.write "<p align=center <a href="""&NextLink.GetNthUrl("zhclb.txt",
1)&"""&>"&"<IMG src='images/First.gif' border=0 >"&"</a>  "
Response.write "<a href="""&pr&""">"&"<IMG src='images/Previous.gif' bord-
er=0 >" & "</a>  "
Response.write "<a href="""&ne&""">"&"<IMG src='images/Next.gif' border=0
>" & "</a>  "
Response.write "<a href="""&NextLink.GetNthURL ("zhclb.txt",count)&""">" &
"<IMG src= 'images/Last.gif' border=0 >"&"</a>  "
Response.write  "<a  href=""zhengce.asp""><IMG  src='images/gohome.gif'
border=0 ></a></p>"
Response.write ("<hr>")
%>
```

2. 制作政策法规详细内容页面

政策法规详细内容页面（zhc1.asp～zhc8.asp）分别显示一篇政策法规详细内容，页面比较简单，可以使用 Dreamweaver 直接设计（页面如果比较多可使用模板简化设计），做完每一个页面后，在详细内容尾部插入<!--#include file="dh.inc"-->，将导航包含文件包含进来。完成后的页面效果如图 6-3-1 所示。

3. 制作内容链接列表文件

内容链接列表文件（zhclb.txt）是一个文本文件，其中包含 Web 页的列表，这些 Web 页按所列的顺序显示。内容链接列表文件为列表中的每一个 URL 包含一行文字，作为链接文字，每行以【Enter】键结束，行中每一项以 Tab 制表符分隔，内容如下：

- zhc1.asp——高校毕业生就业创业，可享受四项优惠政策。
- zhc2.asp——河北出台优惠政策：就业高校毕业生参与科研有"工钱"。
- zhc3.asp——河北："补贴先行"促高校毕业生就业创业。
- zhc4.asp——河北："五大利好"助推大学毕业生就业。
- zhc5.asp——困难家庭高校毕业生阳光就业行动。

- zhc6.asp—— 三类高校毕业生免交保存档案管理费。
- zhc7.asp—— 教育部出台措施力促 2010 年高校毕业生就业。
- zhc8.asp—— 人力资源和社会保障部官员详解创业优惠政策。

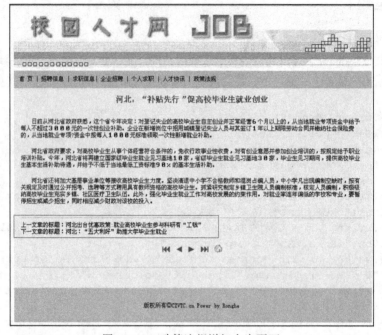

图 6-3-1　政策法规详细内容页面

4. 制作政策法规列表页面

政策法规列表页面（zhengce.asp）将所有政策法规做成链接列表，如图 6-3-2 所示。

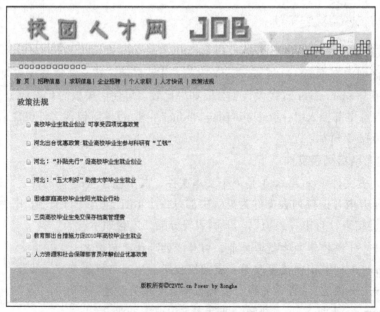

图 6-3-2　政策法规列表页面

关键代码如下：

```
<%
'创建 NextLink 对象
set Nextlink=Server.CreateObject ("MSWC.NextLink")
'使用 GetListCount 得到链接文件的总和
count1 = NextLink.GetListCount("zhclb.txt")
'使用 GetNthDescription 方法依次显示每一个要链接的文件
'使用 GetNthUrl 得到文件路径并为其设置链接
For I = 1 to count1
  Response.write  "<p  align=left><img  src='images/ls3.gif'  width='13'
height='18' align='middle'/> <a href='"&NextLink.GetNthUrl("zhclb.txt",i)
&"'>"&NextLink.GetNthDescription("zhclb.txt",i)&"</a></p>"
Next
Set NextLink = Nothing
%>
```

5. 制作人才快讯列表页面

人才快讯列表页面（xinwen.asp）中列出本网站的人才快讯，当人才快讯达到一定数量时，进行分页显示，效果如图 6-3-3 所示。

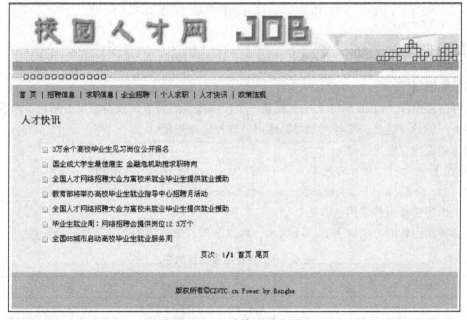

图 6-3-3　人才快讯列表页面

本页面分页效果与单元五中新闻分页显示（morenew.asp）基本相同。同样，在此页面中，为了美观，列表隔一行一变背景色。

6. 制作人才快讯详细内容页面

当单击人才快讯列表中的一条新闻时，就进入了人才快讯详细内容页面，请参考单元五中新闻内容详细显示页面（disp.asp）的制作，运行结果如图 6-3-4 所示。

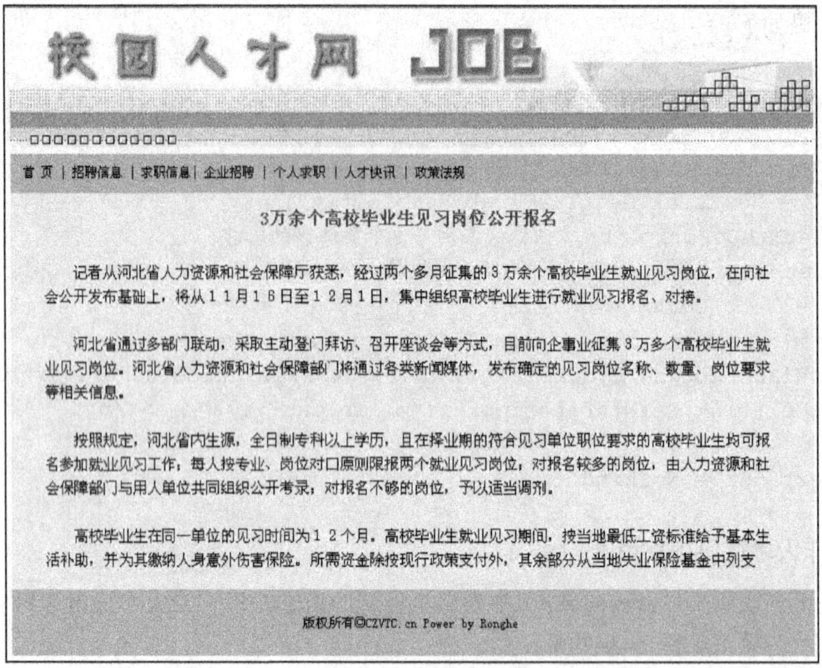

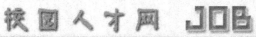

图 6-3-4　人才快讯详细内容页面

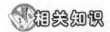

内容链接组件

内容链接组件（Content Linking）创建一个指向链接的对象，该对象可根据网页内容列表，生成网页间的导航链接，使各网页可以像书一样按顺序连接。

（1）创建内容链接组件

【格式】<% Set　组件实例名 = Server.CreateObject（"MSWC.NextLink"）%>

例：<% Set　NL = Server.CreateObject（"MSWC.NextLink"）%>

（2）内容链接组件常用的方法

内容链接组件的方法如表 6-3-1 所示，可以制作目录页及各个子页之间的链接。

表 6-3-1　内容链接组件的方法

集　　　合	描　　　述
GetListCount（目录文件名）	显示组件中包含链接的文件数目
GetListIndex（目录文件名）	显示当前页在这些链接文件中的前后位置
GetNextDescription（目录文件名）	显示链接文件中下一个的描述
GetNextURL（目录文件名）	显示链接文件中的下一个文件的 URL 地址
GetNthDescription（目录文件名,N）	显示链接文件中第 N 个网页的描述
GetNthURL（目录文件名,N）	显示链接文件中第 N 个网页的文件 URL 地址
GetPreviousDescription（目录文件名）	显示链接文件中前一个文件的描述
GetPreviousURL（目录文件名）	显示链接文件中前一个文件的 URL 地址

注 意

　　目录文件是按一定格式编写的文本文件，N 是指在该目录文件中所链接对象的物理序列号位置，即索引号。第一行是 0，第二行是 1……。

（3）创建内容链接组件需要的文件

- 编写一个目录文件：它是一个文本文件，文件由多行组成，每一行都包含了一个需要链接的文件名、链接标题及文件的说明信息。
- 编写一个 ASP 文件作为目录页：它根据目录文件提供的信息自动生成到各个文件的超链接。
- 编写导航链接文件：如果需要在每一页加上"向前或向后翻页"的超链接，还要编写一个能自动生成翻页超链的包含文件，可使用 inc 为扩展名，例如"Nlink.inc"。在链接的各个网页文件中均应包含此文件。
- 编辑要链接的各个网页文件。

【例 6-1】使用内容链接组件实现文章目录列表及文章间的链接跳转（sl\6-1 文件夹)。

设计步骤如下：

① 编写目录文本文件（6-1-list.txt）：

```
6-1-wzh1.asp    文章1文章1注释
6-1-wzh2.asp    文章2文章2注释
6-1-wzh3.asp    文章3文章3注释
6-1-wzh4.asp    文章4文章4注释
```

注 意

　　目录文件由若干行组成，每行包含 2～3 列，对应一个目标页（要链接的文件）。

　　第一列是目标页的 URL 地址（6-1-wzh1.asp、6-1-wzh2.asp…），可以是相对路径也可以是绝对路径；第二列是超链接的描述文字，就是显示为带下画线的链接文字，也可以使用 HTML 标记<img>使用图像超链接；第三列是供编辑人员参考的，为文件的注释说明文本，不需要时可省略。文本行的物理次序对应要链接网页的物理顺序。

　　各列间的分隔符必须用 TAB 键，不能用空格。

② 编写带超链接的目录页（6-1-index.asp）：

```
<HTML>
<HEAD>
<TITLE>内容链接组件的应用</TITLE></HEAD>
<!--#include File="6-1-wzhlist.inc"-->
<BODY>
<%
Response.Write ("自动生成的带超链接的主目录 <BR>")
' 创建 NextLink 对象
Set Nextlink=Server.CreateObject ("MSWC.NextLink")
' 使用 GetListCount 得到链接文件的总和
count1 = NextLink.GetListCount("6-1-list.txt")
' 使用 GetNthDescription 方法依次显示每一个要链接的文件
' 使用 GetNthURL 得到文件路径并为其设置链接
For I = 1 To count1
```

```
    Response.Write "<a href='"&NextLink.GetNthURL("6-1-list.txt",i)& "'>"&_
    NextLink.GetNthDescription("6-1-list.txt",i)&"</a><BR>"
Next
Set NextLink = Nothing
%>
</BODY>
</HTML>
```

注 意

<!--#include File="6-1-wzhincl.inc"-->为包含导航链接文件，各网页可根据需要选择是否包含导航链接文件。

③ 编写导航链接文件（6-1-wzhlist.inc），完成各页面间的导航：

```
<%
Set Nextlink = Server.CreateObject  ("MSWC.NextLink")
Response.Write "当前文章的索引号为" &NextLink.GetListIndex("6-1-list.txt")
&"<BR>"
Response.Write " 上 一 文 章 的 标 题 ： " &NextLink.GetPreviousDescription
("6-1-list.txt") & "<BR>"
Response.Write "下一文章的标题: " &NextLink.GetNextDescription("6-1-list.txt")
& "<BR>"
count = NextLink.GetListCount("6-1-list.txt")
' 使用 GetNthURL、GetPreviousURL、GetNextURL 各方法制作各网页间的导航链接
Response.Write  "[<a  href="""&NextLink.GetNthURL("6-1-list.txt",1)&""""&>
"&"回到首文章|"&"</a>"
Response.Write "<a href="""&NextLink.GetPreviousURL("6-1-list.txt")&""""&>
"&"上一篇文章|"&"</a>"
Response.Write "<a href="""&NextLink.GetNextURL("6-1-list.txt")&""""&>"&"
下一篇文章|"&"</a>"
Response.Write  "<a  href="""&NextLink.GetNthURL  ("6-1-list.txt",count)
&""""&>"&"回到末一首|"&"</a>"
Response.Write "<a href=""6-1-index.asp"">回主目录]</a></p>"
%>
```

执行文件 6-1-index.asp，效果如图 6-3-5 所示。

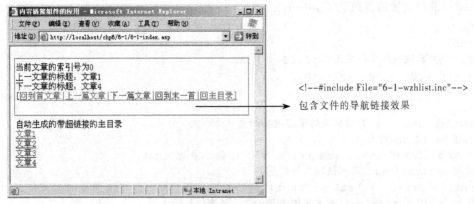

图 6-3-5　带超链接的目录页

④ 编辑要链接的各个网页文件：6-1-wzh1.asp、6-1-wzh2.asp……。

以 6-1-wzh1.asp 为例，代码如下：

```
<HTML>
<HEAD>
<!--#include File="6-1-wzhlist.inc"-->
</HEAD>
<BODY>
<%="这是文章1的内容"%>
</BODY>
</HTML>
```

执行文件或单击目录页（6-1-index.asp）文件的链接"文章 1"……可以直接打开相应文件。每一个网页的上部显示的"首文章"、"上一篇文章"等导航链接，都是由所包含的6-1-wzhlist.inc 文件生成的，效果如图 6-3-6 所示。

图 6-3-6 文章 1 的内容

拓展与提高

建立自己的 ASP 组件

ASP 内置组件功能很强大，使用也很方便，只是数目太少，而且在使用过程中也不是很灵活。有时希望能够有适合自己用的组件，可网上不是找不到，就是找到后可能还需要付费才能使用全部功能。求人不如求己，为什么不能自己编写一个适合自己的组件呢？

下面使用 Visual Basic 6.0 来编写一个简单组件（sl\6-2 文件夹）。

（1）使用 Visual Basic 6.0 建立自己组件

编写一个组件，工程名为 test，类名为 nameage。则组件注册时的注册名称为"工程名.类名"（即 test.nameage）。

组件的基本设计步骤如下：

① 启动 Visual Basic 6.0，进入 Visual Basic 6.0 启动界面，选中"ActiveX DLL"图标。如图 6-3-7 所示。

② 单击"打开"按钮，新建一个 ActiveX DLL 文件。

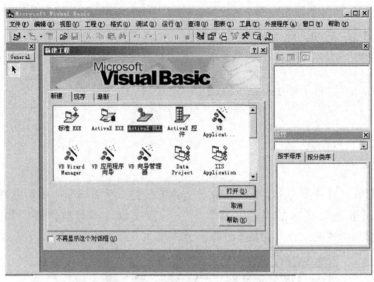

图 6-3-7　选中 ActiveX DLL 图标

③ 选择"工程"→"工程属性"，更改工程名称为 test。以后注册和定义该组件时，会使用该工程名。更改类名称为 nameage，以后定义该组件时，也会使用该类名，如图 6-3-8 所示。

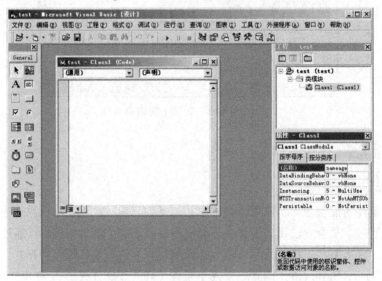

图 6-3-8　更改工程名和类名称

④ 在代码输入窗口输入如下代码：

```
Private mvarmyName As String
Private mvarAge As Integer
Public Property Let Age(ByVal vData As Integer)
mvarAge = vData
End Property
Public Property Get Age() As Integer
Age = mvarAge
End Property
Public Property Let myName(ByVal vData As String)
```

```
mvarmyName = vData
End Property
Public Property Get myName() As String
myName = mvarmyName
End Property
Public Function PeopleInfo() As String
peopleInfo = "姓名: " & mvarmyName & " 年龄:" & mvarAge
End Function
```

⑤ 选择"文件"→"生成 test.dll"命令，输出 dll 文件，选择输出目录（如 C:\test.dll），单击"确定"按钮即可。

这样，就完成了一个自己编写的组件，并可以使用了。组件的功能为接受并输出对象实例的姓名与年龄。

（2）组件的注册

新的组件在使用之前一般要进行注册，如组件文件名称为 test.dll，位置在 C:\。使用如下方法进行注册：

单击"开始"菜单，选择"运行"命令，在弹出的对话框中输入如下命令行：regsvr32   c:\test.dll（见图 6-3-9），单击"确定"按钮，显示注册成功对话框，如图 6-3-10 所示。

图 6-3-9　组件的注册

图 6-3-10　组件注册成功

注 意

在本地机上开发的组件，不需要注册就可以使用（实际上 VB6 自己就注册了）。如果是供其他人使用，则必须安装或注册后才能用。

（3）应用自定义组件

【例 6-2】在网页中使用自定义组件 test.nameage，进行自定义组件的定义及调用（6-2.asp）。

```
<%@ Language=VBScript %>
<HTML>
<BODY>
<%
set ceshi=server.CreateObject("test.nameage")
Dim c
'调用组件的 Let 属性
ceshi.myName ="张释心"
ceshi.Age =3
'调用组件的 PeopleInfo 方法
c=ceshi.PeopleInfo()
Response.Write c
'调用组件的 Get 属性
Response.Write "<BR>"
```

```
Response.Write ceshi.myName
Response.Write "<BR>"
Response.Write ceshi.Age
%>
</BODY>
</HTML>
```

效果如图 6-3-11 所示。

图 6-3-11　调用自定义组件

技能训练

1. 有 4 篇 ASP 技巧的文章，要求制作一个主目录页（index.asp）在网页上实现文章目录列表链接，并显示"上一篇"、"下一篇"的图片链接提示，可以实现各篇文件间的跳转。目录页效果如图 6-3-12 所示，文章效果如图 6-3-13 所示（sl\6-3 文件夹）。

图 6-3-12　ASP 技巧集主目录　　　　　　图 6-3-13　文章的内容

2. 编写人才快讯管理模块，包括人才快讯的添加、修改、删除等。

思考与练习

1. 什么是组件？ASP 组件与 ASP 内置对象的主要区别是什么？

2. 创建服务器对象实例有哪两种方法？

3. 内容链接组件的功能是什么？使用该组件的主要步骤有哪些？

任务四 制作校园人才网首页

任务描述

网站首页是用户进入网站后看到的第一页。首页的设计是一个网站成功与否的关键。人们往往看到第一页就已经对站点有一个整体的感觉。是不是能够促使浏览者继续点击进入，是否能够吸引浏览者留在站点上，全凭首页设计的"功力"了。

任务分析

在校园人才网首页中包含整个网站的导航信息、企业招聘信息、个人求职信息、人才快讯、网站调查、招聘信息和求职信息的在线查询以及以弹出窗口的方式显示企业推荐信息，如图 6-1-1 所示。

方法与步骤

1. 制作网站首页布局

如图 6-4-1 所示，在网站首页中顶部是网站横幅和导航信息，底部是版权信息，这些内容已经做成包含文件，在这将最新招聘信息、最新求职信息、最新人才快讯放在突出位置，依次排列在左侧。右侧部分从上至下依次放置最新招聘信息查询、最新人才信息查询和网站调查表单。

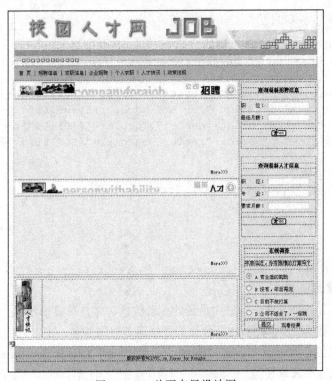

图 6-4-1 首页布局设计图

2. 最新招聘信息的显示

最新招聘信息就是显示招聘信息中最新的 5 条信息，并且只显示招聘单位名称、职位、最低学历、人数和月薪，关于此条信息的详情通过单击招聘单位名称，在招聘信息详情（zhpxq.asp）中显示，更多招聘信息通过点击下面"More>>>"调用招聘信息列表（zhpxx.asp）显示。代码如下：

```
<table    width="95%"    border="0"    cellspacing="1"    cellpadding="3"
bgcolor="#C8C8C8" align="center">
   <tr bgcolor="#aaaaaa">
      <td width="37%" height="23" align="center" valign="middle"><b>招聘单位
</b></td>
      <td width="17%" height="23" align="center" valign="middle"><b>职位</b>
</td>
      <td width="17%" align="center" align="center" valign="middle"><b>最低学历
</b></td>
      <td width="12%" height="23" valign="middle" align="center"><b>人数</b>
</td>
      <td width="17%" height="23" valign="middle" align="center"><b>月薪</b>
</td>
   </tr>
<%sql="select top 5 * from qy order by rq desc"
rs.open sql,conn,1,1
if rs.eof or rs.bof then%>
   <tr bgcolor="#F0F1E6">
      <td height="25" colspan="5" align="center" >对不起，没有符合查询条件的资料.
</td>
   </tr>
<%else
  for i=1 to 5%>
   <tr bgcolor="#F0F1E6">
      <td height="25" align="left" bgcolor="#F0F1E6"><a href="zhpxq.asp?id=
<%=rs("id")%>" target="_blank"><%=rs("mc")%></a></td>
      <td height="25" align="center" bgcolor="#F0F1E6"><%=rs("zw")%></td>
      <td height="25" align="center" bgcolor="#F0F1E6"><%=rs("xl")%></td>
      <td height="25" align="center" bgcolor="#F0F1E6"><%=rs("rs")%></td>
      <td height="25" align="center" bgcolor="#F0F1E6"><%=rs("yx")%></td>
   </tr>
   <%rs.movenext
  if rs.eof or rs.bof then exit for
next
end if
rs.close%>
</table>
<p align="right"><a href="zhpxx.asp">More&gt;&gt;&gt;</a></p>
```

3. 最新求职信息的显示

最新求职信息就是显示求职信息中最新的 5 条信息，并且只显示姓名、性别、所学专业、学历、最低月薪和期望职位，关于此条信息的详情通过点击姓名，在求职信息详情（qzhxq.asp）中显示，更多求职信息通过点击下面"More>>>"调用求职信息列表（qzhxx.asp）显示。这部分和最新招聘信息显示大致相同。

4. 最新人才快讯的显示

最新人才快讯的显示与最新招聘信息显示大致相同，在此不再赘述。

5. 查询最新招聘信息

该模块提供对招聘信息的模糊查询功能，对于用户输入的职位和最低月薪，可以在招聘信息中查找包含所输入的职位关键字并且高于最低月薪的所有职位。当用户单击提交图标后，将职位（zw）和最低月薪（yx）提交给职位查询页面（zhzw.asp）处理，显示符合条件的招聘信息。例如当用户输入"工程师"和"2000"时，查询结果如图 6-4-2 所示。

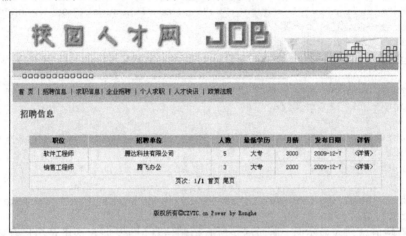

图 6-4-2　招聘信息查询结果页面

由于招聘信息查询结果页面在显示时和招聘信息列表页面一样，所不同的仅是所使用的查询语句不同和分页显示连接参数不同。在此仅给出部分代码，其余部分见招聘信息列表页面（zhpxx.asp）。

```
<%
on error resume next
zw=trim(request("zw"))
yx=trim(request("yx"))
if zw="" then
  zw="%"
else
  zw="%" & zw &"%"
end if
if yx="" then yx=0
set rs=server.createobject("ADODB.Recordset")
sql="select * from qy where zw like '"& zw & "' and yx>=" & yx & " order by
rq desc"
rs.open sql,conn,1,1
%>
```

在这段代码中，如果用户不输入职位关键字，则 zw=" %"，而%代表多个字符即职位任意，所以将返回所有职位，如果输入了职位关键字，则 zw="%" & zw &"%"即包含职位关键字的所有职位，将所有包含该职位关键字的职位都返回来。对于最低月薪，若不输入，则 yx=0，由于一般情况下月薪均大于 0，所以返回所有月薪情况，当最低月薪有输入值时，就会返回高于该月薪的职位。

在分页显示部分，除了携带 page 参数外，还要携带 zw、yx 参数。如下面代码所示：

```
<a href="zhzw.asp?zw=<%=request("zw")%>&yx=<%=request("yx")%>&page=1"> 首
页</a>
<% if pagecount=1 and rs.pagecount<>pagecount and rs.pagecount<>0 then%>
<a
href="zhzw.asp?zw=<%=request("zw")%>&yx=<%=request("yx")%>&page=<%=cstr(
pagecount +1) %>">下一页</a>
<% end if %>
<% if rs.pagecount>1 and rs.pagecount=pagecount then %>
<a href="zhzw.asp?zw=<%=request("zw")%>&yx=<%=request("yx")%>&page=<%= cstr
(pagecount -1)%>"> 上一页</a>
<%end if%>
<% if pagecount<>1 and rs.pagecount<>pagecount then%>
<a
href="zhzw.asp?zw=<%=request("zw")%>&yx=<%=request("yx")%>&page=<%=cstr(
pagecount -1)%>">上一页</a>
<a
href="zhzw.asp?zw=<%=request("zw")%>&yx=<%=request("yx")%>&page=<%=cstr(
pagecount +1)%>">下一页</a>
<%end if%>
<a
href="zhzw.asp?zw=<%=request("zw")%>&yx=<%=request("yx")%>&page=<%=rs.pa
gecount%>">尾页</a>
```

由于在招聘信息列表显示时，返回的是所有招聘信息记录，而在这里是用户查询所得结果，是部分招聘信息记录，如果还是像招聘列表一样，单击下一页时，只携带 page 参数，则 request("zw")和 request("yx")为空，从而 zw="%"、yx=0，那么翻页后得到的结果是所有招聘信息记录，而不是之前查询得到的结果，所以除了携带 page 参数外，还要携带 zw、yx 参数。

6. 查询最新求职信息

对于最新求职信息的查询也是模糊查询，对于用户输入的职位、专业、要求月薪，可以在人才信息中查找包含所输入的职位关键字和专业关键字并且低于要求月薪的所有职位。如果用户不输入职位关键字，则 zw=" %"，而%代表多个字符即职位任意，所以将返回所有职位，如果输入了职位关键字，则 zw="%" & zw &"%"即包含职位关键字的所有职位，将所有包含该职位关键字的职位都返回来。专业亦是如此。对于要求月薪，若不输入，则 yx=100000000，由于一般情况下月薪均小于一亿，所以返回所有月薪情况，当要求月薪有输入值时，就会返回低于该月薪的职位。当用户点击提交图标后，将职位（zw）、专业（zy）和要求月薪（yx）提交给求职信息查询页面（zhrc.asp）处理，显示符合条件的招聘信息。例如当用户输入"工程师"和"5000"时，查询结果如图 6-4-3 所示。

由于代码与招聘信息查询结果页面类似，在此不再赘述。

7. 制作网站调查

网站调查是网站中经常用到的一种功能模块，通过它，网站管理者可以对用户的想法和意见进行统计，从而得出一些有价值的信息。在网站首页中对用户在年底临近时是否有跳槽的打算进行调查。调查由 4 个选项组成，通过对 4 个选项人数的统计得出人们在年底跳槽的统计情况。4 个选项分别对应 A、B、C、D，单击"提交"按钮时将信息提交给调查结果页面（dch.asp）处理，如图 6-4-4 所示。也可通过单击"观看结果"链接进入调查结果页面进行查看。

图 6-4-3 求职信息查询页面

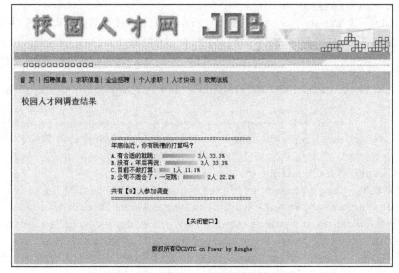

图 6-4-4 调查结果页面

调查结果页面（dch.asp）关键代码如下：

```
<% Response.Buffer=True %>
<!--#include file="conn.asp"-->
<% if request("stype")="" then
options=request("options")
if Request.ServerVariables("REMOTE_ADDR")=request.cookies("IPAddress") then
response.write"<SCRIPT language=JavaScript>alert('感谢您的支持，您已经投过票
了，请勿重复投票，谢谢！');"
response.write"javascript:window.close();</SCRIPT>"
end if
response.cookies("IPAddress")=Request.ServerVariables("REMOTE_ADDR")
set rs=server.createobject("adodb.recordset")
sql1="update dc set select"&options&"=select"&options&"+1 "
rs.open sql1,conn,3,3
set rs=nothing
end if
```

```
set rs=server.createobject("adodb.recordset")
sql2="select * from dc "
rs.open sql2,conn,1,1
if rs("selecta")="0" and rs("selectb")="0" and rs("selectc")="0" and
rs("selectd")="0" then
response.write"<SCRIPT language=JavaScript>alert('目前尚无人参与调查！');"
response.write"javascript:window.close();</SCRIPT>"
end if
total=rs("selecta")+rs("selectb")+rs("selectc")+rs("selectd")
selecta=(rs("selecta")/total)*100
selectb=(rs("selectb")/total)*100
selectc=(rs("selectc")/total)*100
selectd=(rs("selectd")/total)*100 %>
<table width="760" border="0" align="center" cellpadding="15" cellspacing=
"0" bgcolor="#E8EEE7">
  <tr><td><div align="left" class="biao">校园人才网调查结果</div></td> </tr>
  <tr> <td valign="top"><div align="center">
      <table border="0" cellpadding="0" cellspacing="0" width="366" heig-
ht="48">
        <tr><td width="366" height="48" valign="top"><font color="#0000
00"><br>
            ===============================================</font><br>
            <font color="#000073">年底临近，你有跳槽的打算吗？</font></td>
</tr>
<tr><td width="366" height="111" valign="top">
A.有合适的就跳: <img src=images/research.gif width=<%=int(selecta*2)%>height
=8> <%=rs("selecta")%>人 <%=round(selecta,1) %> %<br>
B.没有,年后再说:<img src=images/research.gif width=<%=int(selectb*2)%>height
=8> <%=rs("selectb")%>人 <%=round(selectb,1)%>%<br>
C.目前不做打算: <img src=images/research.gif width=<%=int(selectc*2)%>height
=8> <%=rs("selectc")%>人 <%=round(selectc,1)%>%<br>
D.公司不适合了,一定跳:<img src=images/research.gif width=<%=int(selectd*2)%>h
eight=8> <%=rs("selectd")%>人<%=round(selectd,1)%>% <br><br>
            <font color="#000073">共有【<%=total%>】人参加调查<br>
            ===============================================</font> </td>
        </tr>
      </table>
    </div>
    <p align="center">【<a href="javascript:window.close()">关闭窗口</a>】
</td>
  </tr></table>
<% rs.close
set rs=nothing
conn.close
set conn=nothing
%>
```

在本调查中设置防重复投票机制，在用户投票时，将用户的 IP 地址信息写入 Cookie 中，当该用户再次投票时将他的 IP 地址和他的计算机上存储的 Cookie 相比较，若一致，则认为已经投过票了，否则没有投过票。

当用户直接单击首页中的"观看结果"时，会携带参数 stype=view，因此通过检查 stype 是否为空，可以得到是提交投票还是观看结果。

8. 制作企业推荐弹出窗口

企业推荐弹出窗口是校园人才网的广告，它是采用广告轮显组件（Ad Rotator）制作出来的。

（1）创建轮显列表文件（adrot.txt）

```
REDIRECT Adredir.asp          '重定向文件名为 Adredir.asp
WIDTH 200                     '广告图片的宽度、高度、边框
HEIGHT 60
BORDER 0
*                            '分隔号
Images/Lenovo.jpg            '第一个轮显图像的路径
http://www.lenovo.com.cn     '第一个广告的链接 URL
联想公司网站                   '第一个广告的图像替代文字
20                           '第一项的权值
Images/alibaba.jpg
http://china.alibaba.com
阿里巴巴公司网站
20
Images/huawei.gif
http://www.huawei.com.cn
华为公司网站
10
```

（2）编写重定向文件（adredir.asp）

```
<%Response.Redirect Request.QueryString("url")%>
```

（3）编写广告轮显页面（pop.asp）

```
<% @ LANGUAGE = "VBScript" %>
<HTML>
<HEAD>
<TITLE>企业推荐</TITLE>
</HEAD>
<BODY>
<DIV align="center">
  <%Set ad = Server.CreateObject("MSWC.AdRotator")
ad.TargetFrame="_blank"        '指定在新窗口中打开广告链接
'Adrot.txt 文件为广告轮显列表文件
'GetAdvertisement 方法用于读取广告轮显文件所设定的广告信息
Response.Write ad.GetAdvertisement("Adrot.txt")%>
</DIV>
</BODY>
</HTML>
```

（4）制作广告弹出窗口

在网站首页（index.asp）中选中<BODY>标签，在行为面板中为 body 添加打开浏览器窗口行为，激发事件为 onload。"打开浏览器窗口"对话框设置如图 6-4-5 所示。

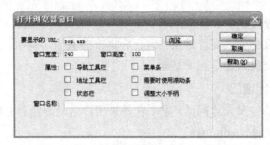

图 6-4-5　"打开浏览器窗口"对话框

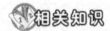

广告轮显组件

广告轮显组件（Ad Rotator）用于创建一个轮显对象实例，通过该对象在 Web 页上自动轮换显示广告图像。当用户每次打开或重新加载 Web 页时，该组件将根据在轮显列表文件中指定的信息显示广告。

（1）创建广告轮显对象实例

① 创建广告轮显对象实例

【格式】`Set 组件对象名=Server.CreateObject("MSWC.AdRotator")`

例：`<% Set ad = Server.CreateObject("MSWC.AdRotator") %>`

② 广告轮显组件的方法——GetAdvertisement

【作用】从轮显列表文件中检取信息。例如当用户打开或刷新一个页面时，该方法会从轮显列表文件获取下一个广告并显示。

【格式】`组件对象名.GetAdvertisement("轮显列表文件")`

例：`<%Set ad = Server.CreateObject("MSWC.AdRotator")`
　　　`Response.Write ad.GetAdvertisement("adrot.txt") %>`

> **注 意**
>
> ad 为一个广告轮显组件对象实例，adrot.txt 为轮显列表文件。

③ 广告轮显组件的属性

- Border 属性：指定显示广告四周的边框宽度。该属性的默认值在轮显列表文件的文件头中设置。
- Clickable 属性：指定是否将广告作为超链接显示。如果将该属性设置为 True（默认值），则将广告作为超链接显示；如果将该属性设置为 False，则广告不作为超链接显示。
- TargetFrame 属性：指定链接将被装入的目标框架。该属性可以设置为显示广告窗口或框架的名称，也可以设置为_top、_self、_parent 或_blank。

（2）创建轮显列表文件

轮显列表文件是一个用于管理显示频率及显示各种广告图像信息的文件。该文件必须在 Web 服务器的某个虚拟路径上可用。它的格式是固定的，由两部分组成：

- 第一部分设置应用于轮换安排中所有广告图像的参数。
- 第二部分指定每个广告的文件、位置信息以及每个广告的显示几率百分比。

这两部分由包含"*"的行隔开。其语法格式如下：

```
[Redirect URL]
[Width n1]
[Height n2]
[Border n3]
*
adURL
adHomePageURL
Text
Impressions
```

代码的前4行包含了广告的全局设置。

① Redirect URL：URL为"重定向文件名"。

② Width、Height、Border是广告图片的宽、高以及边框线宽度。

"*"号是分隔符，"*"号下面的每4行为一个单位，用于描述每个广告，各行的含义如下：

- adURL：指定广告图像文件的位置。
- adHomePageURL：广告对象的主页URL。如果广告客户没有主页，则该行为一个连字符"–"，指出该广告没有链接。
- Text：图像的替代文字。
- Impressions：广告的相对权值。

例：如果轮显列表文件包含3个广告，其Impressions分别为2、3和5，则第1个广告出现的概率是20%，第2个为30%，第3个则为50%。

下面是一个典型的广告轮显列表文件（adrot.txt），重定向文件名为Adredir.asp，两个广告相对权值分别是20和10。

```
Redirect Adredir.asp              '重定向文件名为Adredir.asp
Width 200                         '所有显示图片的大小宽为200，高为60，边框为1
Height 60
Border 1
*
images/tsinghualogo.jpg           '第一个轮显图像的路径
http://www.tsinghua.edu.cn/chn/index.htm   '第一个广告的链接URL
清华大学网站                       '第一个广告的图像替代文字
20                                '第一项的权值
images/pkulogo.jpg                '第二个轮显图像的路径
http://www.pku.edu.cn/            '第二个广告的链接URL
北京大学网站                       '第二个广告的图像替代文字
10                                '第二项的权值
```

（3）编写重定向文件

重定向文件是用户创建的文件，该文件是一个可选文件。如果在轮显列表文件中设置一个URL参数，当用户单击广告图像时，就会由这个重定向文件接收广告轮显对象发送的链接URL及广告图像两个参数。再由重定向文件转到广告主页（URL）。

【功能】提取链接地址参数值，跳转到相应URL（广告主页）。

【格式】

```
<%
'接收链接广告的URL赋给whatURL
```

```
whatURL=Request.QueryString("URL")
'重定向到广告主页 whatURL
Response.Redirect whatURL%>
```

重定向文件还可以跟踪客户端在广告上的单击次数。例如将接受的相同链接地址进行计数的累加，就能统计出该网站广告的点击次数。

拓展与提高

SQL 模糊查询

执行数据库查询时，有完整查询和模糊查询之分。

一般模糊语句如下：

SELECT 字段 FROM 表 WHERE 某字段 Like 条件

其中关于条件参数，SQL 提供了 4 种匹配模式：

① %：表示任意 0 个或多个字符。可匹配任意类型和长度的字符，有些情况下若是中文，请运用两个百分号（%%）表示。

例：SELECT * FROM [user] WHERE u_name LIKE '%三%'

表示查找 u_name 中所有包含"三"的记录，如"张三"，"李三"、"三脚猫"，"唐三藏"，等等。

如果须要找出 u_name 中既有"三"又有"四"的记录，请运用 and 条件。

例：SELECT * FROM [user] WHERE u_name LIKE '%三%' AND u_name LIKE '%四%'

② _：表示任意单个字符。匹配单个任意字符，它常用来限定表达式的字符长度。

例：SELECT * FROM [user] WHERE u_name LIKE '_三_'

表示只查找出"唐三藏"这样 u_name 为三个字且中间一个字是"三"的记录。

例：SELECT * FROM [user] WHERE u_name LIKE '三_ _';

表示只找出"三脚猫"这样 u_name 为三个字且第一个字是"三"的记录。

③ []：表示括号内所列字符中的一个（类似正则表达式）。指定一个字符、字符串或范围，要求所匹配对象为它们中的任一个。

例：SELECT * FROM [user] WHERE u_name LIKE '[张李王]三'

表示找出"张三"、"李三"、"王三"（而不是"张李王三"）。

如 [] 内有一系列字符（01234、abcde 之类的）则可略写为"0-4"、"a-e"。

例：SELECT * FROM [user] WHERE u_name LIKE '老[1-9]'

表示将查找出"老 1"、"老 2"……"老 9"。

④ [^]：表示不在括号所列之内的单个字符。其取值和 [] 相同，但它要求所匹配对象为指定字符以外的任一个字符。

例：SELECT * FROM [user] WHERE u_name LIKE '[^张李王]三'

表示将查找出不姓"张"、"李"、"王"的"赵三"、"孙三"等。

例：SELECT * FROM [user] WHERE u_name LIKE '老[^1-4]'

表示：将排除"老 1"～"老 4"，寻找"老 5"、"老 6"……

当查询内容包含通配符，可能会导致查询特殊字符"%"、"_"、"["的语句不能正常实现，而把特殊字符用"[ ]"括起便可正常查询。据此写出以下函数：

```
function sqlencode(str)
str=replace(str,"[","[[]")   '此句一定要在最前
str=replace(str,"_","[_]")
str=replace(str,"%","[%]")
sqlencode=str
end function
```

在查询前将待查字符串先经该函数处理即可。

技能训练

1. 参照最新招聘信息显示模块，编写最新求职信息的显示模块，显示最新的 5 条信息。
2. 参照最新招聘信息显示模块，编写人才快讯显示模块，显示最新的 5 条信息。
3. 设计一个主页（也可为校园网主页），内容任意，每次打开主页时就会弹出一个小窗口（窗口中包含清华大学、北京大学、武汉大学的校徽，单击图像会在新窗口中打开相应大学的主页），且小窗口中的图像每 30 秒自动更新显示一次。效果如图 6-4-6 所示（sl\6-4 文件夹）。

图 6-4-6　弹出不断刷新的广告窗口

思考与练习

1. 广告轮显组件的功能是什么？使用该组件的主要步骤有哪些？
2. 简述轮显列表文件的作用和组成。
3. 说明重定向文件的作用。

项目实训　制作校园购物网服务评价系统

一、项目描述

在校园购物网站创建用户调查表网页和评分网页是为了更好地了解用户需求，从而改善网站的服务质量。广告轮显是为校园购物网做广告，起到推荐商品的目的。

二、项目要求

1. 在网页上制作一个商品轮显广告。

2. 制作一个评分页面，要求后台数据库使用 SQL Server 2000。

3. 调查问卷使用单项选择和多项选择。

4. 用户提交后要有统计和反馈。

三、项目提示

1. 使用 ASP 的内置组件——Ad Rotator 组件（广告轮显组件）制作推荐商品广告。

2. 创建后台数据库并输入评分的内容。

3. 编写统计代码显示调查结果。

四、项目评价

项目实训评价表

能力要求	内 容		评 价		
	能 力 目 标	评 价 项 目	3	2	1
职业能力	能创建数据库查询	能够创建数据库和相应的数据表			
		能正确地编写 SQL 查询语句			
	能对数据库进行维护	会导入、导出 SQL Server 数据库			
		能够正确地添加、修改、删除数据表记录			
		能够附加和分离 SQL Server 数据库			
	能制作动态网页	能够编写身份验证程序			
		能够制作动态网页的交互功能			
		能够正确使用包含文件			
		能够编写统计程序并显示结果			
		能够正确使用广告轮显组件			
	网站发布与访问	能够准确发布网站			
		能够在动态网页中正确连接数据库			
通用能力	欣赏设计能力				
	独立构思能力				
	解决问题能力				
	自我提高能力				
	组织能力				
综合评价					

单元 七

在线考试系统

引言

随着计算机技术和 Internet 技术的发展，网络学习作为一种全新的学习方式正逐步渗透到我们的生活中。网络学习的出现，有效地解决了共享学习资源的问题，扩大了学生受教育的范围，而在线网络考试也成为课程建设和网络学习中的一个重要组成部分。

本单元通过一个在线考试系统，将 ASP 动态网页的知识点贯穿在整个系统设计之中，是一个较完整的综合网站。

任务一　建立在线考试系统数据库

任务描述

在线考试系统中，数据库是整个系统的核心之一，所有操作均是围绕着数据库进行，整个系统以 SQL Server 为后台数据库，它功能强大，安全性高，适合大中型数据库应用。

在线考试系统实现的功能有考生考试、成绩查询、考生管理、试卷管理等，后台数据库采用 SQL Server 数据库。

图 7-1-1 所示为在线考试系统的考试界面。

图 7-1-1　在线考试系统

任务分析

在线考试系统的基本功能如下：

① 考生登录及考试页面，考生交卷后即可查看所得成绩。

② 管理员通过管理员登录页面进入后台，执行管理功能。

③ 管理员用户名、密码修改。

④ 试卷管理，包括试卷创建、修改、删除。

⑤ 考生管理，包括考生添加、修改、删除。

⑥ 考生成绩查询，包括单个考生成绩查询、所有考生成绩查询、部分考生成绩查询。

系统流程图如图 7-1-2 所示。

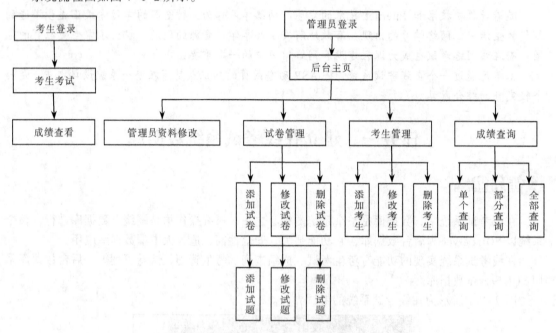

图 7-1-2 "在线考试系统"系统流程图

数据库的需求分析：考生进入系统需要登录，所以考生表是必不可少的，考生考试完毕后，成绩需要存储，成绩表也是必不可少的，还有试卷表，各科试题表，管理员表。

方法与步骤

1. 创建本地站点

① 在 F:\ASP 文件夹下建立一个名为 exam 的文件夹作为在线考试系统文件夹，并在 exam 文件夹下建立一个名为 images 的图片文件夹，将准备好的图片放在该文件夹中。

② 启动 IIS，发布建立好的文件夹 F:\ASP\exam，设置其默认文档为 index.asp。

③ 打开网页制作软件 Dreamweaver，选择"站点"→"新建站点"命令，建立一个名为"在线考试系统"的站点，其本地根文件夹为 F:\ASP\exam。

④ 在站点根文件夹下建立动态网页文件，如表 7-1-1 所示。

表 7-1-1 在线考试系统文件说明

文 件 名	文 件 说 明
index.asp	在线考试系统首页，用于考生和管理员的登录
style.css	CSS 样式表
conn.asp	数据库连接
error.asp	错误信息显示
Md5.asp	MD5 加密函数
chklogin.asp	考生登录处理
testing.asp	显示试题，进行考试
checktest.asp	判卷并显示考生考试成绩
adminlogin.htm	管理员登录
chkadmlogin.asp	管理员登录处理
admin.asp	后台管理，并显示试卷列表
adminmodify.asp	管理员信息修改
adminmodifyok.asp	管理员信息修改处理
addpaper.asp	添加试卷
addpaperok.asp	添加试卷处理
modipaper.asp	修改试卷
delpaper.asp	删除试卷
addquestion.asp	添加试题
savequestion.asp	保存试题
modiquestion.asp	修改试题
student.asp	考生添加及管理
delstudent.asp	删除考生
modistudent.asp	修改考生信息
savestudent.asp	保存考生信息
serachscore.asp	成绩查询
searchscoreok.asp	成绩查询结果显示
Examdb_data.mdf	数据库文件
Examdb_log.ldf	数据库日志文件

2. 建立数据库和数据表

根据系统要求设计数据库和数据表，数据库名为 examdb，数据库的存放位置为 F:\ASP\exam\。

选择"开始"→"所有程序"命令，单击"Microsoft SQL Server"→"企业管理器"，打开 "SQL Server Enterprise Manager"窗口，然后在"控制台根目录"窗格中，依次展开"Microsoft SQL Servers"→"SQL Server 组"→（LOCAL）（Windows NT），然后右击"数据库"文件夹，在弹出的快捷菜单中选择"新建数据库"命令，如图 7-1-3 所示。

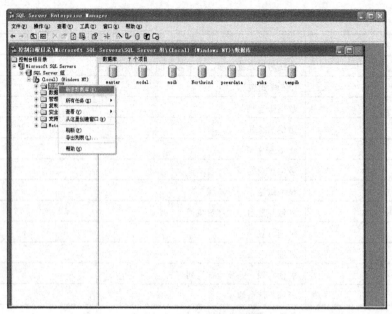

图 7-1-3 选择"新建数据库"命令

弹出"数据库属性"对话框，在"常规"选项卡的"名称"文本框中输入要新建的数据库名 examdb，如图 7-1-4 所示。

切换到"数据文件"选项卡，在此选项卡中可设置数据库文件的名称、位置、大小，单击"位置"栏中的▦按钮，将文件的位置改为 F:\ASP\exam\，其余保持默认，如图 7-1-5 所示。

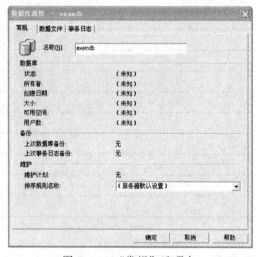

图 7-1-4 "常规"选项卡

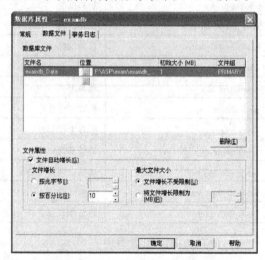

图 7-1-5 "数据文件"选项卡

切换到"事务日志"选项卡，在此选项卡中可设置事务日志文件的名称、位置和大小，单击"位置"栏中的▦按钮，将文件的位置改为 F:\ASP\exam\，其余保持默认，如图 7-1-6 所示。单击"确定"按钮，即创建了 examdb 数据库。

根据数据库需求分析，本系统至少需要建立 5 个表。

在"控制台根目录"窗格中选中 examdb 数据库，将其展开，右击"表"选项，选择"新建表"命令，如图 7-1-7 所示。

在打开的表设计器窗口中，建立第一个数据表——考生表 student，用来存放考生考号与姓名，结构如表 7-1-2 所示。

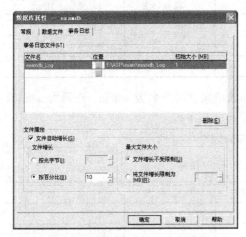

图 7-1-6　"事务日志"选项卡

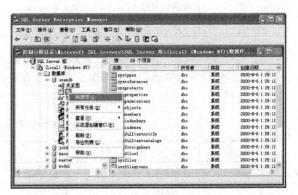

图 7-1-7　选择"新建表"命令

表 7-1-2　考生表（student）结构

字 段 名	字 段 描 述	字 段 类 型	字 段 长 度	备 注
Stno	考生考号	nvarchar	8	不能为空
Stname	考生姓名	nvarchar	8	不能为空

按表 7-1-2 在表设计器中分别输入列名、数据类型、长度和允许空等内容，如图 7-1-8 所示。

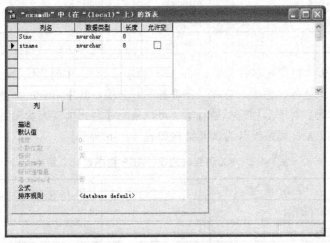

图 7-1-8　创建学生表

单击工具栏上的■按钮，在弹出的"选择名称"对话框中输入数据表名 student，然后单击"确定"按钮保存数据表，如图 7-1-9 所示。

用同样的方法在 examdb 数据库中创建其他 4 个表。

管理员表（admin）存放管理员登录名及密码，其结构如表 7-1-3 所示。

图 7-1-9　"选择名称"对话框

表 7-1-3　管理员表（admin）结构

字 段 名	字 段 描 述	字 段 类 型	字 段 长 度	备　　注
Adminname	管理员用户名	nvarchar	20	不能为空
Password	管理员密码	nvarchar	20	不能为空
Loads	错误登录次数	Integer	4	

建立好管理员表（admin）结构后，在表中输入一条记录，用户名为 admin，密码为 admin，经 MD5 加密后的 7a57a5a743894a0e，作为管理员的登录名和密码。

试卷列表（paperlist）存放所有试卷名称，其结构如表 7-1-4 所示。

表 7-1-4　试卷列表（paperlist）结构

字 段 名	字 段 描 述	字 段 类 型	字 段 长 度	备　　注
Papername	试卷名称	nvarchar	50	不能为空
Createdate	试卷创建时间	Datetime	8	不能为空

成绩表（score）存放所有考生每门课程的成绩以及考试日期，其结构如表 7-1-5 所示。

表 7-1-5　成绩表（score）结构

字 段 名	字 段 描 述	字 段 类 型	字 段 长 度	备　　注
Stno	考生考号	nvarchar	8	不能为空
Stname	考生姓名	nvarchar	8	不能为空
Papername	试卷名称	nvarchar	50	不能为空
Score	成绩	Integer	4	—
testdate	考试时间	Datetime	8	不能为空

××课程试题表（以课程名称命名，如 ASP 程序设计），在创建试卷时由系统创建，存放该课程考题的类型、题号、题干、选项、正确答案、分值。其中 qtype 为 1 时是单项选择题，为 2 时是多项选择题。对于多项选择题答案，可以依顺序写，如答案为第一项、第三项、第四项，则写为 134。以 ASP 程序设计为例其结构如表 7-1-6 所示。

表 7-1-6　XX 课程试题表（ASP 程序设计）结构

字 段 名	字 段 描 述	字 段 类 型	字 段 长 度	备　　注
qtype	试题类型	Integer	4	不能为空
qno	题号	Integer	4	不能为空
question	题干	nvarchar	200	不能为空
s1	选项一	nvarchar	200	不能为空
s2	选项二	nvarchar	200	不能为空
s3	选项三	nvarchar	200	不能为空
s4	选项四	nvarchar	200	不能为空
answer	正确答案	nvarchar	4	不能为空

数据库及数据表创建完成后，将 SQL Server 2000 关闭。

任务二 制作考生登录、考试以及查看成绩页面

任务描述

数据库及数据表建立后，就要进行在线考试系统的设计与制作。其中，考生考试过程是系统的前台部分，主要由考生使用，考生通过输入考号和姓名，并选择考试科目后进入在线考试系统进行答题，在答题结束后，提交答案，即可查看本次考试的成绩以及自己以前的考试成绩。

运行效果如图 7-2-1～图 7-2-3 所示。

图 7-2-1 考生登录页面

图 7-2-2 在线考试页面

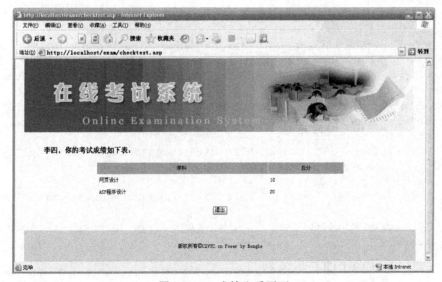

图 7-2-3 成绩查看页面

任务分析

在登录页面需要显示考试科目下拉列表，以供考生在登录时选择，如果考生输错学号和姓名，则提示重新输入，若考生选择的考试科目他已经考过，则提示选择其他科目。输入完全正确后，进入考试页面进行考试。试题分单项选择题和多项选择题，分别使用单选按钮和复选按钮表示。考生无论试卷答完与否，均可交卷，并且计算成绩记入数据库，然后再将考生本次考试成绩和以往考试成绩显示出来供考生查看。

方法与步骤

1. 数据库连接文件 conn.asp

```
<%
Set conn = Server.CreateObject("ADODB.Connection")
conn.Open "Driver={SQL Server};server=(local);uid=sa;pwd=;database=examdb;"
Set rs = Server.CreateObject("ADODB.Recordset")
%>
```

2. 制作登录页面 index.asp

登录页面的制作比较简单，可以用 Dreamweaver 制作，如图 7-2-1 所示，文件名为 index.asp，考试科目通过读取 paperlist 表获得，表单的动作设为 chklogin.asp，即考生单击"登录"按钮后的处理程序文件，表单的"方法"设为 post。index.asp 文件的代码如下：

```
<!-- #include file="conn.asp" -->
<html>
<head>
<title>在线考试系统</title>
<meta http-equiv="Content-Type" content="text/html; charset=gb2312">
<LINK href="style.css" rel=stylesheet>
</head>
<body background="images/bj.gif" link="#000000" vlink="#FF0000" alink="#000000">
<table width="950" border="0" align="center" cellpadding="0" cellspacing="0">
  <tr><td><img src="images/top.jpg" width="950" height="173"></td></tr>
  <tr><td>
    <table width="400" border="1" cellspacing="0" cellpadding="10" align="center" bordercolorlight="#CCCCCC" bordercolordark="#FFFFFF">
      <tr bgcolor="#33CCFF">
        <td height="38" colspan="2"><div align="center" class="p1"><strong>考生登录</strong></div></td></tr>
      <tr bgcolor="#F0F0F0">
        <td colspan="2" align="center"><form method="GET" action="chklogin.asp" >
          <table width="80%" border="0" align="center" cellpadding="2" cellspacing="1">
            <tr>
              <td width="35%" height="32"><div align="right">考  号</div></td>
              <td width="65%"><input name="StNO" type="text" id="StNO"
```

```
size="16" ></td>
              </tr>
              <tr>
                <td height="32"><div align="right">姓  名</div></td>
                <td><input name="stName" type="text" id="stName" size="16"
></td>
              </tr>
              <tr>
                <td height="32"><div align="right">考试科目</div></td>
                <td><select name="Subject">
                  <%rs.Open "Select * From paperlist Order By createdate DESC",
conn, 1,1
                    if rs.bof or rs.eof then%>
                  <option value="nopaper">没有试卷</option>
                  <%else
                  while not rs.eof%>
                  <option
value="<%=rs("papername")%>"><%=rs("papername")%></option>
                    <% rs.movenext
                  wend
                  end if
                  rs.close%>
                  </select></td>
                </tr>
              </table>
          <p align="center"><input type="submit" name="send" value="登录" >
            <input type="reset" value="重写" ></p>
        </form></td>
      </tr>
      <tr>
        <td bgcolor="#F0F0F0"><p align="center"><font color="#000000">使用
说明</font></p> </td>
        <td bgcolor="#F0F0F0"><p align="center"><a href="adminlogin.htm"
class="p1"><font color="#000000">管理登录</font></a></td>
      </tr>
    </table>
    </td>
  </tr>
</table>
</body></html>
```

3. 登录验证文件 chklogin.asp

当考生输入考号和姓名，单击"登录"按钮后系统调用表单处理文件 chklogin.asp 进行处理，该文件的代码如下：

```
<head>
<meta http-equiv="Content-Type" content="text/html; charset=gb2312" />
<title>登录出错</title>
<LINK href="style.css" rel=stylesheet>
</head>
<!-- #include file="conn.asp" -->
<!--#include file="error.asp" -->
<body background="images/bj.gif" link="#000000" vlink="#FF0000" alink="#0
00000">
```

```
<table width="950" border="0" align="center" cellpadding="0" cellspacing="0">
  <tr>
    <td><img src="images/top.jpg" width="950" height="173"></td>
  </tr>
  <tr>
    <td>
<%StNO=trim(Request("StNO"))
stName=trim(Request("stName"))
Subject=trim(Request("Subject"))
if subject="nopaper" then
  founderr="true"
  errmsg=errmsg & "<li>没有试卷！"
end if
if StNO="" then
  founderr="true"
  errmsg=errmsg & "<li>请输入你的考号！"
end if
if stName="" then
  founderr="true"
  errmsg=errmsg & "<li>请输入你的姓名！"
end if
sql="Select * From student where StNO='"& StNO &"'"
rs.Open sql, conn,1,1
if rs.bof or rs.eof then
  founderr="true"
  errmsg=errmsg & "<li>此考号不存在！"
elseif stName<>rs("stName") then
  founderr="true"
  errmsg=errmsg&"<li>你的考号和你的姓名不一致，请查正！"
end if
  rs.close
  sql="select * from score where StNO='"&StNO&"' and papername='"&Subject&"'"
  rs.open sql,conn,1,1
if not rs.eof then
  founderr="true"
  errmsg=errmsg&"<li>你已经参加过这一门的考试了！"
end if
if founderr="true" then
  call errormsg()
else
  session("logstatus")=1  '记录登录状态
  response.redirect "testing.asp?"&Request.QueryString
end if
conn.close
set rs=nothing%>
</td>
  </tr>
  <tr>
    <td height="75" bgcolor="#CCCCCC"><div align="center" class="p1 STYLE2">
版权所有<span class="STYLE3">&copy;</span>CZVTC.cn Power by Ronghe</div>
</td>
  </tr>
</table>
</body></html>
```

error.asp 是错误信息提示函数文件,当考生输错考号或姓名,或考生选择的考试科目他已经考过或不存在时进行错误提示,如图 7-2-4 所示。

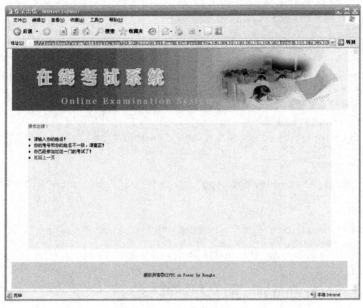

图 7-2-4 出错信息页面

此文件代码如下:

```
<%dim founderr,errmsg
  sub errormsg()
      response.write"<table width='90%' height='350' border='0' align=
'center' cellpadding='0' cellspacing='0' bgcolor ='#f0f0f0'><tr><td
valign='top'><p><font color ='#ff0000' >操作出错: </font></p>"&errmsg&"
<li><a href='javascript:history.go(-1)'>返回上一页</a></td></tr></table>"
  end sub
%>
```

4. 制作考试页面 testing.asp

当考生登录成功后,就会显示相应的考试科目试卷,如图 7-2-2 所示,试卷由单项选择题和多项选择题组成,考生可在任何时候交卷,当单击"交卷"按钮时,系统会提示"该项操作要提交你全部的答题内容,你确定要交卷吗?",以防考生误点"交卷"按钮。

在提交答案时,将通过 3 个隐藏域把考号、姓名及课程名称传递给 checktest..asp,由它计算考试成绩。考试页面 testing.asp 的代码如下:

```
<%@LANGUAGE="VBSCRIPT" CODEPAGE="936"%>
<!--#include file="conn.asp"-->
<!--#include file="error.asp" -->
<%if session("logstatus")<>1 then%>
   <font size="5" ><b>你还没有登录,没有权利浏览本页,请先<a href="index.asp">
登录</a>! </b></font>
<%else
'读取 index 附带的 Subject、StNO 及 stName 参数值
stNO=Request("stNO")
stName=Request("stName")
```

```asp
Subject=Request("Subject")
sql="Select * From "&Subject & " order by qtype,qno"
  'response.write sql
  rs.open sql,conn,2,2
%>
<html xmlns="http://www.w3.org/1999/xhtml">
<head>
<meta http-equiv="Content-Type" content="text/html; charset=gb2312" />
<LINK href="style.css" rel=stylesheet>
<title>在线考试中</title></head>
<body background="white">
<table width="950" border="0" align="center" cellpadding="0" cellspacing=
"0">
  <tr>
    <td><img src="images/top.jpg" width="950" height="173" /></td>
  </tr>
  <tr>
    <td><table  width="90%"  border="0"  align="center"  cellpadding="0"
cellspacing="0">
  <tr>
    <td><p> </p>
<h3 align=center>《<%=Subject%>》考试题目</h3>
<hr>
<%if rs.bof or rs.eof then
  errmsg="没有试题"
  call errormsg()
else%>
<form action="checktest.asp" method="post">
  <p>
<!--下面通过三个隐藏域把考号、姓名及科目名称传递给 checktest..asp-->
<input type="hidden" name=Subject value="<%=Subject%>">
<input type="hidden" name=stNO value="<%=stNO%>">
<input type="hidden" name=stName value="<%=stName%>">
<%'显示题目
while not rs.eof %>
<b><%=rs("qno")%>、<%=rs("question")%>(<%=rs("qscore")%>分)</b><br>
<%select case rs("qtype"):
        case 1:
            qType="Radio"
            for n=1 to 4
            %>
   <input type="<%=qType%>" name="No<%=rs("qno")%>" value="<%=n%>">
<%=rs("s"&n)%><br>
<% next
        case 2:
            qType="Checkbox"
            for n=1 to 4
            %>
   <input type="<%=qType%>" name="No<%=rs("qNo")%>-<%=n%>" value="<%=n%>"
/>
            <%=rs("s"&n)%><br>
    <%next
```

```
end select
rs.movenext
wend%>
<%rs.close%>
  </p>
  <p align="center">
      <!--单击交卷，根据 form 的 action 属性调用 checktest.asp 计算分数-->
   <script language=javascript>
    function confirm_submit(){
  if (confirm("该项操作要提交你全部的答题内容，你确定要交卷吗?")){
      return true;
  }
  return false;
  }

  </script>
      <input type=submit onClick="return confirm_submit()" value="交卷" >
    </p>
</form>
</div>
    <%end if%>
  <p>   </p></td>
  </tr>
</table>
</td>
  </tr>
  <tr>
    <td height="75" bgcolor="#CCCCCC"><div align="center"><span class="p1">
版权所有<span class="STYLE3">&copy;</span>CZVTC.cn Power by Ronghe</span>
</div></td>
  </tr>
</table>
</body></html>
<%end if%>
```

5. 制作判卷及成绩显示页面 checktest.asp

当考试提交试卷时，checktest.asp 页面进行判卷，并显示考试成绩，如图 7-2-3 所示，该文件代码如下：

```
<!--#include FILE="conn.asp"-->
<!--从 testing.asp 中的三个隐藏域中取得值-->
<%Subject=Request("Subject")
stno=Request("stno")
stName=Request("stName")%>
<html>
<head>
<title>考试成绩查看</title></head>
<meta http-equiv="Content-Type" content="text/html; charset=gb2312" />
<LINK href="style.css" rel=stylesheet>
<body>
<center>
<table width="950" border="0" align="center" cellpadding="0" cellspacing="0">
  <tr>
```

```
      <td><img src="images/top.jpg" width="950" height="173"></td>
  </tr>
  <tr>
    <td><table  width="90%"  border="0"  align="center"  cellpadding="0"
cellspacing="0">
      <tr>
        <td>
          <span class="STYLE5"><%=stName%>，你的考试成绩如下表：</span>
            <% sql="Select * From "&Subject&" order by qtype,qno"
              rs.open sql,conn,2,2
              score=0
while not rs.EOF
answer=rs("answer")
select case rs("qtype")
    case 1:
        selection=Request("No"&rs("qno"))
     case 2:
       selection=""
      for n=1 to 4
       if not Request("No"&rs("qno")&"-"&n)="" then
          selection=selection&Request("No"&rs("qno")&"-"&n)
        end if
        next
    case else:response.write"<b>其他题目还未确定评分规则！</b>"
end select
if answer=selection then
    score=score+rs("qscore")
  end if
rs.movenext
wend
rs.close
%>
<!-- 把成绩保存到成绩表中-->
<%flag=false
  rs.Open "Select * From score where stno='"& stno &"'", conn,3,2
  while not rs.eof
  'response.write rs("subject")
  if rs("papername")= Subject then
  flag=true
  end if
  rs.movenext
  wend
  'response.write flag
 rs.close%>
<% if flag=true then%>
<div align="center"><input type="button" onClick="window.close()" value="
退出"></div>
<script language="vbscript">
 msgbox"该记录已写入数据库！"
 location.href="vbscript:window.close()"
 </script>
<% else
   rs.Open "Select * From score where stno='"& stno &"'", conn,3,2
   'response.write Subject
  rs.addnew
```

```
        rs("stName")=stname
        rs("stno")=stno
        rs("testdate")=now()
        rs("score")=score
        rs("papername")=Subject
        rs.update
        rs.close
        end if
%>
<!-- 用表格显示分数-->
<blockquote>
<table width="70%" border=0 align="center" cellpadding="5" cellspacing="1">
<tr bgcolor=green><td bgcolor="#00CCFF"><div align="center">学科</div></td>
<td bgcolor="#00CCFF"><div align="center">总分</div></td>
</tr>
<% rs.Open "Select * From score where stno='"& stno &"'", conn,3,2
    while not rs.eof
%>
<tr><td><%=rs("papername")%></td><td>
<%if rs("score")<>-1 then
response.write rs("score")
    else
response.write "<b>未考! </b>"
end if
%></td></tr>
    <%
rs.movenext
    wend
    rs.close
%>
</table>
</blockquote>
<div align="center">
  <p><input type="button" onClick="window.close()" value="退出"> </p>
</div>
</td></tr></table>
</td></tr>
    <tr>
    <td height="75" bgcolor="#CCCCCC"><div align="center"><span class="p1">
版权所有<span class="STYLE3">&copy;</span>CZVTC.cn Power by Ronghe</span>
</div></td>
    </tr>
</table>
</body></html>
```

任务三 制作管理员登录与管理员资料修改页面

任务描述

　　管理员登录页面是进入系统后台的大门，既要使管理员方便登录进入系统进行管理，还要防止恶意用户非法进入系统对系统进行非法修改。管理员登录页面如图 7-3-1 所示。管理员信息要定期修改以防止其他人非法获取，对系统进行非法操作。

图 7-3-1 "管理员登录"页面

任务分析

　　管理员通过输入用户名和密码进入系统，当管理员连续三次输错信息时，系统自动退出，不能登录。对于管理员的密码通过 MD5 加密，防止恶意用户通过下载数据库得到密码。当管理员通过验证后即进入系统后台，如图 7-3-2 所示。管理员信息的修改较为简单，在输入管理员密码时需要输入两遍，以防误输入，并且对管理员密码经 MD5 加密后写入数据库。

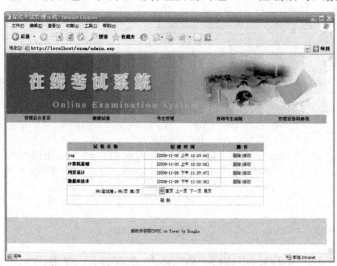

图 7-3-2 "系统后台"页面

方法与步骤

1. 制作管理员登录页面 adminlogin.htm 和 chkadmlogin.asp

　　通过在系统首页单击"管理员登录"超链接进入管理员登录页面，此页比较简单，可以用 Dreamweaver 制作，表单提交给 chkadmlogin.asp 处理。

登录页面所使用的表单元素如表 7-3-1 所示。

表 7-3-1 管理员登录页面所使用的表单元素

名　称	类　型	值	备　注
Adminname	文本域	空	管理员用户名
Password	密码域	空	管理员密码
Send	提交按钮	登录	提交表单
Retry	重设按钮	重写	重设表单

输入管理员用户名和密码，单击"登录"按钮后系统调用表单处理文件 chkadmlogin.asp 进行处理，该文件的 ASP 代码如下：

```
<!--#include file="conn.asp" -->
<!--#include file="md5.asp" -->
<%
adminname=trim(Request("adminname"))
password=md5(trim(Request("password")))
if adminname="" then %>
<script language=vbscript>
    MsgBox "错误：请输入管理员用户名！"
    location.href = "javascript:history.back()"
</script>
<%elseif password="" then%>
<script language=vbscript>
    MsgBox "错误：请输入你的密码！"
    location.href = "javascript:history.back()"
  </script>
<%end if%>
<%rs.Open "Select * From admin where adminname='" &adminname&"'", conn, 3,3%>
 <% if rs.bof or rs.eof then%>
   <script language=vbscript>
    MsgBox "错误：该用户名不存在，请确认你是管理员！"
    location.href = "javascript:history.back()"
  </script>
<%elseif rs("password")<>password then
if rs("loads")>3 then %>
    <script language=vbscript>
     MsgBox "错误：登录次数太多！系统将关闭！"
     location.href="javascript:window.close()"
    </script>
  <%else %>
<script language=vbscript>
    MsgBox "<%'=rs("loads")%>次错误：该密码不正确，请确认你是管理员！"
    location.href = "javascript:history.back()"
   </script>
    <%rs("loads")=rs("loads")+1
    rs.update
  end if
else
```

```
rs("loads")=0
rs.update
session("logstatus")=1 '记录登录状态
response.redirect "admin.asp"
end if
conn.close
set rs=nothing%>
```

其中 MD5.asp 为 MD5 加密算法函数，用户输入的密码经 MD5 加密后和查询出来也经 MD5 加密的密码比对。系统首先检查用户是否将用户名和密码填写完整，若某项没有填写，则给出出错信息。只有在填写完整的情况下，才会查询用户所填用户名所对应的密码及检查用户是否合法。只允许用户输入用户信息 3 次，超过 3 次时，如输入信息仍不对则提示"登录次数太多！系统将关闭！"，在正确输入管理员信息后，系统会将登录次数清零。

2. 制作后台页面 admin.asp

在后台页面（admin.asp）中有管理员信息修改、考生信息管理、查询考生成绩、新建试卷等链接以及试卷管理内容，其关键代码如下：

```
<% response.buffer=false
  response.expires=0
  if session("logstatus")<>1 then
%>
  <font size="5" ><b>你还没有登录，无权浏览本页，请先<a href="adminlogin.htm">登录</a>! </b></font>
    <% else %>
      <!-- #include file="conn.asp" -->
<script LANGUAGE="JavaScript">
<!-
function openwin(url,name,w,h) {
      window.open (url,name,"width=" + w + ",height=" + h + ",toolbar=no,
menubar=no, scrollbars=no, resizable=no,location=no,status=no")}
//-->
</script>
<%If Request.QueryString("CurPage") = "" or Request.QueryString("CurPage")
= 0 then
CurPage = 1
Else
CurPage = CINT(Request.QueryString("CurPage"))
End If%>
<%rs.Open "Select * From paperlist Order By createdate DESC", conn, 1,1
  if rs.eof and rs.bof then%>
暂时没有任何记录!!
<%else
rs.PageSize=10                          '设置每页试卷记录数
Dim TotalPages
TotalPages = rs.PageCount
If CurPage>rs.Pagecount Then
CurPage=RS.Pagecount
end if
RS.AbsolutePage=CurPage
rs.CacheSize = RS.PageSize'设置缓存在本地内存中的 Recordset 对象的记录数
```

```
Dim Totalcount
Totalcount =INT(RS.recordcount) %>
 <table   border="1"   width="585"   cellpadding="1"   cellspacing="0"
bordercolordark="#FFFFFF" bordercolorlight="#999999" align="center">
  <tr>
    <td bgcolor="#33CCFF" height="25" width="226">
     <p align="center"><b>试 卷 名 称</b></p>     </td>
    <td align="center" bgcolor="#33CCFF" height="20" width="222"><b>创 建
时 间</b></td>
  <td height="20" align="center" bgcolor="#33CCFF" width="123"><b>操 作
</b></td>
  </tr>
  <% do while not rs.eof and i<rs.pagesize
    i=i+1%>
<tr>    <td    width="226"    height="25"    bordercolorlight="#C0C0C0">
<%=rs("papername") %> </td>
     <td align="center" width="222">[<%=rs("createdate")%>]</td>
   <td    bordercolorlight="#c0c0c0"    align=middle    width="123"><div
align="center"><a href= "delpaper.asp?id=<%= rs("papername") %>"> 删 除
</a>|<a href="modipaper.asp?id=<%=rs("papername")%>"  target=_blank> 修 改
</a></div></td>
  </tr>
<% rs.movenext
loop
set rs=nothing%>
<tr><td height="25" colspan="4" align=middle bordercolorlight="#C0C0C0">
<div align="center">
  <p>
   <% if totalpages>1 then
       response.write    "<table    align='center'    cellspacing='0'
cellpadding='0' border='0' width='90%'>"& "<form method='get' action='?'>"&
"<tr><td    height='25'    width='50%'    align='right'> 共 <font    color
='red'>"&totalcount&"</font>套试卷, 共<font color ='red'>"&TotalPages&"
</font>页 第<font color ='red'>"&curpage&"</font>页 "& " <input type='text'
name='curpage' size='5' maxlength='4'> <input type='submit' value='GO'
name='B1'></td><td align='left' width='50%' height='15'>"
    if curpage>1 then
       response.write" <a href='?curpage=1'>首页</a> <a href='?curpage=
"&curpage-1& "'>上一页</a> "
     else
        response.write"首页 上一页 "
     end if
     if curpage<totalpages then
       response.write"<a href='?curpage="&curpage+1 &"'>下一页</a> <a
href='?curpage=" & totalpages &"'>尾页</a>"
     else
        response.write"下一页 尾页"
     end if
        response.write"</td></tr></form></table>"
   end if
```

```
end if%>
  </p>
  </div></td>
  </tr>
<tr>
  <td height="25" colspan="4" align=middle bordercolorlight="#C0C0C0"><div
align="center"><a href="admin.asp?curpage=<%=curpage%>"> 刷  新 </a></div>
</td>
  </tr>
</table></td>
  </tr>
  </table>
</body></html>
<%end if%>
```

3. 制作管理员资料修改页面 adminmodify.asp 和 adminmodifyok.asp

在后台主页（admin.asp）中点击超链接"管理员资料修改"即可进入管理员资料修改页面（adminmodify.asp），此页比较简单，可以用 Dreamweaver 制作，如图 7-3-3 所示，管理员资料修改所使用的表单元素如表 7-3-2 所示。表单提交给 adminmodifyok.asp 处理。

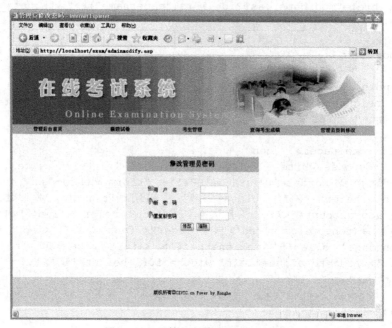

图 7-3-3 "管理员资料修改"页面

表 7-3-2 管理员资料修改页面所使用的表单元素

名　称	类　型	值	备　注
Adminname	文本域	空	管理员用户名
Password	密码域	空	管理员密码
Password2	密码域	空	重复管理员密码
Send	提交按钮	修改	提交表单
Retry	重设按钮	清除	重设表单

输入管理员新用户名、新密码和重复密码，单击"修改"按钮后系统调用表单处理文件 adminmodifyok.asp 进行处理，该文件的关键 ASP 代码如下：

```
<% @language="vbscript" %>
<!-- #include file="conn.asp" -->
<!-- #include file="md5.asp" -->
<% response.buffer=true
Response.Expires=0
adminname=trim(request("adminname"))
password=trim(request("password"))
password2=trim(request("password2"))
if password="" and password2="" then
  founderr="true"
  errmsg="新密码不能为空"
elseif password<>password2 then
  founderr="true"
  errmsg="两次密码不一致"
end if
if founderr="true" then%>
<script language=vbscript>
    MsgBox "<%=errmsg%>"
    location.href = "javascript:history.back()"
  </script>
<%else
sql="select * from admin "
rs.open sql,conn,3,2
rs("adminname")=adminname
rs("password")=md5(password)
rs.update
rs.close %>
<script language=vbscript>
      MsgBox "您成功修改了您的管理员账号和密码，请牢记并重新登录！"
      location.href = "adminlogin.htm"
    </script>
    <%end if%>
```

任务四　制作考生管理页面

任务描述

考生由管理员进行管理，包括考生添加、修改和删除。

任务分析

考生的管理由管理员进行，在考生管理页面可直接添加考生，并且单击考生右侧的修改、删除链接，可进入考生修改页面（modistudent.asp）和考生删除页面（delstudent.asp）。考生添加处理和考生修改处理均提交给 savestudent.asp 处理。在考生管理页面，由于考生数量较多，所以对考生按考号升序排列，并进行分页显示。

方法与步骤

1. 制作考生管理页面 student.asp

考生管理页面运行结果如图 7-4-1 所示。

图 7-4-1　考生管理页面

该页面的关键代码如下：

```
<% response.buffer=false
   response.expires=0
   if session("logstatus")<>1 then%>
   <font size="5" ><b>你还没有登录，无权浏览本页，请先<a href="adminlogin.htm">
登录</a>! </b></font>
   <%else %>
 <!-- #include file="conn.asp" -->
<html>
<head>
<title>考生管理</title>
<LINK href="style.css" rel=stylesheet>
</head>

<body background="images/bj.gif" link="#000000" vlink="#FF0000" alink="#0
00000">
<table width="950" border="0" align="center" cellpadding="0" cellspacing=
"0">
  <tr>
   <td>
     <p align="center" class="STYLE4">考生管理</p>
<%If Request.QueryString("CurPage") = "" or Request.QueryString("CurPage")
= 0 then
```

```
CurPage = 1
Else
CurPage = CINT(Request.QueryString("CurPage"))
End If%>
<%rs.Open "Select * From student Order By stno", conn, 1,1%>
<%if rs.eof and rs.bof then%>
Response.write("暂时没有任何记录！")
<%else
rs.PageSize=5
Dim TotalPages
TotalPages = rs.PageCount
If CurPage>rs.Pagecount Then
CurPage=RS.Pagecount
end if
RS.AbsolutePage=CurPage
rs.CacheSize = RS.PageSize
Dim Totalcount
Totalcount =INT(RS.recordcount)%>
<table border="1" width="585" cellpadding="1" cellspacing="0" bordercol-
ordark="#FFFFFF" bordercolorlight= "#999999" align="center">
    <tr>
      <td align="center" bgcolor="#33CCFF" height="25" width="208"><b>考 号
</b></td>
      <td  align="center" bgcolor="#33CCFF" height="20" width="216"><b>姓 名
</b></td>
      <td height="20" align="center" bgcolor="#33CCFF" width="147"><b>操 作
</b></td>
    </tr>
  <%do while not rs.eof and i<rs.pagesize
      i=i+1%>
<tr>
        <td height="25" align=center bordercolorlight="#C0C0C0"><b><%=rs
("stno")%></b></td>
      <td align="center" ><%=rs("stname")%></td>
      <td align="center" bordercolorlight="#c0c0c0" align=middle><a href=
"delstudent.asp?stno= <%=rs("stno")%>"> 删 除 </a>|<a href="modistudent.
asp?stno=<%=rs("stno")%>" target=_blank>修改</a></td>
    </tr>
 <% rs.movenext
   loop
  set rs=nothing%>
<tr>
<td height="25" colspan="4" align=middle bordercolorlight="#C0C0C0"><div
align="center">
    <%if totalpages>1 then
        response.write"<table align='center' cellspacing='0' cellpadding=
'0' border='0' width='90%'>"&"<form method='get' action='?'>"&"<tr><td hei-
ght='25' width='50%' align='right'> 共 <font color ='red'>"&totalcount&"
</font>名考生，共<font color ='red'>"&TotalPages&" </font>页 第<font color
='red'>"&curpage&"</font>页 "&" <input type='text' name='curpage' size='5'
```

```
maxlength='4'> <input type='submit' value='GO' name='B1'></td><tdalign=
'left' width='50%' height='15'>"
        if curpage>1 then
            response.write" <a href='?curpage=1'>首页</a> <a href='?curpage="
&curpage-1& "'>上一页</a> "
        else
            response.write"首页 上一页 "
        end if
        if curpage<totalpages then
            response.write"<a href='?curpage="&curpage+1 &"'>下一页</a> <a
href='?curpage=" & totalpages &"'>尾页</a>"
        else
            response.write"下一页 尾页"
        end if
        response.write"</td></tr></form></table>"
    end if
  end if%>
  </div></td>
  </tr>
<tr>
  <td height="36" colspan="4" align=middle bordercolorlight="#C0C0C0"><div
align="center">添加考生</div></td>
</tr>
<tr>
  <td height="13" colspan="4" align=middle bordercolorlight="#C0C0C0">
<form name="form1" method="get" action="savestudent.asp">
    考号<input name="stno" type="text" id="stno" size="8">
    姓名<input name="stname" type="text" id="stname" size="8">
        <input type="submit" value="提交">
        <input type="reset" value="清除">
    </form></td>
</tr>
</table></td>
  </tr>
  </table>
</body></html>
<%end if%>
```

在管理员登录后 session("logstatus")=1，在后台的每一页中都会检查该 session 变量，检查用户是不是正常登录的，如果不是，则提示非法登录，引导用户登录。

2. 修改考生页面 modistudent.asp

修改考生页面（modistudent.asp）比较简单，关键代码如下：

```
<%stNo=Request.QueryString("stNo")
rs.open "select * from student where stno='"&stNo&"'",conn,2,2%>
'修改考生信息
<form action="savestudent.asp" method="post">
  <input name="stno0" type="hidden" value="<%=rs("stno")%>" />' stno0 是考
生原考号
  考号<input name="stno" type="text" id="stno" value="<%=rs("stno")%>" size=
"8"/>
```

```
姓名<input name="stname" type="text" id="stname" value="<%=rs("stname")
%>" size="8" />
  <input type="submit" align="right" name="submit" value="提交">
  <input type="reset" align="right" name="reset" value="还原">
</form>
```

3. 保存添加、修改考生页面 savestudent.asp

保存考生页面（savestudent.asp）的关键代码如下：

```
<!-- #include file="conn.asp" -->
<%stNo=trim(request("stNo"))
stname=trim(request("stname"))
stno0=request("stno0")
if stno="" or stname="" then%>
<script language="vbscript">
msgbox "所填信息不完整,请查正!"
location.href="javascript:history.back()"
</script>
<%else
if stno0="" then stno0=stno
rs.open "select * from student where stno='"&stNo0&"'",conn,2,2
if rs.eof or rs.bof then
rs.addnew
    rs("stno")=stno
    rs("stname")=stname
    rs.update
else
    rs("stno")=stno
    rs("stname")=stname
    rs.update
end if
rs.close
end if %>
<script language="vbscript">
msgbox"你已经成功修改了学生信息! "
location.href="student.asp"
</script>
```

在修改考生页面中，stno0 作为隐藏域存放考生原考号，而添加考生时没有该隐藏域，所以利用检查 request("stno0")是否为空即可识别是添加考生还是修改考生，这样就可将添加考生和修改考生集中到一个页面处理。

4. 删除考生页面 delstudent.asp

删除考生页面（delstudent.asp）的代码如下：

```
<!-- #include file="conn.asp" -->
<%stno=Request.QueryString("stno")
delsql="delete from student where stno='"&stNo&"'"
conn.execute(delsql)
conn.close %>
<script language="vbscript">
  msgbox "你已经成功删除了该考生! 请刷新查看结果! "
location.href="student.asp"
</script>
```

任务五　制作试卷管理页面

任务描述

　　试卷管理是在线考试系统的核心内容之一，需要实现试卷的添加、修改和删除，并且还要实现试卷中试题的添加、修改和删除。

任务分析

　　在本系统中对试卷的管理包括两部分：首先是试卷和试卷表的管理，系统中每一课程的试卷都对应一个存放试卷的表，表名就是试卷名称，它一旦建立，试卷名称及对应的表名称就不能再修改，但能够删除；其次就是试卷中试题的管理，包括试题的添加、修改和删除。

方法与步骤

　　试卷管理包含在系统后台主页（admin.asp）中，在该页中试卷名称以列表的形式显示出来，并且当试卷超过一定数目时，还可以分页显示，在此不再重复。

1. 制作试卷添加页面 addpaper.asp 和 addpaperok.asp

　　通过单击 admin.asp 中"新建试卷"链接即可进入添加试卷页面（addpaper.asp），该页面十分简单，如图 7-5-1 所示。新建试卷表单提交给 addpaperok.asp 处理。

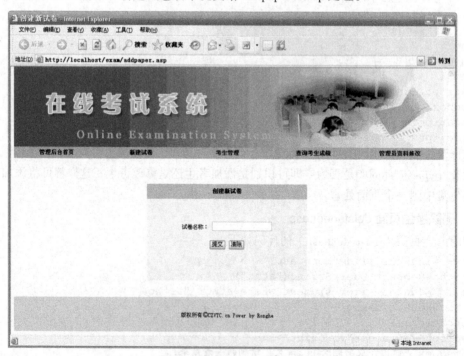

图 7-5-1　新建试卷页面

新建试卷表单所使用的表单元素如表 7-5-1 所示。

表 7-5-1　新建试卷表单所使用的表单元素

名　　称	类　　型	值	备　　注
papername	文本域	空	试卷名称
Send	提交按钮	提交	提交表单
Retry	重设按钮	清除	重设表单

addpaperok.asp 页面的代码如下：

```
<!-- #include file="conn.asp" -->
<%papername=trim(request("papername"))
if papername="" then%>
  <script language="vbscript">
     msgbox "请输入试卷名称!"
     location.href="javascript:history.back()"
  </script>
<%else
sql="select * from paperlist where papername='"& papername &"'"
rs.open sql,conn,3,2
if rs.bof and rs.eof then
rs.addnew
rs("papername")=papername
rs("createdate")=now()
rs.update
rs.close
sql="create  table  "&papername&"(qtype  int,qno  int  ,question  char(10
0) ,qscore int,s1 char(100) ,s2 char(100),s3 char(100),s4 char(100),answer
char(5));"
conn.execute sql
else%>
<script language="vbscript">
msgbox "该名称已存在, 请选用其他名称! "
location.href = "javascript:history.back()"
</script>
<%end if%>
<script language="vbscript">
msgbox"创建成功, 可以输入题目了!! "
location.href="addquestion.asp?id=<%=papername%>"
</script>
<%end if%>
```

　　在添加试卷时，需要向试卷列表（paperlist）中添加一条记录，并且为该试卷新建一个表用以存放该课程试卷的试题。在添加成功后转入添加试题的页面。

2. 制作删除试卷页面 delpaper.asp

　　在后台主页（admin.asp）中单击试卷名后的"删除"链接即可将该试卷删除，删除试卷页面（delpaper.asp）代码如下：

```
<!-- #include file="conn.asp" -->
<% Subject=request.querystring("id")
   delsql="delete from paperlist where papername='"&Subject&"'"
   conn.execute delsql
   t_delsql="drop table "&Subject
```

```
     conn.execute t_delsql%>
<script language="vbscript">
msgbox"删除试卷成功！"
location.href="admin.asp"
</script>
```

在删除试卷时，须同时删除试卷列表中该试卷的相关记录和该试卷对应的试题表。

3. 制作试卷修改页面 modipaper.asp

单击后台主页页面（admin.asp）中各试卷名称后面的"修改"超链接即可进入修改试卷修改页面（modipaper.asp），在此页面可以通过相应超链接对试卷中的试题进行添加、修改、删除操作。该页面如图 7-5-2 所示。

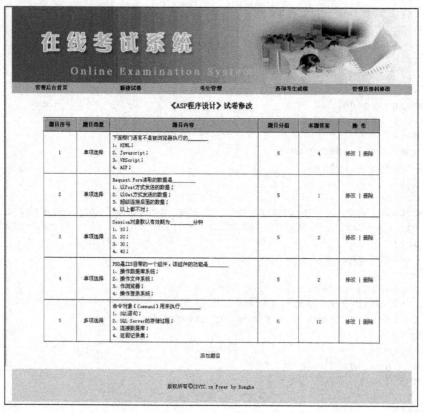

图 7-5-2　试卷修改页面

其关键代码如下：

```
<!-- #include file="conn.asp" -->
 <% response.buffer=false
  response.expires=0
  if session("logstatus")<>1 then%>
       <font size="5" ><b>你还没有登录，没有权利浏览本页，请先<a href="admin-
login.htm">登录</a>! </b></font>
    <%else %>
<html>
<head><title>试卷修改</title></head>
<body background="images/bj.gif" link="#000000" vlink="#FF0000" alink="#00
0000">
```

```asp
<table width="950" border="0" align="center" cellpadding="0" cellspacing= "0">
  <tr>
   <td align="center" valign="top">
<%Subject=request.querystring("id")
sql="Select * From "&Subject&" order by qtype,qno"
 rs.open sql,conn,2,2
   if rs.eof or rs.bof then%>
     <center><b>没有任何记录! </b>
 <%else%>
 <p>《<%=subject%>》试卷修改</p>
 <table    width="800"    border="1"   cellspacing="0"   cellpadding="5"
align="center" bordercolordark= "#FFFFFF" bordercolorlight="#000000">
   <tr align="center">
     <td width="10%" height="31" bgcolor="#00CCFF" ><strong> 题 目 序 号
</strong></td>
     <td width="10%" bgcolor="#00CCFF"><strong>题目类型</strong></td>
     <td bgcolor="#00CCFF"><strong>题目内容</strong></td>
     <td width="12%" bgcolor="#00CCFF"><strong>题目分值</strong></td>
     <td width="12%" bgcolor="#00CCFF"><strong>本题答案</strong></td>
     <td width="12%" align="center" bgcolor="#00CCFF"><strong>操 作</str-
ong></td>
   </tr>
   <%i=0
  while (not rs.eof)%>
   <tr>
   <td align="center"><%=rs("qno")%></td>
   <td align="center"><% if rs("qtype")=1 then%>
                     单项选择
            <%else%>多项选择
            <%end if%></td>
   <td><%=rs("question")%><br>
     <% for n=1 to 4%>
          <%=n%>、<%=rs("s"&n)%>; <br>
     <%next%></td>
   <td align="center"><%=rs("qscore")%></td>
   <td align="center"><%=rs("answer")%></td>
   <td align="center"><a href="modiquestion.asp?id=<%=Subject%>&qNo=<%
=rs("qno")%>">修改</a> | <a href="delquestion.asp?id=<%=Subject%>&qNo=<%=rs
("qno")%>">删除</a></td>
   </tr>
<%rs.movenext
  wend %>
  </table>
<%end if
rs.close%>
   <p align="center"><a href="addquestion.asp?id=<%=subject%>">添加题目
</a></p>
   </td></tr></table>
</body></html>
<%end if%>
```

4.　制作添加试题页面 addquestion.asp 和 addquestionok.asp

向试卷中添加试题是试卷管理中必不可少的环节，通过该页面，每次可以添加一道试题，试题类型包括单项选择题和多项选择题，并需要给出正确答案和该题分值。新建试卷后会直接进入本页面，或在试卷修改页面（modipaper.asp）也可进入本页面。该页面主要内容就是一个表单，在此只给出表单元素列表及效果图，如表 7-5-2 和图 7-5-3 所示。

表 7-5-2　新建试题表单所使用的表单元素

名　　称	类　　型	值	备　　注
Subject	隐藏域	<%=Subject%>	试卷名称
Qtype	列表	空	试题类型（可选单项选择题或多项选择题，对应的值为 1 或 2）
Qno	文本域	空	题号
Question	文本域	空	题干
Qscore	文本域	空	分值
S1、S2、S3、S4	文本域	空	选项
Answer	文本域	空	正确答案

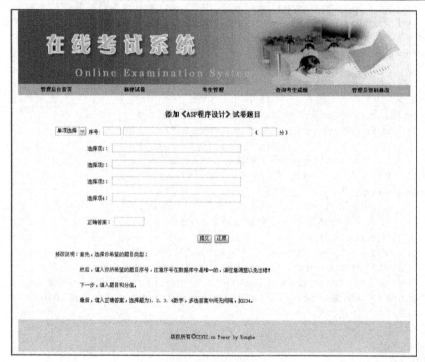

图 7-5-3　添加试题页面

其中的试卷名称由进入该页面时携带的参数 subject 提供。对于多项选择题正确答案直接使用数字表示，如正确答案是第 1、3、4 项，则写成 "134" 即可。试题内容填写完成后，单击 "提交" 按钮即可将该表单提交给保存试题处理页面（addquestionok.asp）。

试题添加与试卷添加相类似，请参考试卷添加的设计步骤。

5. 制作修改试题页面 modiquestion.asp

单击试卷修改（modipaper.asp）页面中某试题后面的 "修改" 超链接即可进入本页面对该试题进行修改。该页面如图 7-5-4 所示。

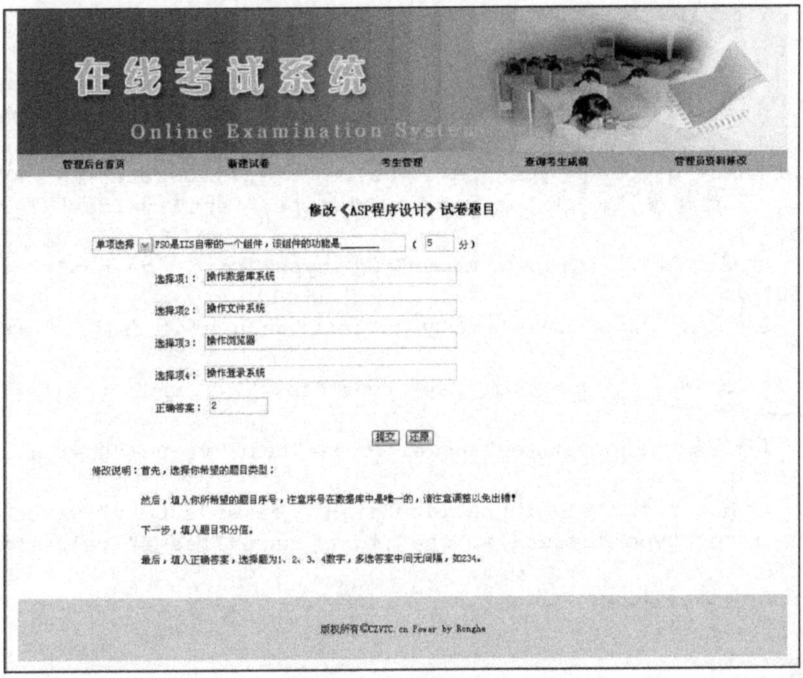

图 7-5-4 试题修改页面

关键代码如下:

```
<!-- #include file="conn.asp" -->
<%Subject=Request.QueryString("id")
  qNo=Request.QueryString("qNo")
   rs.open "select * from "&Subject&" where qno="&qNo,conn,2,2%>
<head>
<meta http-equiv="Content-Type" content="text/html; charset=gb2312" />
<title>修改题目</title>
<LINK href="style.css" rel=stylesheet>
</head>
<body background="images/bj.gif" link="#000000" vlink="#FF0000" alink="#0
00000">
<table width="950" border="0" align="center" cellpadding="0" cellspacing=
"0">
    <tr> <td align="center" valign="top">
        修改《<%=subject%>》试卷题目
<table width="768" border="0" align="center" cellpadding="0" cellspacing
="1">
        <tr><td>
    <form action="savequestion.asp" method="post">
      <input type="hidden" name="Subject" value="<%=Subject%>">
      <input type="hidden" name="qno" value="<%=qno%>">
        <select name="qtype">
        <%if rs("qtype")=1 then%>
        <option value="1" selected="selected">单项选择</option>
        <option value="2">多项选择</option>
      <%else%>
          <option value="1">单项选择</option>
        <option value="2" selected="selected">多项选择</option>
```

```
                    <%end if%>
     </select>
          序号：<%=rs("qno")%>
          <input name="question" type="text" value="<%=rs("question")%>"
size="50" />
 (<input name="qscore" type="text" value="<%=rs("qscore")%>" size="4">分 )
          选择项 1: <input name="s1" type="text" value="<%=rs("s1")%>"
size="50" />
          选择项 2: <input name="s2" type="text" value="<%=rs("s2")%>"
size="50" />
        选择项 3:<input name="s3" type="text" value="<%=rs("s3")%>" size="50"
/>
          选择项 4: <input name="s4" type="text" value="<%=rs("s4")%>" size=
 "50" />
        正确答案: <input name="answer" type="text" value="<%=rs("answer")%>"
size="10">
        <input type="submit" align="right" name="submit" value="提交">
        <input type="reset" align="right" name="reset" value="还原">
     </form>
   </td> </tr></table>
</td></tr></table>
</body></html>
```

在修改试题时，题号是不允许修改的。

6. 删除试题页面 delquestion.asp

删除试题页面（delquestion.asp）的代码如下：

```
<!-- #include file="conn.asp" -->
<%Subject=Request.QueryString("id")
qNo=Request.QueryString("qNo")
delsql="delete from "&Subject &" where qno="&qNo
conn.execute(delsql)
conn.close %>
<script language="vbscript">
  msgbox "你已经成功删除了该题! 请刷新查看结果! "
location.href="modipaper.asp?id=<%=Subject%>"
</script>
```

任务六　制作成绩查询页面

任务描述

考生成绩的查询包括单个考生成绩的查询、所有考生成绩的查询、部分考生成绩的查询。

任务分析

将"单个考生成绩的查询"、"所有考生成绩的查询"、"部分考生成绩的查询"这三种查询表单集中在一个页面上，并根据不同类型查询的特征码在查询处理页面进行区别，实现三种查询同一页面处理。

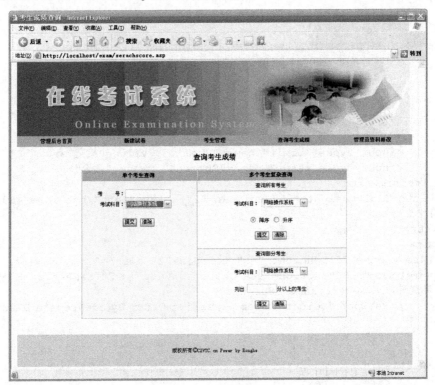

方法与步骤

1. 制作成绩查询页面 searchscore.asp

成绩查询页面（searchscore.asp）运行结果如图 7-6-1 所示。

图 7-6-1　成绩查询页面

该页面的关键代码如下：

```
<!-- #include file="conn.asp" -->
<p class="STYLE4">查询考生成绩</p>
<table border="1" width="637" height="327" cellspacing="0" cellpadding="0"
bordercolorlight= "#33CCFF" bordercolordark="#F9F8F7">
  <tr>
    <td width="270" height="25" bgcolor="#33CCFF" align="center"><strong>
单个考生查询</strong></td>
    <td width="351" height="25" colspan="2" bgcolor="#33CCFF" align="left"
align="center"> <strong>多个考生复杂查询</strong></td>
    </tr>
    <tr>
    <td width="270" height="293" rowspan="6" align="center" valign="top"
bgcolor="#F9F8F7">
      <form method="POST" action="searchscoreok.asp?id=1" name="form1">
        <table width="90%" border="0" cellspacing="0" cellpadding="0">
          <tr>
            <td width="37%"><div align="right">考号: </div></td>
            <td width="63%" height="25"><input type="text" name="Stno" size="16"
value=""></td>
```

```
            </tr>
            <tr>
             <td><div align="right">考试科目: </div></td>
             <td height="25"><select name="Subject">
              <%rs.Open "Select * From paperlist Order By createdate DESC",
conn, 1,1
             while not rs.eof%>
             <option
value="<%=rs("papername")%>"><%=rs("papername")%></option>
              <%rs.movenext
             wend
             rs.close%>
             </select></td>
           </tr>
         </table>
           <input type="submit" name="Submit3" value="提交">
           <input type="reset" name="Submit4" value="清除">
        </form></td>
<td width="351" height="25" colspan="2" align="left" bgcolor="#F9F8F7">查
询所有考生</td>
      </tr>
      <tr>
        <td width="351" height="65" colspan="2" align="left">
<form method="POST" action="searchscoreok.asp?id=2" name="form2">
   考试科目: <select name="Subject">
          <%rs.Open "Select * From paperlist Order By createdate DESC", conn,
1,1
             while not rs.eof%>
          <option
value="<%=rs("papername")%>"><%=rs("papername")%></option>
             <%rs.movenext
             wend
             rs.close%>
          </select>
   <input name="direction" type="radio" value="desc" checked>降序
   <input name="direction" type="radio" value="asc">升序
   <input type="submit" name="Submit" value="提交">
   <input type="reset" name="reset" value="清除">
</form></td> </tr>
   <tr><td width="351" height="25" colspan="2" align="left" bgcolor="#F9F8
F7">查询部分考生</td>
   </tr>
   <tr>
     <td width="351" height="75" colspan="2" align="left">
     <form method="POST" action="searchscoreok.asp?id=3" name="form3">
   考试科目: <select name="Subject">
        <%rs.Open "Select * From paperlist Order By createdate DESC", conn,
1,1
             while not rs.eof%>
          <option
value="<%=rs("papername")%>"><%=rs("papername")%></option>
             <%rs.movenext
             wend
```

```
      rs.close%>
    </select>
  <p>列出<input type="text" name="limit" size="10" value="">分以上的考生<br>
  <input type="submit" name="Submit" value="提交">
  <input type="reset" name="Submit2" value="清除">
</form></td>
  </tr>
 </table></td> </tr>
 <tr
</table></body></html>
```

对于三种查询，通过 action="searchscoreok.asp?id=X"来进行区分。单个考生查询时 X=1，全部考生查询时 X=2，部分考生查询时 X=3。

2. 制作成绩查询结果页面 searchscoreok.asp

成绩查询结果页面（searchscoreok.asp）效果如图 7-6-2 所示。

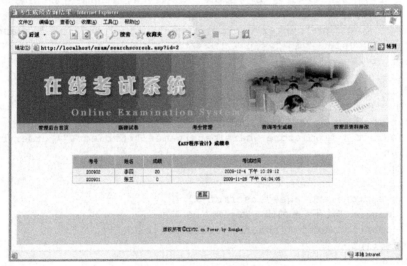

图 7-6-2　成绩查询结果页面

关键代码如下：

```
<!-- #include file="conn.asp" -->
<html>
<head><title>考生成绩查询结果</title>
<LINK href="style.css" rel=stylesheet>
</head>
<body background="images/bj.gif" link="#000000" vlink="#FF0000" alink="#00
0000">
<table width="950" border="0" align="center" cellpadding="0" cellspacing=
"0">
  <tr>
    <td><img src="images/top.jpg" width="950" height="173"></td>
  </tr>
  <tr>
    <td align="center" valign="top">
<%id=request.querystring("id")
if id=1 then
  Stno=trim(request("Stno"))
```

```
    Subject=request("Subject")
    rs.Open "Select * From score where Stno='" &Stno&"' and papername=
'"&Subject&"'" , conn, 3,3
    if rs.eof or rs.bof then%>
        <script language="vbscript">
            MsgBox "没有考生的任何资料！该考生还没有参加这门考试！"
            location.href="javascript:history.back()"
        </script>
    <%else%>
        <table align="center" border="1" cellspacing="0" cellpadding="0"
width="350" height="129" bordercolorlight="#33CCFF" bordercolordark="#FFF
FFF">
            <tr><td width="340" bgcolor="#33CCFF" height="16"><b>考生信息：
<b></td></tr>
            <tr><td width="340" height="101" bgcolor="#F9F8F7">
<b>考号：<b><%=Stno%><br> <b>考生姓名：<b><%=rs("stName")%><br>
            《<%=Subject%>》成绩为：<b><%=rs("score")%>
                <p align="center"><input type="button" onClick="javascript:his-
tory.back()" value="返回"></p></td></tr> </table>
    <%end if
    rs.close %>
elseif id=2 then
    Subject=request("Subject")
    direction=request("direction")
    sql="select * from score where papername='"&Subject&"' order by score "&
direction
    rs.open sql,conn,3,3
    if rs.eof or rs.bof then%>
        <script language="vbscript">
        MsgBox "没有考生的任何资料！"
        location.href="javascript:history.back()"
      </script>
    <%else %>
<div align="center"> <p><strong>《<%=subject%>》成绩单</strong></p>
    <table border="1" width="70%" bordercolorlight="#33CCFF" cellspa-
cing="0" cellpadding="0" bordercolordark="#F9F8F7">
        <tr><td height="32" bgcolor="#33CCFF"><div align="center">考号</div>
</td>
        <td bgcolor="#33CCFF"><div align="center">姓名</div></td>
<td bgcolor="#33CCFF" align="center">成绩</td>
<td bgcolor="#33CCFF"><div align="center">考试时间</div></td></tr>
    <%while not rs.eof %>
        <tr><td bgcolor="#F9F8F7"><div align="center"><%=rs("Stno")%></div>
</td>
<td bgcolor="#F9F8F7" align="center" ><%=rs("stName")%></td>
<td bgcolor="#F9F8F7" align="center"> <%=rs("score")%></td><td bgcolor=
"#F9F8F7" align="center"> <%=rs("testdate")%> </td> </tr>
    <%rs.movenext
        wend%>
        </table>
<input type="button" onClick="javascript:history.back()" value=" 返 回 ">
</div>
    <%end if
```

```
      rs.close%>
   <%elseif id=3 then
      Subject=request("Subject")
      limit=trim(request("limit"))
      if limit="" then
      limit=0
      end if
      rs.open "select * from score where papername='"&Subject&"' and score
>=" &limit& " order by score",conn,3,3
      if rs.eof or rs.bof then%>
          <script language="vbscript">
           MsgBox "没有符合条件的考生的任何资料!"
           location.href="javascript:history.back()"
         </script>
      <%else%>
        <div align="center">
         <p><strong>《<%=subject%>》 <%=limit%>分以上学生名单</strong></p>
       <table width="70%" border=1 align="center" cellpadding="0" cellspaci-
ng="0" bordercolor= "#33CCFF" bordercolorlight="#33CCFF" bordercolordark=
"#F9F8F7">
         <tr><td height="27" bgcolor="#33CCFF"><div align="center">考号</div>
</td>
         <td bgcolor="#33CCFF"><div align="center">姓名</div></td><td bgcolor=
"#33CCFF"><div align="center">成绩</div></td><td bgcolor="#33CCFF"><div
align="center">考试时间</div></td></tr>
         <%while not rs.eof %>
         <tr><td bgcolor="#F9F8F7" align="center"><%=rs("Stno")%></td>
<td bgcolor="#F9F8F7" align="center"><%=rs("stName")%></td>
<td bgcolor="#F9F8F7" align="center"> <%=rs("score")%> </td>
<td bgcolor="#F9F8F7" align="center"><%=rs("testdate")%></td></tr>
       <%rs.movenext
       wend%>
       </table>
<input type="button" onClick="javascript:history.back()" value="返回">
<%end if
   rs.close
end if%>
     </td></tr></table>
</body></html>
```

项目实训　创建校园购物网销售系统

一、项目描述

　　商品销售管理页面是校园购物网站最主要的部分，用户登录后查询商品、选择商品、付费购买，都在此完成。

二、项目要求

1. 制作一个商品查询页面，要求后台数据库使用 SQL Server 2000。

2. 制作一个商品选购页面，用户选购以后要有统计。

3. 制作一个付费购买商品的页面。

4. 制作一个商品管理后台页面，能够实现商品的添加、修改和删除，并能实现购物单处理。

三、项目提示

1. 先创建 SQL Server 数据库和对应的数据表。

2. 创建商品查询页面，可以根据商品名、生产者、产地查询。

3. 用户查询到商品后可浏览该商品的介绍，可选择购买。

4. 统计累加用户购买的商品数量和金额。

5. 创建管理员登录和管理员信息修改功能。

6. 创建商品的添加、修改和删除页面。

7. 添加、修改和删除创建购物单处理页面。

四、项目评价

项目实训评价表

能力要求	内 容		评 价		
	能 力 目 标	评 价 项 目	3	2	1
职业能力	能创建数据库查询	能够创建数据库和相应的数据表			
		能正确的编写 SQL 查询语句			
	能对数据库进行通常维护	会导入、导出 SQL Server 数据库			
		能够正确的添加、修改、删除数据表记录			
		能够附加和分离 SQL Server 数据库			
	能制作动态网页	能够编写身份验证程序			
		能够制作动态网页的交互功能			
		能够正确使用包含文件			
		能够编写统计程序并显示结果			
	网站发布与访问	能够准确发布网站			
		能够在动态网页中正确连接数据库			
通用能力	欣赏设计能力				
	独立构思能力				
	解决问题能力				
	自我提高能力				
	组织能力				
综合评价					

附 录 Ⓐ

标 记 名 称	用 法 说 明
\<HTML>\</HTML>	HTML 文档的开始标记和结束标记
\<HEAD>\</HEAD>	HTML 文档的头部标记
\<TITLE>\</TITLE>	设置文档标题标记。该标题将在浏览器标题栏显示
\<META>	设置文档各种信息标记，如关键字等，可以有多个
\<BASE>	设置基连接标记
\<DIV>\</DIV>	设置块区域标记
\<SPAN>\</SPAN>	设置块区域标记，类似 DIV 标记
\ 	换行标记，多个〈BR〉可以创建多个空行，相当于回车键
\<HR>	插入水平线标记
\<P>\</P>	设置段落标记，用于网页中分段，结束标记可以省略
\<PRE>\</PRE>	显示预格式化的文本标记，其中的内容将以所设置的格式显示
\<FONT>\</FONT>	用于设置所包含的文本的字体、大小、颜色等的标记
\<B>\</B>	标记包含的文本将以粗体形式显示
\<I>\</I>	标记包含的文本将以斜体形式显示
\<U>\</U>	标记包含的文本加下画线显示
\<UL>\</UL>	定义"无序列表"标记，列表项用〈LI〉标记定义
\<OL>\</OL>	定义"有序列表"标记，列表项用〈LI〉标记定义
\<DL>\</DL>	定义"定义列表"标记，〈DT〉定义术语名，〈DD〉定义术语的定义
\<LI>\</LI>	定义列表项标记，结束标记可以省略
\<DT>\</DT>	在定义列表中定义一个术语，结束标记可以省略
\<DD>\</DD>	在定义列表中提供术语的定义，结束标记可以省略
\<TABLE>\</TABLE>	定义表格标记
\<CAPTION>\</CAPTION>	定义表格标题标记，位于表格的上方
\<TR>\</TR>	定义表格的行标记符
\<TH>\</TH>	定义表头标记，占表格的一行，相当于标题行
\<TD>\</TD>	定义单元格标记，每一行的单元格数应保持一致
\<FRAMESET>\</FRAMESET>	定义框架标记，相当一个容器，其中包含一个或多个〈FRAME〉标记来定义框架
\<FRAME>\</FRAME>	该元素定义一个框架即框架容器〈FRAMESET〉中的矩形空间，其必须包含在 FRAMESET 标记符中

续表

标 记 名 称	用 法 说 明
\<NOFRAME>\</NOFRAME>	包含在 FRAMESET 标记符之间，该元素包含的内容是当浏览器不支持框架或框架被禁用时才显示
\<IFRAME>\</IFRAME>	该元素定义一个页内框架，可以在其中显示 HTML 页面
\<FORM>\</FORM>	定义一个表单
\<INPUT>	定义一个用于用户输入的表单控件，如文本框、密码框、按钮等
\<BUTTON>\</BUTTON>	该元素定义一按钮，其类型可以是提交、重置或普通按钮
\<SELECT>\</SELECT>	定义一个选项菜单（多选或单选），其中包含的 OPTION 元素创建选单项
\<OPTION>\</OPTION>	定义选项菜单的选项，包含在 SELECT 元素内
\<TEXTAREA>\</TEXTAREA>	定义一个多行文本框
\<ISINDEX>	定义一个单行文本框
\<A〉\</A>	定义超链接元素，其中包含的内容为超链接的显示内容，可以是文字、图片等
\<APPLET>\</APPLET>	该元素用来嵌入一个 Java 小程序（Applet），可以用 PARAM 标记指定参数
\<BASE>	定义文档默认 URL 基准路径和默认目标框架，一个文档只能有一个 BASE 标记，必须位于 HEAD 标记符内
\<CENTER>\</CENTER>	该元素包含的内容以水平居中对齐
\<IMG>	定义一个行内图像
\<LINK>	定义文档关联的文件，用于链接 CSS 样式表文件或 Javascript 程序文件等
\<MAP>\</MAP>	定义图像映射区域信息，该标记的 NAME 属性用作 IMG 或 OBJECT 标记符的 USEMAP 属性的值，标记符内包含多个 AREA 标记符定义图像的单击区域
\<AREA>	定义图象映射区域，位于 MAP 标记符内
\<OBJECT>\</OBJECT>	在网页中定义一个对象，可以是图像、Java 程序、ActiveX 控件、多媒体对象等，可以用 PARAM 标记符指定运行参数
\<PARAM>	该元素指定对象在运行时需要的一系列参数，一般用于 OBJECT 或 APPLET 标记符内，可以有多个 PARAM 标记
\<SCRIPT>\</SCRIPT>	在文档中包含一段客户端脚本程序（如 javascript 等），可以位于文档的任何位置
\<NOSCRIPT>\</NOSCRIPT>	当浏览器不支持客户端程序时，则显示该标记内的内容，应紧跟 SCRIPT 标记符之后
\<STYLE>\</STYLE>	用于在文档嵌入样式表，在文档的 HEAD 标记符中，可以有多个

注：该表只列出常用的标记及其主要功能，若要了解各标记的所有属性和具体的用法，请参考相关书籍。

VBScript 的常见内部函数表

函 数 名	类 型	功 能	举 例 说 明
Abs(n)	数值函数	求出 n 的绝对值	Abs（3）和 Abs（-3）的值都是 3
Atn(n)		求出 n 的反正切弧度值	4*Atn（1）的值为 3.14159265358979
Cos(n)		求出 n 的余弦	Cos（45*3.1415926/180）的值为 0.7071068
Exp(n)		求出自然数 e 的 n 次方	Exp（2）的值为 7.389
Cint(n)		对 n 进行四舍五入	Cint（3.8）的值为 4，Cint（4.2）的值也为 4
Int(n)		求出不大于 n 的最大整数	Int（3.9）的值为 3，Int（-3.9）的值为-4
Fix(n)		舍掉 n 的小数部分	Fix（3.9）的值为 3，Fix（-3.9）的值为-3
Log(n)		求出以自然数 e 为底 n 的对数	Log（2.71828182845905）的值为 1
Rnd		随机产生一个大于 0 小于 1 的数	Int（rnd*100+1）产生一个 1～100 间的随机数
Sin(n)		求出 n 的正弦值	Sin（30*3.1415926/180）的值为 0.5
Sqr(n)		求出 n 的平方根	Sqr（4）的值为 2，Sqr（100）的值为 10
Tan(n)		求出 n 的正切值	Tan（45*3.1415926/180）的值为 1
Asc(s)		求出符号 s 的 AscII 码	Asc（"A"）的值为 65
Ltrim(s)	字符串函数	去掉字符串 s 左边的空格	Ltrim（" This "）的值为"This "
RTrim(s)		去掉字符串 s 右边的空格	Rtrim（" This "）的值为" This"
Trim(s)		去掉字符串最两边的空格	Trim（" This "）的值为"This"
Left(s,n)		从字符串 S 左边取 n 个符号	Left（"This is a Pen.",4）的值为"This"
Right(s,n)		从字符串 S 右边取 n 个符号	Right（"This is a Pen.",4）的值为"Pen."
Mid(s,n1,n2)		从 s 的 n1 处取 n2 个符号	Len（"This is a Pen.",5,4）的值为"is "
Len(s)		测量字符串 s 的长度（个数）	Mid（"This is a Pen."）的值为 14（函数值为数值）
String(n,s)		形成由 n 个 s 符号组成的字符串	String（8,"*"）的值为"********"
Space(n)		形成由 n 个空格组成的字符串	Space（8）的值为" "8个空格
Lcase(s)		把 s 中的大写符号变小写	Lcase（"This"）的值为"this"
Ucase(s)	字符串函数	把 s 中的小写符号变大写	Ucase（"This"）的值为"THIS"
Asc(n)		求出 AscII 码 n 对应的符号	Asc（65）的值为"A"，Asc（97）的值为"a"
Hex(n)		把十进制数 n 用 16 进制串表示	Hex（63）的值为"3F"
Oct(n)		把十进制数 n 用 8 进制串表示	Oct（63）的值为"77"

续表

函 数 名	类 型	功 能	举 例 说 明
Day(d)	日期时间函数	提取日期型数据中的日	Day（#2006-2-14#）的值为 14
Month(d)		提取日期型数据中的月	Month（#2006-2-14#）的值为 2
Year(d)		提取日期型数据中的年	year（#2006-2-14#）的值为 2006
Weekday(d)		提取日期型数据中的星期几	Weekday（#2006-2-14#）的值为 3（星期2）
Time		提取计算机当时的时间	22:01:33 时 Time 的值为 22:01:33
Date		提取计算机当时的日期	在 2006-2-14 日 Date 的值为#2006-2-14#
Now		提取计算机的日期和时间	#2006-2-14 22:01:33#
Hour(t)		求出时间型数据中的时	Hour（#22:01:33#）的值为 22
Minute(t)		求出时间型数据中的分	Minute（#22:01:33#）的值为 01
Second(t)		求出时间型数据中的秒	Second（#22:01:33#）的值为 33
Cbool(x)	转换函数	把其他数据类型转为逻辑型	Cbool（0）的值 False,Cbool（3）的值（非 0）True
Cbyte(x)		把其他数据类型转为字节型	Cbyte（33.33）的值为 33
Ccur(x)		把其他数据类型转为货币型	Ccur（3333.3333333）的值为 3333.3333
Cdate(x)		把其他数据类型转为日期型	Cdate（3333）值为#1909-2-14# 1899-12-30 又过了 3333 天
Cdbl(x)		把其他数据类型转为双精度型	—
Cint(x)		把其他数据类型转为整型	Cint（33.33）的值为 33
Clng(x)		把其他数据类型转为长整型	Clng（3333.3333333）的值为 3333
Csng(x)		把其他数据类型转为浮点型	—
Cstr(x)		把其他数据类型转为字符型	Cstr（3333.3333333）的值为"3333.3333333"

注：本表中函数的参数，用 n 表示数值型参数，用 s 表示字符型参数，用 d 表示日期型参数，用 t 表示时间型参数，用 x 表示数据类型不确定的参数。

附 录 C

常用服务器端环境变量

环 境 变 量 名 称	说　　　　明
ALL_HTTP	客户端发送的所有 HTTP 标头,它的结果都有前缀 HTTP_
ALL_RAW	客户端发送的所有 HTTP 标头,它的结果都没有前缀 HTTP_,其他的和 ALL_HTTP 一样
APLL_MD_PATH	应用程序的元数据库路径
APLL_PHYSICAL_PATH	与应用程序元数据库路径相应的物理路径
AUTH_PASSWORD	如果使用最基本的身份验证时,客户在密码对话框中输入的密码
AUTH_TYPE	当用户访问受保护的脚本时,服务器用于检验用户的验证方法
AUTH_USER	已经过身份验证的用户名
CERT_COOKIE	唯一的客户证书 ID 号
CERT_FLAGS	客户证书标记,如有客户端证书,则 bit0 为 0。如果客户端证书验证无效, bit1 被设置为 1
CERT_ISSUER	客户证书的发行者
CERT_SUBJECT	客户证书的主题
CERT_KEYSIZE	在 SSL 安全码中的位数(安全套接字层连接关键字的位数,如 128)
CERT_SECRETKEYSIZE	在服务器中的 SSL 安全码中的位数
CERT_SERIALNUMBER	客户证书的序列号
CERT_SERVER_ISSUER	服务器证书的发行者
CERT_SERVER_SUBJECT	服务器证书的主题
CONTENT_LENGTH	客户端向服务器发出内容的长度
CONTENT_TYPE	客户端向服务器发出请求的类型
GATEWAY_INTERFACE	服务器使用的网关界面
HTTPS	如果请求通过安全通道(SSL)传过来,则返回 ON。如果请求来自非安全 通道,则返回 OFF
HTTPS_KEYSIZE	在请求中使用的安全套接字层(SSL)的位数
HTTPS_SECRETKEYSIZE	在服务器端使用的安全套接字层(SSL)的位数
HTTPS_SERVER_ISSUER	服务器证书的发行者
HTTPS_SERVER_SUBJECT	服务器证书的主题
INSTANCE_META_PATH	响应请求的 IIS 实例的元数据库路径
LOCAL_ADDR	服务器的 IP 地址

续表

环 境 变 量 名 称	说　　　明
LOGON_USER	如果用户是在 NT 系统上登录，用户登录 WindowsNT 的账号
PATH_INFO	客户端提供的请求页面的路径
PATH_TRANSLATED	请求的物理路径
QUERY_STRING	通过使用 GET 方法提交的任何数据，或是通过一个链接中的问号后面的数据，即查询字符串内容
REMOTE_ADDR	发出请求的机器的 IP 地址
REMOTE_HOST	发出请求的远程主机名称，如果不存在，则为包含这个 IP 地址的域
REMOTE_USER	访问者发送的用户名
REQUEST_METHOD	提出请求的方法。比如 GET、HEAD、POST 等
SCRIPT_NAME	执行脚本的名称
SERVER_NAME	服务器主机名
SERVER_PORT	发送请求使用的端口号
SERVER_PORT_SECURE	如果接受请求的服务器端口为安全端口时，则为 1，否则为 0
SERVER_PROTOCOL	使用的协议的版本号，即 HTTP/11
SERVER_SOFTWARE	在服务器上运行的 Web 服务器软件的名称和版本
URL	被请求的页面的地址

参 考 文 献

[1] 李玉虹，等. ASP 动态网页设计能力教程[M]. 北京：中国铁道出版社，2006.

[2] 赵增敏. ASP 动态网页设计[M]. 北京：电子工业出版社，2003.

[3] 刘涛. 小型网站建设技术[M]. 北京：中国铁道出版社，2004.

[4] 庄永龙. Instant ASP 实例解析 ASP 网站编程[M]. 北京：北京希望电子出版社，2002.

[5] 杨内，江南. 精品动态网页制作[M]. 北京：清华大学出版社，1999.

[6] 刘涛. 网页设计技术[M]. 北京：中国铁道出版社，2003.

[7] 梁建武. 网页制作与设计实训[M]. 北京：中国水利水电出版社，2003.

[8] 王恩波. 网络数据库实用教程[M]. 北京：高等教育出版社，2004.

[9] 席一凡，等. 动态网页设计教程[M]. 西安：西安电子科技大学出版社，2004.

[10] 于鹏. 网页设计语言教程（HTML/CSS）[M]. 北京：电子工业出版社，2003.

[11] 周宏敏. Dreamweaver MX 应用培训教程[M]. 北京：电子工业出版社，2002.

[12] 魏善沛. Web 数据库基础教程[M]. 北京：中国铁道出版社，2003.

[13] 王崇义. Web 数据库与动态网页制作[M]. 北京：中国铁道出版社，2008.